油气管道安全技术丛书

油气管道安全与风险评估

邓少旭　支景波　高莎莎　刘　洋　王安鹏　主编

牛更奇　石仁委　主审

U0260028

中国石化出版社

内 容 提 要

本书详细地介绍了油气管道安全与风险评估的类型、特点、评估要求和评估内容。以油气管道的风险识别与管控为主线，结合近几年油气管道事故，借鉴安全评价在油气管道工程中的应用案例，系统地介绍了油气管道安全与风险评估过程中的危险有害因素辨识与分析、常用的安全评价方法、可采取的安全技术及管理措施等。本书紧密结合实际，对目前油气管道安全与风险评估工作具有一定的指导作用，对油气管道建设和施工的安全管理也具有一定的借鉴意义。

本书可供油气管道工程设计、施工、运行维护、安全监管及管理人员阅读参考，也可作为企业员工培训教材，亦可作为高等院校油气储运等相关专业的教学参考书。

图书在版编目(CIP)数据

油气管道安全与风险评估 / 邓少旭等主编 . —北京：
中国石化出版社，2018.5
（油气管道安全技术丛书）
ISBN 978-7-5114-4843-9

Ⅰ. ①油… Ⅱ. ①邓… Ⅲ. ①石油管道-安全管理 ②
石油管道-风险评估 Ⅳ. ①TE973

中国版本图书馆 CIP 数据核字(2018)第 073488 号

中国石化出版社出版发行
地址:北京市朝阳区吉市口路 9 号
邮编:100020　电话:(010)59964500
发行部电话:(010)59964526
http://www.sinopec-press.com
E-mail:press@sinopec.com
北京科信印刷有限公司印刷
全国各地新华书店经销
*
787×1092 毫米 16 开本 14 印张 350 千字
2018 年 5 月第 1 版　2018 年 5 月第 1 次印刷
定价:48.00 元

前　言

我国的油气管道运营发展已经走过40余年，覆盖全国的油气管网与进口战略通道一起，为满足我国油气需求搭建了畅通的能源通道。伴随着管道的发展和科技的进步，长输油气管道逐步向大口径、高压力、长距离的趋势发展，输送能力在增强，输送技术在提高。然而，现有的油气管道尤其是原油集输管道多为20世纪70年代至90年代建成，运行年限长，管道的风险隐患因素多，已进入事故多发期，油气管道的安全形势日益严峻。近几年，油气管道事故频发，国家和地方政府相继制修订了多个油气管道相关的法律法规、规章制度，强化了安全生产主体责任，旨在进一步强化过程监控，规范安全管理，降低事故发生率，保障管道的安全平稳运行。同时相关部门也开始着手研究油气管道规划、设计、建设、运行方面面临的安全技术和管理难题。

在这种形势下，油气管道的安全与风险评估在其生命周期内发挥越来越重要的作用。一方面，通过安全与风险评估强化油气管道建设项目的可研、设计和建设中的安全设计，保障管道的本质安全，并作为管道建设项目建设前和投产前向政府申请报批的必备文件；另一方面，通过定量的评价分析，评估和预测事故可能性及后果程度，查找管道运行隐患，为管道运营企业的管理决策提供依据。编者结合多年从事油气管道安全与风险评估工作的经验与管理体会，以安全评价必须遵循的法律法规和标准规范为依据，按照安全评价的程序和内容要求，依次介绍了油气管道安全评价的基础理论，力争能够为读者提供一个实用的学习教材。第一章介绍安全评价与风险评估的概念、分类、程序和发展状况。第二章介绍了油气管道安全评价中常用的法律法规、标准规范。第三章主要介绍了油气管道安全预评价、安全验收评价和安全现状评价报告的编制大纲及主要内容要求。第四章介绍了油气管道危险有害因素的辨识与分析内容，包括油气管道涉及的危险、有害物质，油气管道输送工艺的危害辨识，油气站场及附属设施的危害辨识，自然灾害及社会环境的危害辨识以及近几年发生的影响较大的油气管道安全事故案例分析。第五章介绍了油气管道安全和风险评价中常用的评价方法及应用示例，有定性方法和定量方法，包括安全检查表法、预先危险分析法、事故树法、管道泄漏火灾爆炸后果定量分析法、肯特法等。第六章介绍了油气管道涉及的线路、站场、附属设施、设备设施、公用工程可以采取的安全技术及安全管理措施。

本书由邓少旭、支景波、高莎莎、刘洋、王安鹏主编，牛更奇、石仁委主审。具体分工是：张洪梅拟定编写大纲，高莎莎和胡芳芳负责最终修改定稿工作；高莎莎、王安鹏负责第一章、第二章、第三章的编写；胡芳芳负责第四章的编写；刘洋负责第五章的编写；张洪梅、宁立伟负责第六章的编写。

考虑到油气管道完整性管理已有大量的著作出版，本书未对其展开叙述，已将有关文献和著作列入参考文献中，有兴趣的读者可以参考。

本书在编写过程中查阅、参考了部分学术专著、期刊论文，浏览并借鉴了网站和平台的案例及观点，在此向有关作者表示感谢。

由于编者水平有限，书中难免存在不当之处，恳请同行和读者批评指正。

目　　录

第一章 概 论

第一节 安全评价与风险评估概念

一、安全评价

《中华人民共和国安全生产法》(中华人民共和国主席令第13号，2014年修订)第二十九条规定："矿山、金属冶炼建设项目和用于生产、储存、装卸危险物品的建设项目，应当按照国家有关规定进行安全评价。"《建设项目安全设施"三同时"监督管理暂行办法》(国家安全生产监督管理总局第36号，2015年修订)第七条规定："下列建设项目在进行可行性研究时，生产经营单位应当按照国家规定，进行安全预评价：非煤矿矿山建设项目；生产、储存危险化学品(包括使用长输管道输送危险化学品，下同)的建设项目等"；第二十二条规定："本办法第七条规定的建设项目安全设施竣工或者试运行完成后，生产经营单位应当委托具有相应资质的安全评价机构对安全设施进行验收评价，并编制建设项目安全验收评价报告。"许多地方和行业规范、标准中对安全评价也相应地进行了规定。

安全评价是政府安全生产监督管理部门对高风险行业的建设项目安全水平和企业安全生产现状进行监督管理的重要依据，油气管道在建设阶段、运行阶段必须按照法律法规要求进行相应的安全评价。

1. 安全评价的定义

安全评价是以实现工程、系统安全为目的，应用安全系统工程的原理和方法，对工程、系统中存在的危险有害因素进行识别与分析，判断工程、系统发生事故和急性职业危害的可能性及其严重程度，提出安全对策建议，从而为工程、系统制订防范措施和管理决策提供科学依据。安全评价应贯穿于工程、系统的设计、建设、运行和退役整个生命周期的各个阶段。对工程、系统进行安全评价，既是政府安全监督管理的需要，也是生产经营单位搞好安全生产工作的重要保证。

2. 安全评价的目的和意义

1) 安全评价的目的

安全评价的目的是查找、分析和预测工程、系统存在的危险有害因素及可能导致的危险、危害后果和程度，提出合理可行的安全对策措施，指导危险源监控和事故预防，以达到最低事故率、最少损失和最优的安全投资效益。安全评价可以达到以下目的：

(1) 提高系统本质安全化程度 通过安全评价，对工程或系统的设计、建设、运行等过程中存在的事故和事故隐患进行系统分析，针对事故和事故隐患发生的可能原因事件和条件，提出消除危险的最佳技术措施方案，特别是从设计上采取相应措施，设置多重安全屏障，实现生产过程的本质安全化，做到即使发生误操作或设备故障时，系统存在的危险因素也不会导致重大事故发生。

(2) 实现全过程安全控制 在系统设计前进行安全评价，可避免选用不安全的工艺流程和危险的原材料以及不合适的设备、设施，避免安全设施不符合要求或存在缺陷，并提出降低或消除危险的有效方法。系统设计后进行安全评价，可查出设计中的缺陷和不足，及早采取改进和预防措施。系统建成后进行安全评价，可了解系统的现实危险性，为进一步采取降低危险性的措施提供依据。

（3）建立系统安全的最优方案，为决策提供依据　通过安全评价，可确定系统存在的危险源及其分布部位、数目，预测系统发生事故的概率及其严重度，进而提出应采取的安全对策措施等。决策者可以根据评价结果选择系统安全最优方案和进行管理决策。

（4）为实现安全技术、安全管理的标准化和科学化创造条件　通过对设备、设施或系统在生产过程中的安全性是否符合有关技术标准、规范相关规定的评价，对照技术标准、规范找出存在的问题和不足，实现安全技术和安全管理的标准化、科学化。

2）安全评价的意义

安全评价的意义在于可有效地预防事故的发生，减少财产损失和人员伤亡。安全评价与日常安全管理和安全监督监察工作不同。安全评价是从系统安全的角度出发，分析、论证和评估可能产生的损失和伤害及其影响范围、严重程度，提出应采取的对策措施等。

（1）安全评价是安全管理的一个必要组成部分　"安全第一，预防为主，综合治理"是我国的安全生产方针，安全评价是预测、预防事故的重要手段。通过安全评价可确认生产经营单位是否具备必要的安全生产条件。

（2）有助于政府安全监督管理部门对生产经营单位的安全生产实行宏观控制　安全预评价能提高工程设计的质量和系统的安全可靠程度；安全验收评价是根据国家有关技术标准、规范对设备、设施和系统进行的符合性评价，能提高安全达标水平；安全现状评价可客观地对生产经营单位的安全水平作出评价，使生产经营单位不仅了解可能存在的危险性，而且明确了改进的方向，同时也为安全监督管理部门了解生产经营单位安全生产现状、实施宏观调控打下了基础；专项安全评价可为生产经营单位和政府安全监督管理部门的管理决策提供科学依据。

（3）有助于安全投资的合理选择　安全评价不仅能确认系统的危险性，而且能进一步预测危险性发展为事故的可能性及事故造成损失的严重程度，并以此说明系统危险可能造成负效益的大小，合理地选择控制措施，确定安全措施投资的多少，从而使安全投入和可能减少的负效益达到合理的平衡。

（4）有助于提高生产经营单位的安全管理水平　安全评价可以使生产经营单位安全管理变事后处理为事先预测、预防。传统安全管理方法的特点是凭经验进行管理，多为事故发生后再进行处理。通过安全评价，可以预先识别系统的危险性，分析生产经营单位的安全状况，全面地评价系统及各部分的危险程度和安全管理状况，促使生产经营单位达到规定的安全要求。

安全评价可以使生产经营单位安全管理变纵向单一管理为全面系统管理。安全评价使生产经营单位所有部门都能按照要求认真评价本系统的安全状况，将安全管理范围扩大到生产经营单位各个部门和各个环节，使生产经营单位的安全管理实现全员、全方位、全过程、全天候的系统化管理。

安全评价可以使生产经营单位安全管理变经验管理为目标管理。安全评价可以使各部门、全体职工明确各自的安全目标，在明确的目标下，统一步调、分头进行，从而使安全管理工作做到科学化、统一化、标准化。

（5）有助于生产经营单位提高经济效益　安全预评价可减少项目建成后由于安全要求引起的调整和返工建设；安全验收评价可将潜在的事故隐患在设施开工运行前消除；安全现状评价可使生产经营单位了解可能存在的危险，并为安全管理提供依据。生产经营单位安全生产水平的提高无疑可带来经济效益的提高，使生产经营单位真正实现安全生产和经济效益的同步增长。

3. 安全评价的内容与种类

安全评价是一个运用安全系统工程的原理和方法，识别和评价系统、工程中存在的风险、有害因素的过程。这一过程包括危险有害因素的识别及危险和危害程度评价两部分。危险有害因素识别的目的在于识别危险来源；危险和危害程度评价的目的在于确定和衡量来自危险源的危险性、危险程度及应采取的控制措施，以及采取控制措施后仍然存在的危险性是否可以被接受。在实际的安全评价过程中，这两个方面是不能截然分开、孤立进行的，而是相互交叉、相互重叠于整个评价工作中。安全评价的基本内容如图1-1所示。

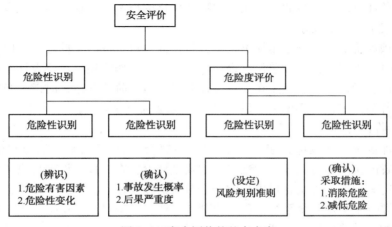

图1-1　安全评价的基本内容

随着现代科学技术的发展，在安全技术领域，由以往主要研究、处理那些已经发生和必然发生的事件(被动模式)，发展为主要研究、处理那些还没有发生但有可能发生的事件(主动模式)，并把这种可能性具体化为一个数量指标，计算事故发生的概率，划分危险等级，制定安全标准和对策措施，并进行综合比较和评价，从中选择最佳的方案，预防事故的发生。

安全评价通过危险性识别及危险度评价，客观地描述系统的危险程度，指导人们预先采取相应措施来降低系统的危险性。

目前，国内根据工程、系统生命周期和评价的目的，将安全评价分为安全预评价、安全验收评价、安全现状评价和专项安全评价四类。

1）安全预评价

安全预评价是根据建设项目可行性研究报告的内容，分析和预测该建设项目可能存在的危险有害因素的种类和程度，提出合理可行的安全对策措施及建议。

安全预评价实际上就是在项目建设前应用安全系统工程的原理和方法对系统(工程、项目)中存在的危险性、有害因素及其危害性进行预测性评价。

安全预评价以拟建建设项目作为研究对象，根据建设项目可行性研究报告提供的生产工艺过程、使用和产出的物质、主要设备和操作条件等，研究系统固有的危险及有害因素，应用安全系统工程的原理和方法，对系统的危险性和危害性进行定性、定量分析，确定系统的危险有害因素及其危险、危害程度；针对主要危险有害因素及其可能产生的危险、危害后果，提出消除、预防和降低危险、危害的对策措施；评价采取措施后的系统是否能满足规定的安全要求，从而得出建设项目应如何设计、管理才能达到安全指标要求的结论。总之，安全预评价可概括为以下几点：

（1）安全预评价是一种有目的的行为，它是在研究事故和危害为什么会发生、是怎样发生的和如何防止发生这些问题的基础上，回答建设项目依据设计方案建成后的安全性如何，是否能达到安全标准的要求及如何达到安全标准，安全保障体系的可靠性如何等至关重要的问题。

（2）安全预评价的核心是对系统存在的危险有害因素进行定性、定量分析，即针对特定的系统，对发生事故、危害的可能性及其危险、危害的严重程度进行评价。

（3）用有关标准(安全评价标准)对系统进行衡量、分析，说明系统的安全性。

（4）安全预评价的最终目的是确定采取哪些优化的技术、管理措施，使各子系统及建设项目整体达到安全标准的要求。

通过安全预评价形成的安全预评价报告，将作为项目报批的文件之一，向政府安全管理部门提供的同时，也提供给建设单位、设计单位、业主，作为项目最终设计的重要依据文件之一。建设单位、设计单位、业主在项目设计阶段、建设阶段和运营时期，必须落实安全预评价所提出的各项措施，切实做到建设项目安全设施的"三同时"。

2）安全验收评价

安全验收评价是在建设项目竣工验收之前、试生产运行正常后，通过对建设项目的设施、设备、装置的实际运行状况及管理状况的安全评价，查找该建设项目投产后存在的危险有害因素，确定其程度，提出合理可行的安全对策措施及建议。

安全验收评价是运用安全系统工程的原理和方法，在项目建成试生产正常运行后，在正式投产前进行的一种检查性安全评价。它通过对系统存在的危险和有害因素进行定性和定量的检查，判断系统在安全上的符合性和配套安全设施的有效性，从而作出评价结论并提出补救或补偿措施，以实现系统安全的目的。

安全验收评价是为安全验收进行的技术准备。在安全验收评价中要查看安全预评价提出的安全措施在设计中是否得到落实，初步设计中的各项安全设施是否在项目建设中得到落实，还要查看施工过程中的安全监理记录，安全设施调试、运行和检测情况，以及隐蔽工程等的安全设施落实情况。最终形成的安全验收评价报告，将作为建设单位向政府安全生产监督管理机构申请建设项目安全验收审批的依据。另外，通过安全验收还可检查生产经营单位的安全生产保障和安全管理制度，确认《安全生产法》的落实。

3）安全现状评价

安全现状评价是针对系统、工程(某一个生产经营单位的总体或局部生产经营活动)的安全现状进行的评价。通过安全现状评价查找其存在的危险有害因素，确定其程度，提出合理可行的安全对策措施及建议。

这种对在用生产装置、设备、设施、储存、运输及安全管理状况进行的现状评价，是根据政府有关法规的规定或生产经营单位安全管理的要求进行的，主要包括以下内容：

（1）全面收集评价所需的信息资料，采用合适的系统安全分析方法进行危险因素识别，给出量化的安全状态参数值。

（2）对于可能造成重大后果的事故隐患，采用相应的评价数学模型，进行事故模拟，预测极端情况下的影响范围，分析事故的最大损失以及发生事故的概率。

（3）对发现的事故隐患，分别提出治理措施，并按危险程度的大小及整改的优先度进行排序。

（4）提出整改措施与建议。

4）专项安全评价

专项安全评价是针对某一项活动或场所，如一个特定的行业、产品、生产方式、生产工艺或生产装置等存在的危险有害因素进行的安全评价，目的是查找其存在的危险有害因素，确定其程度，提出合理可行的安全对策措施及建议。

专项安全评价通常是根据政府有关管理部门的要求进行的，是对专项安全问题进行的专题安全分析评价，如危险化学品专项安全评价、非煤矿山专项安全评价等。

如果生产经营单位是生产或储存、销售剧毒化学品的企业，专项安全评价所形成的专项安全评价报告则是上级主管部门批准其获得或保持生产经营营业执照所要求的文件之一。

4. 安全评价的原则与程序

1）安全评价的原则

安全评价是关系到被评价项目能否符合国家规定的安全标准，能否保障劳动者安全与健康的关键性工作。由于这项工作不但技术性强，而且还有很强的政策性，因此，要做好这项工作，必须以被评价项目的具体情况为基础，以国家安全法规及有关技术标准为依据，用严肃科学的态度，认真负责的精神，全面、仔细、深入地开展和完成评价任务。在工作中必须自始至终遵循科学性、公正性、合法性和针对性原则。

（1）科学性 安全评价涉及学科范围广，影响因素复杂多变。为保证安全评价能准确地反映被评价系统的客观实际，确保结论的正确性，在开展安全评价的全过程中，必须依据科学的方法、程序，以严谨的科学态度全面、准确、客观地进行工作，提出科学的对策措施，作出科学的结论。

危险有害因素产生危险、危害后果，需要一定条件和触发因素，要根据内在的客观规律，分析危险有害因素的种类、程度、产生的原因及出现危险、危害的条件及其后果，才能为安全评价提供可靠的依据。

现有的安全评价方法均有其局限性。评价人员应全面、仔细、科学地分析各种评价方法的原理、特点、适用范围和使用条件，必要时，还应采用几种评价方法进行评价，进行分析综合，互为补充，互相验证，提高评价的准确性；评价时，切忌生搬硬套、主观臆断、以偏概全。

从收集资料、调查分析、筛选评价因子、测试取样、数据处理、模式计算和权重值的给定，直至提出对策措施、作出评价结论与建议等，每个环节都必须用科学的方法和可靠的数据，按科学的工作程序一丝不苟地完成各项工作，努力在最大程度上保证评价结论的正确性和对策措施的合理性、可行性和可靠性。

受一系列不确定因素的影响，安全评价在一定程度上存在误差。评价结果的准确性直接影响到决策的正确，安全设计的完善，运行是否安全、可靠。因此，对评价结果进行验证十分重要。为了不断提高安全评价的准确性，评价机构应有计划、有步骤地对同类装置、国内外的安全生产经验、相关事故案例和预防措施，以及评价后的实际运行情况进行考察、分析、验证，利用建设项目建成后的事后评价进行验证，并运用统计方法对评价误差进行统计和分析，以便改进原有的评价方法和修正评价参数，不断提高评价的准确性、科学性。

（2）公正性　安全评价结论是评价项目的决策、设计能否安全运行的依据，也是国家安全生产监督管理部门进行安全监督管理的执法依据。因此，对于安全评价的每一项工作都要做到客观和公正，既要防止受评价人员主观因素的影响，又要排除外界因素的干扰，避免出现不合理、不公正的评价结论。

安全评价有时会涉及到一些部门、集团、个人的某些利益。因此，在评价时，必须以国家和劳动者的总体利益为重，要充分考虑劳动者在劳动过程中的安全与健康，要依据有关法规、标准、规范，提出明确的要求和建议。评价结论和建议不能模棱两可、含糊其辞。

（3）合法性　安全评价机构和评价人员必须由国家安全生产监督管理部门予以资质核准和资格注册，只有取得资质的机构才能依法进行安全评价工作。政策、法规、标准是安全评价的依据，政策性是安全评价工作的灵魂，所以，承担安全评价工作的机构必须在国家安全生产监督管理部门的指导、监督下，严格执行国家及地方颁布的有关安全生产的方针、政策、法规和标准等。在具体评价过程中，应全面、仔细、深入地剖析评价项目或生产经营单位在执行产业政策、安全生产和劳动保护政策等方面存在的问题，并且主动接受国家安全生产监督管理部门的指导、监督和检查。

（4）针对性　进行安全评价时，首先应针对被评价项目的实际情况和特征，收集有关资料，对系统进行全面地分析；其次要对众多的危险有害因素及单元进行筛选，针对主要的危险有害因素及重要单元应进行有针对性的重点评价，并辅以重大事故后果和典型案例分析、评价，由于各类评价方法都有特定的适用范围和使用条件，要有针对性地选用评价方法；最后要从实际的经济、技术条件出发，提出有针对性的、操作性强的对策措施，对被评价项目作出客观、公正的评价结论。

2）安全评价的程序

安全评价程序主要包括：准备阶段；危险有害因素识别与分析；定性定量评价；提出安全对策措施；形成安全评价结论及建议；编制安全评价报告。安全评价的基本程序如图1-2所示。

（1）准备阶段　明确被评价对象和范围，收集国内外相关法律法规、技术标准及工程、系统的技术资料。

（2）危险有害因素识别与分析　根据被评价工程、系统的情况，识别和分析危险有害因素，确定危险有害因素存在的部位、存在的方式，事故发生的途径及其变化的规律。

（3）定性、定量评价　在对危险、有害因素识别和分析的基础上，划分评价单元，选择合理的评价方法，对工程、系统发生事故的可能性和严重程度进行定性、定量评价。

（4）安全对策措施　根据定性、定量评价结果，提出消除或减弱危险有害因素的技术和管理措施及建议。

（5）评价结论及建议　简要地列出主要危险有害因素，指出工程、系统应重点防范的重大危险因素，明确生产经营者应重视的重要安全措施。

（6）安全评价报告的编制　依据安全评价的结果编制相应的安全评价报告。

二、风险评估

油气管道的风险评估又叫风险评价，是指在风险因素识别的基础上，通过计算管道失效

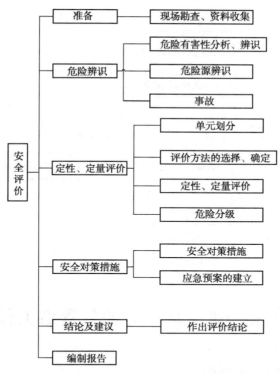

图 1-2 安全评价的基本程序

概率和评估管道失效后果,对管道风险进行综合评估和风险排序,以识别出高风险因素和高风险部位,并提出风险降低措施的对策建议。

油气管道风险评价技术是以诱发管道事故的各种风险因素为依据,综合评价管道事故发生的可能性和事故后果的严重程序两方面因素,以管道风险值作为评估指标的管道安全管理技术。根据评价结果,管理者能够及时了解管道的运行状况,识别管道的高风险区段和高后果区域,以便合理地分配维护资金,变管道的盲目性被动维修为预知性主动维护。

1. 风险评价的目标

管道风险评价的主要目标为:识别影响管道完整性的危害因素,分析管道失效的可能性及后果,判定风险水平;对管段进行排序,确定评价和实施风险消减措施的优先顺序;综合比较评价风险消减措施的风险降低效果和所需投入;在评价和风险消减措施完成后再评价,反映管道最新风险状况,确定措施有效性。

风险评价工作应达到如下要求:管道投产后 1 年内应进行风险评价;高后果区管道进行周期性风险评价,其他管段可依据具体情况确定是否开展评价;在设计阶段和施工阶段进行危害识别和风险评价,根据风险评价结果进行设计、施工和投产优化,规避风险。

2. 风险评价的程序

风险评价的程序应包含以下步骤:确定评价对象;识别危害因素;数据采集与管段划分;失效可能性分析;失效后果分析;风险等级判定;提出风险消减措施建议。

风险评价的基本程序如图 1-3 所示。

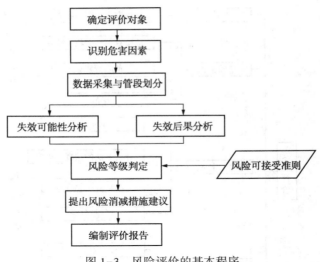

图 1-3　风险评价的基本程序

第二节　安全与风险评价在油气管道工程中的应用

一、国际油气管道发展概况

1. 原油管道发展概况

管道运输的发展与能源工业，特别是石油工业的发展密切相关。现代管道运输始于 19
世纪中叶。1865 年在美国宾夕法尼亚州建成第一条原油管道，直径为 50mm，管长近 10km。
20 世纪初管道运输才有进一步发展，但真正具有现代规模的长距离输油管道则始于第二次
世界大战。当时，因战争需要美国建设了两条当时管径最大、距离最长的输油管道。一条是
原油管道，管径为 600mm，全长 2158km，日输原油 47700m³；另一条是成品油管道，管径
为 500mm，包括支线全长 2745km，日输成品油 37360m³。战后，随着石油工业的发展，管
道建设进入了一个新阶段，各产油国都建设了不少长距离输油管道。从 60 年代开始，输油
管道向着大管径、长距离方向发展，苏联-东欧"友谊"输油管道和美国横贯阿拉斯加的输油
管道就是两个典型代表。沙特阿拉伯东-西原油管道和阿尔及利亚-突尼斯的原油管道都穿
过了浩瀚的沙漠地区。随着英国北海油田的开发，兴建了一批海底输油管道，最长距离已达
358km。这些管道的建设成功，标志着管道输送已不受复杂地质、地理条件与气候恶劣的
限制。

与此同时，成品油管道也获得迅速发展，建成地区性的管网系统，沿途多处收油和分
油，采用密闭和顺序输送方式输油。美国的科洛尼尔成品油管道系统就是世界上大型成品油
管道系统的典型代表之一。

1）苏联"友谊"输油管道

该管道是世界上距离最长的大口径原油管道，从苏联阿尔梅季耶夫斯克（第二巴库）到
达莫济里后分为北、南两线，北线进入波兰和前民主德国，南线通向捷克和匈牙利。北、南
线长度分别为 4412km 和 5500km，管径分别为 1220mm、1020mm、820mm、720mm、529mm
和 426mm，每条管道年输原油超过 1×10^8t。管道工作压力为 4.9~6.28MPa。管道分两期建

设，一期工程于 1964 年建成，二期工程于 1973 年完成。它是迄今为止世界上最大的原油管道工程。"友谊"管道首站设有世界上最大的混油基地，它将来自不同油田、不同性质的原油按需要混合后常温输送。

2）美国阿拉斯加原油管道

该管道从美国阿拉斯加州北部的普拉德霍湾起纵贯阿拉斯加，通往该州南部的瓦尔迪兹港，是世界第一条伸入北极圈的输油管道。管道全长 1288km，管径为 1220mm，工作压力为 8.23MPa，设计输油能力为 $1×10^8t/a$。全线有 12 座泵站和 1 座末站。第一期工程建成 8 座泵站，采用燃气轮机驱动离心泵。全线集中控制，有比较完善的抗地震和管道保护措施。管道于 1977 年建成投产。

3）沙特东-西原油管道

该管道起自靠近东海岸的阿卜凯克，止于西海岸港口城市延布，横贯沙特阿拉伯中部地区。管径为 1220mm，全长 1202km，工作压力为 5.88MPa，输油能力为 $1.37×10^8t/a$。全线有 11 座泵站，使用燃气轮机驱动离心泵。管道全线集中控制，全部工程于 1983 年完成。

沙特东-西原油管道复线于 1987 年建成，管径为 1422mm，长度为 1206km，完全平行于第一条管线。用燃气轮机驱动离心泵，是世界上使用燃气轮机最多的原油管道。燃气轮机的燃料为天然气凝析油（NGL），由一条平行铺设的 NGL 输送管道提供，管径为 660.7mm，与原油管道敷设在同一管道走廊内，是目前世界上管径最大的长距离 NGL 管道。

管道首站入口油温较高，维持在 57℃ 左右，沙特阿拉伯夏季温度很高，轻质原油在大口径管道、在大输量下会引起油温上升。油温过高将导致管道热应力过大、防腐层老化及末站高温装油时油气损耗过大等问题。该管道在六号泵站及末站设有两套冷却系统，由多台翅片式空冷器组成，可以保证末站的进站油温不超过允许的最高运行温度（82℃）。

4）全美原油管道

该管道从加利福尼亚南部的拉斯弗洛雷斯港，贯穿美国南部，到达东海岸德克萨斯州湾的韦伯斯特港，全长 2715km，干线管径为 762mm。全线有 24 座泵站，加热输送高黏原油。其中 6 座泵站采用燃气轮机驱动离心泵，其余采用电动机驱动离心泵。管道于 1987 年建成投产。它采用燃气轮机余热加热原油的直接加热方式。其 SCADA 系统具有泄漏检测、优化运行、工况模拟和培训模拟等功能，代表了 20 世纪 80 年代最先进的水平。

5）美国科洛尼尔成品油管道

该管道由墨西哥湾的休斯敦至新泽西州的林登。干管管径为 1020mm、920mm、820mm、750mm。截至 1979 年，干线总长 4613km，干线与支线的总长 8413km，有 10 个供油点和 281 个出油点，主要输送汽油、柴油、2 号燃料油等 100 多个品级和牌号的油品，全系统的输油能力为 $1.4×10^8t/a$。该管道系统把美国南部墨西哥湾沿海地区的许多炼油厂生产的成品油输往美国东南部和东部近 10 个州的工业地区，其中约有 50% 的输量输送到纽约港。

6）科钦液化石油气（LPG）管道

该管道是一条跨国管道，起自加拿大阿尔伯达省的萨斯喀彻温堡，穿过美加边境并跨越美国东北部七个州后，又进入加拿大安大略省的萨尼亚市。管道总长 3200km，在加拿大境内长 1287km，美国一侧长 1913km，管径为 324mm，输量为 159～636m³/h，顺序输送乙烷、丙烷、丁烷和乙烯。全线有 32 座泵站，每个泵站只装有一台 1492kW 的离心泵，采用液力耦合器调节电动离心泵转速来调节输量。

泵站最大出站压力为 9.9MPa，由于所输介质均为高蒸气压液体，为了保证管内均为液态，管道最低操作压力及泵站最低进站压力都根据输送介质的温度，由介质焓熵图的相态曲线确定。例如，该管道输送乙烷、丙烷的最低操作压力为 4.5MPa，输送乙稀的最低操作压力为 6.2MPa。

该管道的最大特点是每个泵站都装有气体监视报警系统，在不同地点共装有 8 个气体探测器。一旦气体浓度超过低限的 20%，即可发出低限警报，主控中心随即发出警报、打印事故报告、通知有关人员进行维修。若检测到气体浓度达到易燃气体低限浓度的 40%，气体探测器就会发出高限警报，泵站立即停输，主控中心此时不能遥控泵站启、停运行，只有维修人员到现场后才能恢复正常运行。

全线依靠计算机模拟系统在线实时监控运行，各泵站无人值守，只在 5 个维修中心设有检修人员，负责附近泵站的维修工作。从管道长度、自动化程度和运行操作的复杂情况来看，科钦管道在北美地区的油气管道中排在第一位。

2. 天然气管道发展概况

从世界范围看，18 世纪以前天然气是依靠气井压力利用木竹管道短距离输送，18 世纪后期开始使用铸铁管，1880 年首次采用蒸汽机驱动的压气机，19 世纪 90 年代钢管出现之后，管道建设进入了工业性发展阶段。随着现代科学技术的发展，以及世界对天然气需求的增长，输气管道已有很大发展。据统计，1974 年全世界有输气管道约 74×10^4 km，其中美国为 42.3×10^4 km，苏联为 9×10^4 km，西欧共同市场为 8.4×10^4 km。到 1980 年全世界拥有输气管道上升到 86×10^4 km，出现了一些规模巨大的输气管网和跨国输气管道。

到 2014 年为止，世界上天然气的产量也逐渐增长。2014 年，全球天然气产量已高达 3.47×10^{12} m³，产量增长速度达 2.0%。目前天然气占世界能源消费的 25% 左右，产量以美国、俄罗斯、中东、加拿大最多。

1）国外天然气长输管道

（1）阿拉斯加天然气管道输送系统，把阿拉斯加普鲁拉德霍湾气田的天然气输送到北纬 49°线以南的美国内陆市场，并把加拿大艾伯特省多余的天然气输往美国。该系统的主干管线长约 7800km，管径为 914~1420mm，日输气量为 $5663 \times 10^4 \sim 9660 \times 10^4$ m³，输气压力为 98×10^5 Pa，为保护永久冻土层，还将天然气降温至 -17℃ 后输送。

（2）苏联建成了从西伯利亚乌连戈伊气田向苏联欧洲部分输气的 6 条直径为 1420mm 的干线，总长约 20000km，总投资 250 亿卢布，年总输气量达 2000×10^8 m³。其中，从乌连戈伊经波马雷到苏捷边境的乌日格罗德的一条输气管线，全长 4451km，工作压力为 73.55×10^5 Pa，共有 40 个压气站，装机功率为 280×10 kW，耗用管材 270×10^4 t，是苏联向西欧出口天然气的管线，年输气能力为 320×10^8 m³，输往西德为 100×10^8 m³，输往法国和意大利均为 80×10^8 m³，其余送往奥地利和瑞士。

（3）阿尔及利亚-意大利输气管道，起自非洲阿尔及利亚哈西鲁迈勒气田，终于意大利矿堡，天然气输送管道全长 2506km，管径为 1220mm，穿越突尼斯海峡时分为三条直径为 510mm 的加厚管。该管穿越地中海，又名"穿越地中海的输气管道"。

（4）苏联的中亚细亚-莫斯科（中央）管网系统，由 4 条干管组成，全长约 10000km，年输气量为 650×10^8 m³。

（5）横贯加拿大的输气管道，总长为 8500km，经过加拿大四个省，另又平行铺设一条大湖管道，经北美大湖区向美国出口天然气，全系统拥有 46 座压气站和两座移动式压气机组，总功率达 70×10^4 kW，最大操作压力为 69×10^5 Pa，整个系统实现了全盘自动化。

2）天然气管道发展趋势

从全球天然气管道建设情况可以发现，输气管道的发展趋势是大口径、高压力和不断采用新材料、新技术。美国输气管最大口径由 1964 年的 910mm 发展到 1969 年的 1220mm。苏联 1965 年开始采用 1020mm 管线，1967 年发展到 1220mm，1970 年又增至 1420mm。采用大口径管线的主要原因是可以降低投资和输气成本。

近年来新建的管道压力均较过去高，苏联的输气干管压力一般为 $73.5 \times 10^5 Pa$，而美国阿拉斯加输气管压力高的达 $98 \times 10^5 Pa$，穿越地中海的跨国输气管最高压力达 $196 \times 10^5 Pa$。增大输气压力，不但可以提高输气能力，还可以减少压气站，降低经营费用。

大口径、高压力管道的应用，必然要求高强度的钢材，促进了冶金、制管、焊接和其他施工技术的发展。

国外正在研究新的输气工艺，着眼点是提高管输条件下的天然气密度，即在低温高压下气态输送或液态输送。据称在 $-70℃$ 及 $117.68 \times 10^5 Pa$ 的压力下，输气能力将为通常输气条件下的 3.8 倍，而低温所用的含镍 3%~3.5% 的钢管的价格为一般钢管的 2.8 倍。气体液化后，密度为通常管输条件的 15 倍，可达到更高的输送能力。

二、我国油气管道发展现状

我国石油天然气管道的生产和使用是随着石油工业的兴起而逐步发展起来的。我国第一条长输管道是 1958 年建成的克拉玛依-独山子炼油厂的双线输油管道，全长 300km，管径仅为 159mm，但它代表了我国输油管道零的突破，是输油气管道的起点。20 世纪 60 年代开发的大庆油田，使我国原油产量大幅度提高，同时也有力地推动了石油输送管道的发展。通过 1970 年 8 月 3 日开始的"八三"会战，我国又建成了大庆-铁岭-大连和大庆-铁岭-秦皇岛两条原油输油管道，并且管道的外径也达 720mm。20 世纪七八十年代，我国东部地区的石油勘探和开发有了迅猛发展，许多油气田相继建设投产，同时输油和输气管道也相应得到迅速发展。东北地区的输油干线有大庆-铁岭（复线）、铁岭-大连、铁岭-秦皇岛等 4 条，管径均为 720mm，总长为 2181km，形成了大庆到秦皇岛和大庆到大连两大输油动脉，年输油能力为 $4 \times 10^7 t$。其他地区的输油干线主要有：秦皇岛-北京原油管道，管径为 529mm，长 344km；任丘-北京原油管道，管径为 529mm，长 120km；东营-黄岛原油管道，管径为 529mm，长 250km；任丘-临邑-仪征原油管道，管径为 529mm 和 720mm，长 882km。这些管道把我国主要油田与东北、华北地区的大炼油厂及大连、秦皇岛、黄岛、仪征等主要港口连成一体，形成我国东部地区的输油管网，满足了东部地区原油运输及出口的要求。随着原油管道的建设，我国从 1975 年开始进入以管输原油为主的阶段，管输原油比例逐步上升。

过去 10 多年，我国油气管网建设加速推进，覆盖全国的油气管网初步形成，东北、西北、西南和海上四大油气通道战略布局基本完成，我国油气供应保障能力明显提升。

这 10 多年中，我国形成了由西气东输一线和二线、陕京线、川气东送为骨架的横跨东西、纵贯南北、连通海外的全国性供气网络。"西气东输、海气登陆、就近外供"的供气格局已经形成，并形成了较完善的区域性天然气管网。中哈、中俄、西部、石兰、惠银等原油管道构筑起区域性输油管网，以兰成渝、兰郑长等为代表的成品油管道，作为骨干输油管道，形成了"西油东送、北油南下"的格局。

截至 2011 年底，我国油气管道总长约为 $9.1 \times 10^4 km$。其中天然气管道约为 $4.9 \times 10^4 km$，原油管道约为 $2.3 \times 10^4 km$，成品油管道约为 $1.9 \times 10^4 km$。到 2015 年，国内油气管道总长度

约为 $15 \times 10^4 km$ 左右，覆盖全国的油气管道将与进口战略通道一起，为满足我国油气需求搭建畅通的能源通道。

1. 长输原油管道

我国建成最早的原油管道是克拉玛依–独山子原油管道，简称克–独原油管道。该管道长 147.2km，管径为 159mm，设计压力为 7.0MPa，输送能力为 $53 \times 10^4 t/a$，于 1959 年 1 月建成投产，随着克拉玛依油田产量的增加，分别于 1962 年、1991 年并行建设第二条和第三条克–独原油管道。

我国最长的原油管道是西部原油管道。该管道起于乌鲁木齐王家沟首站，止于兰州末站，干线长 1858km，管径为 813mm，设计压力为 8MPa，设计输量为 $2000 \times 10^4 t/a$，于 2007 年 6 月建成投产。该管道建成投产后，与中哈原油管道共同组成"西油东送"战略通道，将塔里木、新疆、吐哈 3 个油田的原油和进口哈萨克斯坦的原油输往下游炼厂，结束了 50 年来兰州石化原油进厂依靠铁路的历史。

日照–仪征原油管道我国管径最大的原油输送管道。该管道北起山东日照，南达江苏仪征，长 390km，管径为 914mm，设计压力为 8.5MPa，近期设计输量为 $2000 \times 10^4 t/a$，远期设计输油量为 $3600 \times 10^4 t/a$，于 2011 年 10 月 10 日建成投产，所输油品为海上进口原油。

我国输量最大、设计压力最高的原油管道是甬沪宁（宁波–上海–南京）原油管道。管道长 645km，管径为 762mm，设计压力为 10MPa，设计输量为 $5000 \times 10^4 t/a$，于 2004 年 3 月 20 日建成投产。该管道是国内连接油库、码头和炼化企业最多的原油管道，是设计压力最高的原油管道，也是国内第一条穿越长江的管道。

中朝友谊输油管道是我国第一条原油出口管道。该管道起自丹东市振安区金山湾油库，穿越鸭绿江，到达朝鲜新义州油库，管道全长 30.3km，管径为 377mm，设计压力为 2.5MPa，设计输量为 $300 \times 10^4 t/a$，于 1975 年 12 月 20 日建成投产。该管道所输油品为经铁路罐车运至丹东油库的大庆原油，目前输量维持在每年 $52 \times 10^4 t$。

我国第一条进口原油管道是哈中原油管道。该管道一期工程起于哈萨克斯坦阿塔苏首站，止于我国新疆阿拉山口末站，管道长 965.1km，管径为 813mm，设计压力为 6.3MPa，设计输量为 $1000 \times 10^4 t/a$，于 2006 年 7 月 20 日开始商业运行。该管道二期工程已于 2013 年 12 月 13 日建成投产，输油能力已提高到 $2000 \times 10^4 t/a$。截至 2013 年底，哈中原油管道累计向中国输送原油 $6360 \times 10^4 t$。

中俄原油管道起自俄罗斯远东管道斯科沃罗季诺分输站，经俄边境加林达计量站穿越黑龙江，途经我国黑龙江省和内蒙古自治区的 12 个县市，止于大庆末站。管道全长 1030km，设计年输量为 $1500 \times 10^4 t/a$。该管道穿越大兴安岭原始森林达 403km，沿线经过多年冻土区域约 110km，是目前国内第一条通过多年冻土区、原始森林的大口径原油长输管道。

2. 长输成品油管道

我国建成最早的成品油管道是格尔木–拉萨成品油管道。该管道起自青海省格尔木市，终于西藏自治区拉萨市，全长 1080km，管径为 159mm，输送能力为 $25 \times 10^4 t/a$，于 1977 年 10 月建成投产。该管道是国内首次采用的顺序输送工艺的成品油管道，顺序输送汽油、柴油、航空煤油和灯用煤油 4 个品种 5 种型号的油品，也是国内海拔最高的输油管线，所经地区 90%处于海拔 4000m 以上，最高处海拔为 5200 多米。

我国距离最长的成品油管道是兰州–郑州–长沙成品油管道。该管道包括 1 条干线和 15 条支线，干线起自兰州首站，途经甘肃、陕西、河南、湖北和湖南 5 省 67 个市县，止于长沙末站，全长 2080km，局部管径 660mm，设计压力为 10MPa，设计输量为 1500×10⁴t/a，已于 2013 年 11 月 1 日干线全线贯通。

我国第一条出口成品油管道是中朝成品油管道。该管道与中朝原油管道同期、同沟建设，两管中心间距为 1.5m，起自丹东市振安区金山湾油库，穿越鸭绿江，到达朝鲜新义州油库，管道全长 30.3km，管径为 219mm，于 1975 年 12 月 20 日建成投产，于 1981 年停输。

2002 年 9 月建成投产的兰成渝成品油管道从甘肃省兰州市经陕西、四川到重庆，干线全长 1250km，有 508mm、457mm、323mm 三种管径，有支线 11 条。设计压力为 10MPa，年输量为 5×10⁶t，最大输送能力可达 5.8×10⁶t/a。全线有 16 座工艺站场，除兰州首站外，有临洮、成都、内江 3 座分输泵站以及 10 座分输站和江油清管站、重庆末站。兰成渝成品油管道是国内线路最长、管径最大、输量最高、运行工况最复杂、自动化控制水平最高的成品油管道，多项技术均处于国内领先，有些指标接近国际先进水平。

2007 年 8 月，以兰郑长成品油管道开工建设为标志，我国迎来第四次油气管道建设高潮。经过 8 年多建设，以年均 3850km 的速度完成 3.08×10⁴km 建设任务，超过新中国成立以来前 40 年的总和，覆盖全国 30 个省区市。西二线、中俄原油管道等 36 个项目先后建成投产，先后打通西北、东北和西南三大陆上油气能源进口通道，与海上油气进口通道一起，形成我国四大油气进口通道的战略格局，基本建成连通海外、覆盖全国、横跨东西、纵贯南北的油气骨干管网布局。我国管道总里程超过 12×10⁴km，承担中国 70% 的原油和 99% 的天然气运输，覆盖我国 31 个省区市。至此，管道作为第五种运输方式，在我国首次超过航空运输排名五大运输业第四位，成为国民经济发展的能源动脉。

然而，现有原油长输管道多数为 20 世纪 70 年代至 90 年代建成，运行期限基本上超过 20 年，其中部分东北原油管网已连续运行 40 多年，华南地区早期的原油管网也运营了 30 多年，管道的腐蚀缺陷和裂纹缺陷等风险因素较多，进入事故易发风险期，安全生产形势比较严峻，迫切需要对长输管道进行全面安全诊断。

3. 天然气管道

我国是世界上最早生产和应用天然气的国家之一。公元前便有"火井"的文字记载。到明末清初，天然气的开采和利用又有新的发展。但由于长期的封建统治，特别是近百年来帝国主义、封建主义和官僚资本主义的压迫，使我国的天然气工业长期处于落后状态，直到解放后，才获得较大的发展。2015 年我国生产天然气 1350×10⁸m³，比 2014 年增长 5.6%，约为 1949 年的 18000 余倍；天然气进口量 614×10⁸m³，增长 6.3%；天然气消费量 1932×10⁸m³，增长 5.7%。根据《能源发展战略行动计划（2014~2020 年）》，明确到 2020 年常规天然气产量达到 1850×10⁸m³，比现在将有较大的增长。

我国也是最早使用管道输送天然气的国家之一。公元 1600 年左右，竹管输气已有很大发展。但是，在解放前我国还没有一条真正的近代的输气管道，直到 1963 年才于四川建成了我国第一条输气管道——巴渝管线，管径为 426mm，全长 55km。到 2014 年，我国天然气管道共有 8.5×10⁴km，形成了以陕京一线、陕京二线、陕京三线、西气东输一线、西气东输二线、川气东送等为主干线，以冀宁线、淮武线、兰银线、中贵线等为联络线的国家基干管网，干线管网年总输气能力超过 2000×10⁸m³。

（1）中亚-西气东输二线主要气源来自土库曼斯坦、哈萨克斯坦及国内塔里木、准噶尔、吐哈、长庆气田，年供气 300×10⁸m³，可稳定供气 30 年以上。这一规模相当于 2010 年中国天然气消费总量（1070×10⁸m³）的三分之一。该工程主要由两大管线组成，境外部分为中亚天然气管道，总长 2018km；境内部分为西气东输二线，总长 8794km。它是世界上输气距离最长（10812km）、输气管压力最大（12×10^5 Pa）、钢级最高（X80 钢）的大口径输气管线。

（2）陕京天然气管道由陕京一线、二线、三线和四线组成。其中，陕京一线于 1997 年 10 月建成投产，陕京二线于 2005 年 7 月正式进气，陕京三线于 2011 年 1 月正式投产通气，陕京四线干线于 2016 年 7 月动工建设，2017 年 11 月全线贯通。陕京一线管道总长 1098km，采用 X60 管材钢，管道直径为 660mm，设计工作压力为 6.4MPa，设计年供气能力为 33×10^8 m³；陕京二线全线总长 935km，管材钢种等级为 X70，管径为 1016mm，设计压力为 10MPa，设计年输气量为 120×10^8 m³；陕京三线管道全长 896km，采用 X70 管线钢，管径为 1016mm，设计压力为 10MPa，设计年输量为 150×10^8 m³；陕京四线干线起于陕西境边，终点为北京高丽营，线路全长 1098km，管径为 1219mm，设计压力为 12MPa，设计年输气量为 250×10^8 m³。

（3）川气东送管道工程西起川东北普光首站，东至上海末站，是继西气东输管线之后又一条贯穿我国东西部地区的管道大动脉。管道途经四川、重庆、湖北、安徽、浙江、上海等四省二市，设计输量 120×10^8 m³/a，设计输气压力为 10.0MPa，管径为 1016mm，钢管材质为 X70，全长 2206km，其中普光-宜昌山区段约为 800km，宜昌-上海平原段约为 1206km。沿线设输气站场 19 座、阀室 74 座。

三、长输管道发展趋势

从世界范围看，长距离输油管道的发展趋势有以下特点。

1. 建设大口径、高压力的大型输油管道，管道建设向极地、海洋延伸

当其他条件基本相同时，随管径增大，输油成本降低。在油气资源丰富、油源有保证的前提下，建设大口径管道的效益更好。我国原油管道现有最大管径为 914mm，国外原油管道最大管径为 1442mm。

提高管道工作压力，可以增加输量、增大泵站间距、减少泵站数，使投资减少、输油成本降低。目前输油管道最大的设计压力为 10.0MPa。

2. 采用高强度、韧性及可焊性良好的管材

随着输油管道向大口径、高压力方向发展，对管材的要求也日益提高。为了减少钢材耗量，要求提高管材的强度，为了防止断裂事故、保证管道的焊接质量，要求管材有良好的韧性及可焊性。目前输油管道多采用按 API 标准划分等级的 X56、X60、X65 号钢。20 世纪 70 年代以来推出的 X70 号钢，其规定屈服限最小值为 482MPa，具有较好的强度、韧性、可焊性等综合质量指标，可在低温条件下使用。

3. 高度自动化

采用计算机监控与数据采集（SCADA）系统对全线进行统一调度、监控和管理。管理水平较高的管道已达到站场无人值守、全线集中控制。SCADA 系统的功能不断发展，传输的信息量不断增大，传输速率不断提高，应用软件更加完善。仿真模拟和人工智能是其发展的核心。

4. 不断采用新技术

各种新技术的应用使管道工业的技术革新不断发展，如遥感和数据成像技术、地理信息系统（GIS）、地球卫星定位系统（GPS）等。新的管道施工技术，如适于硬质土壤甚至岩石地区的挖沟技术、定向钻技术、盾构技术等在管道工程上的应用，便于在复杂的地形、地质条件下确定最优线路，改善工作条件，提高管道选线、勘察设计和铺设的质量和效率。

管道在线自动监测技术不断改进。高精度、高分辨率的智能管道内检测器的应用，可以探测到管道及涂层的损伤和缺陷。先进的泄漏检测技术可以判断管线是否发生泄漏及泄漏部位和泄漏量。

计算机监控系统及卫星和光纤通信系统实现了管道系统的数据采集和遥控。计算机运行仿真技术应用在长输管道的优化设计、在线运行管理和运行操作人员的培训上，有效地提高了管道运行的安全性和经济性，带来巨大的经济效益和社会效益。

5. 应用现代安全管理体系和安全技术持续改进管道系统的安全

管道建设和营运中更加重视安全和环境保护。在油气管道上应用安全系统工程的原理，采用风险管理技术，实施在役管道完整性管理。随着计算机技术和数据存储技术的不断改进及管道监测技术的发展，如管内在线智能检测器、管线泄漏在线检测技术、地层移动实时监测技术等的应用，管道的安全监测已成为日常管理工作的重要部分。

6. 重视管道建设的前期工作

输油管道随管径不同，经济输量范围也不一致，过高或过低的输量均使输油成本上升。大型输油管道原油输量要在较长时期内保持在其经济输量范围内，才有显著的经济效益。这将由油源供应情况、市场需求来决定。因此，在输油管道建设之前，建设的必要性、管径等问题均需要认真研究。许多国家在油田开始勘探时，就将2%左右的勘探费用于管道建设的可行性研究，包括调研油田生产能力、原油性质、市场需求情况，并对管道的走向、管径、设备、投资、输油成本及利润等进行初步方案比选。可行性研究一般需用6~9个月时间，对大型管道或复杂情况应更为慎重。美国阿拉斯加原油管道的可行性研究用了4年时间。

随着输油管道向沙漠、深海、极地的永冻土带伸展，在自然条件恶劣的环境中建设管道会遇到各种技术难题。许多管道建设的成功经验都是在线路方案基本确定后，根据管道实际问题提出科研课题，组织多学科、多层次的合作攻关。用科研成果指导管道设计，使其更符合实际，这是大型管道前期工作的核心。美国阿拉斯加原油管道通过北极的永冻土地区，设计热油管道时遇到许多难题。为了研究管道的埋设与架设方法，研究管道在不同操作条件下对永冻土的影响等有关输油工艺问题，由几家管道公司及科研公司共同承担，分别在加拿大、美国阿拉斯加北坡建设三条大型试验环道，进行多项试验研究。同时对保护环境、保护野生动植物及维持生态平衡等问题均给予足够的重视。例如，一方面为防止对空气、水体、土壤的污染，解决沿线土壤流失及植物复种等问题，在设计、施工时就开始研究、规划；另一方面针对管道建设对该地区的生态、生物迁移、动物群的习性影响，进行了长期研究，调查驯鹿的数量和习性，研究驯鹿的迁移和繁殖情况以及鱼类、禽鸟的生活习性等。

四、国内外油气管道安全评价研究现状

国内外管道的安全评价已进行了近30年的研究，并取得了一定的成绩，基本实现了由安全管理向风险管理的过渡，由定性风险分析向定量风险分析的转化，安全评价逐渐规范化。1985年，美国Battelle Columbus研究院发表了《风险调查指南》，将评分法应用于管道风险分析；1992年，W. Kent. Muhlbauer撰写了《管道风险管理手册》，详述了管道风险评估模型和各种风险评价方法，它是对美国开展油气管道风险评价技术研究工作成果的总结，是世界各国普遍接受且作为编制管道风险评价软件的依据。1996年，作者在《管道风险管理手册》再版时增加了约1/3篇幅介绍了不同条件下的管道风险评价修正模型，且补充了成本与风险关系这方面的内容，使得该书更有实际指导意义和应用价值。目前，它已成为世界各国开展油气管道风险评价工作的指导性文献。

1993 年，加拿大召开了管道寿命专题研讨会，参会人员就"开发管道风险评价准则、建立可接受的风险水平、开发管道数据库、开发风险评价工具包和开展风险评价教育"等研究课题达成了一致的共识。1994 年，加拿大成立了能源管道风险评价指导委员会，明确了促进风险评价和风险管理技术应用于加拿大管道运输工业的工作目标。

英国健康与安全委员会在开展管道风险管理项目研究中，开发了用于计算管道失效风险的 MISHAP 软件包，并投于实际应用之中。此外，英国煤气公司为其管道工程系统风险评估研制了 TRANSPIPE 软件包，通过输入运行数据进而评估出该地区的个体风险和公共风险，并用 FN 曲线输出表示。1984 年，英国煤气公司运用该软件包作出的评价结果报告提交给国家"健康安全部"，有效地解决了"健康安全部"所定标准与英国工程学会制定的 TD/1 标准之间的条款冲突。该软件包代表了当时风险评估的水平，目前该软件在更新数据模式和扩大计算范围方法等方面已经得到进一步的完善。

在开展管道风险评价研究过程中，目前已经建立了几个重要的数据库，如加拿大 CONCAWE 1990～1994 年管道数据库、欧洲 1970～1992 年气体管道失效数据库、美国运输局液体管道数据库和美国 1970～1984 年气体运输管道数据库等。这些数据库的建立为计算油气管道的失效概率提供了有力依据。

将风险分析应用到管道安全管理在国外已取得了巨大的经济效益和社会效益。美国 Amoco 管道公司自 1987 年采用风险评价技术对所属的油气管道和储罐进行管理以来，管道年泄漏率从 1987 年工业平均数的 2.5 倍下降到 1994 年的 1.5 倍，从而使 Amoco 公司在 1994 年取得了近创记录的利润水平。该公司的应用实践表明，完善的风险管理手段可以有效减少泄漏修理和环保措施的费用，合理使用腐蚀管线可明显降低维修费用。

1995 年，我国著名油气储运专家潘家华教授在《油气储运》杂志首次介绍 W. Kent Muhlbauer 的专家评分法，从而引起部分油田企业对风险分析在管道安全评价中的应用研究的高度重视。1995 年 12 月，四川石油管理局对《管道风险管理》一书进行了编译，初步引用了风险技术。至今，油气长输管道及压力容器的风险评价在我国已有一些研究，并尝试开发长输管道风险评价软件。具有代表性的主要有 2000 年中国石油西南分公司和西南石油学院合作开发的"输气管线风险评价软件"，该软件采用国际通用的评分指标体系法。

石油管材研究所"九五"期间开展了大量有关油气管线安全评价的研究工作，成功地对四川佛两线、付纳线、新疆克乌复线、东北鞍大线和抚鞍线等多条管线进行了安全评价，取得了显著的经济效益和社会效益。通过这些管线的安全评价，积累了一些管线现场数据和资料，积累了丰富的油气输送管材性能数据。

从 20 世纪 80 年代开始，国际上逐步发展形成了以"适用性"为基本点的评价模式，并提出了相应的评价标准或规范，这对于评价工作来说是一次较深刻的变革。该评价方法不考虑已往的质量控制标准的要求和对运行中逐渐暴露的缺陷的评估，只是简单地按照严格且保守的质量控制标准来作出判断。它允许含有缺陷的结构投入使用，并兼顾了安全可靠性与经济性要求。风险管理技术是现今石油管道安全评估的热点领域之一。如何有效防止油气输送管道发生事故，如何在增强其运行安全性的同时合理利用资源获取最大经济效益等，是该行业亟待解决的重大课题。然而，国外的重大事故表明，现有的一般法规、规范尚未收到改善管道安全性的效果。

管道的可靠性研究则是把整个管道系统看作一个串联或并联系统，运用可靠性的理论方法和各种概率条件的假设，以故障率的统计为参量的可靠度分析方案，管道事故统计数据库是管道可靠性评价的基础，建立这个数据库就成为可靠性评价的前提条件。

管道完整性评价技术是近年来发展起来的一项新技术。是管道运营公司面对不断变化的因素，对油气管道运行中面临的风险因素进行识别和评价，通过监测、检测、检验等各种方式，获取与专业管理相结合的管道完整性的信息，制订相应的风险控制对策，不断改善识别到的不利影响因素，从而将管道运行的风险水平控制在合理的、可接受的范围内，最终达到持续改进、减少和预防管道事故发生、经济合理地保证管道安全运行的目的。管道完整性管理分为六个环节：数据收集、高后果区识别、风险评价、完整性评价、维修维护和效能评价。

目前，国内有关管道企业和科研院所通过不断消化吸收国外的先进经验和技术，已在油气管道完整性管理技术方面取得了一定的研究成果。中国石油管道分公司和北京华油天然气公司从 2001 年开始进行了管道完整性管理的研究和应用工作，并相继成立了相应的专业技术机构或部门，如中国石油管道分公司科技中心于 2004 年初成立了"管道完整性管理研究所"，华油天然气公司成立了"管道安全评价与科技发展中心"，专门从事管道、站场的检测、评价及完整性管理相关技术的研究和实际应用工作。目前已建立了一整套完整性管理办法和体系，包括初步建立管道和站场的完整性管理平台、数据维护系统、地理信息系统、评价应用系统以及相应的标准、程序文件、作业文件等支持性文件体系，并根据制订的完整性管理实施计划，制定管网的风险评价、内检测、外检测、标定、各项技术评价、修复的计划，定期进行全面完整性评价，根据情况不定期进行局部完整性评价。

陕京管道自 2001 年实施完整性管理以来，按照管道本体、防腐有效性、管道地质灾害和周边环境、站场及设施、储气库井场及设施 5 个部分逐步推行，取得显著成效，在管道运营管理方面达到了新水平。安全生产由被动变主动，由局部维护变整体预控、事先预控，由抵挡风险变预测风险、削减风险。

我国在油气管道完整性管理技术的开发研究方面比发达国家晚了将近 20 年，在这项技术的应用实践方面更是落后 20 多年。尽管已经取得一些进展，但与国外技术相比还有一定的差距。

五、应用实例

大庆油田天然气分公司油气管道的安全评价是运用肯特法（专家打分法）的原理，研究制定出适合本单位生产实际的评价标准数据，对运行的油气管道可能存在的危险性及可能产生的后果，通过创建的平台软件进行综合评价和预测，并根据可能导致的事故风险大小进行风险预警，同时提出相应的安全对策措施，将风险进行削减。2010 年以来，相继对天然气分公司 500 余条(段)油气管道进行应用，得到了很好的应用效果，取得了一定的效益。

具体应用效果如下：

（1）将风险定量化，更加准确和直接。例如，从图 1-4 中可以明确看出，通过风险识别将一条管线按照生产运行数据、地域等条件分割成几段作为最小评价单元，通过评价程序将几个单元风险进行量化，对于风险高的单元(段)，单独进行风险削减，标识为红色管段的管线为一级风险管段，业主已经将该段管线进行了更换，风险已经削减。

（2）降低储运系统的安全风险，提高了管道运行的实效性和安全可靠性，为油气产品的安全输送提供了保障。根据以往的统计数据，油气管道的安全评价应用可以减少 30% 风险事故。

（3）油气管道的所属单位同意油气管道安全评价提出的风险预警和采取的措施建议，并

图 1-4 某管道风险分布图

按照建议进行了专业化的风险治理。

（4）天然气分公司原有的安全分析只是定性的风险识别，弥补了没有定量风险评价的空白。

（5）油气管道安全评价的结果可用于操作规程的修订，提高运行管道操作规程的可操作性，从而确保储运系统平稳运行，降低生产成本。

（6）油气管道安全评价的分析过程，有利于促进直线组织职责的落实，提高工艺、仪表、设备、输气等运行管理水平。

（7）为检修、立项改造提供了可靠的技术支持，为领导的投资决策提供了依据；减少了资金浪费，创造了效益。

第二章　油气管道安全评价依据

第一节　安全评价规范

　　为了规范安全评价行为，确保安全评价的科学性、公正性和严肃性，国家安全生产监督管理部门制定发布了安全评价通则、各类安全评价的导则及主要行业部门的安全评价导则。通则和导则为安全评价活动规定了基本原则、目的、要求、程序和方法，是安全评价工作所必须遵循的指南。

　　我国安全评价规范体系可分为 3 个层次，一是安全评价通则，二是各类安全评价导则及行业安全评价导则，三是各类安全评价实施细则，如图 2-1 所示。

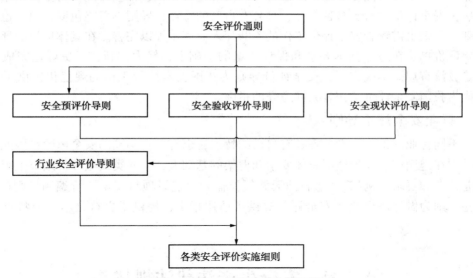

图 2-1　安全评价规范体系框图

一、安全评价通则

　　2007 年 1 月 4 日，国家安监总局发布了 AQ 8001—2007《安全评价通则》，于 2007 年 4 月 1 日起开始实施。《安全评价通则》是规范安全评价工作的总纲，是安全评价活动的总体指南。它规定了所有安全评价工作的基本原则、目的、要求、程序和方法，对安全评价进行了分类和定义，对安全评价的内容、程序以及安全评价报告评审与管理程序作了原则性说明，对安全评价导则和细则的规范对象作了原则性规定，但这些原则性规定在具体实施时需要更详细的规范支持。

二、安全评价导则

　　各类安全评价导则是根据安全评价通则的总体要求制定的，是安全评价通则总体指南的具体化和细化。导则使细化后的规范更具有可依据性和可实施性，为安全评价提供了易于遵循的规定。目前已发布的安全评价导则，按安全评价种类划分，有安全预评价导则、安全验收评价导则、安全现状评价导则以及专项安全评价导则；按行业划分，有煤矿安全评价导则、非煤矿山安全评价导则、陆上石油和天然气开采业安全评价导则、水库大坝安全评价导则等。

由于各类安全评价导则都是依据安全评价通则制定的，所以它们采用的格式和提出的基本要求是一致的。其内容主要包括：主题内容与适用范围，评价目的和基本原则，定义，评价内容，评价程序，评价报告主要内容，评价报告要求和格式，附件(评价所需主要资料清单、常用评价方法、评价报告封面格式、著录项格式等)。

由于不同类型的安全评价的评价对象不同，因此，导则在安全评价有关细节上各有针对自己情况的具体要求。这些具体要求的差异特别体现在定义、评价内容、评价程序、报告主要内容等方面。

导则也称为指南，安全评价导则为所有安全评价工作提供了一个须共同遵循的体系规范，从导则的内容可以看出，这些导则对各类安全评价工作和各行业安全评价工作的具体内容和要求都作出了较为明确的阐述，无论是评价单位开展评价工作、评价人员编写安全评价报告、业主为安全评价提供支持，还是对评价报告进行审核，都应将此作为重要依据。

当然，安全评价的对象多种多样，且各有自己的特点，导则不可能包罗万象，也不可能面面俱到，导则也需随着安全评价工作的不断深入而逐步加以完善。在具体项目的评价过程中，需要评价单位在遵守基本要求和保证质量的基础上，努力创新，以更好地完成评价工作。但是，没有规矩不成方圆，安全评价导则为我国安全评价工作的规范化提供了重要基础，应成为我国安全评价工作者共同遵守的指南。

三、行业安全评价导则

由于不同行业的工艺、设备等各有自己的特点，也有各自不同的安全风险，因此行业安全评价导则在遵循安全评价通则总体要求和框架的基础上，在各类安全评价细节上突出了各自的行业特点和要求。例如《陆上石油天然气长输管道建设项目安全评价编制导则(试行)》等，这些导则为做好该行业的安全评价提供了适用指南，提供了更符合本行业特点的规范依据。

第二节 安全生产法律法规体系

一、法律法规体系

我国的安全生产法律法规体系大致可分为四个层次：第一个层次为全国人民代表大会颁布的安全生产法律，第二个层次为国务院颁布的安全生产行政法规，第三个层次为国务院下属各部委颁布的政府规章，第四个层次为省(自治区、直辖市)、地区(市)、县等各级地方人民代表大会或政府颁布的地方性安全生产法规。

1. 法律

法律的制定权属全国人民代表大会及其常务委员会。法律由国家主席签署主席令予以公布。主席令中载明了法律的制定机关、通过日期和实施日期。关于法律的公布方式，《中华人民共和国立法法》明确规定法律签署公布后，应及时在人民代表大会常务委员会公报和在全国范围内发行的报纸上刊登；此外还规定，人民代表大会常务委员会公报上刊登的法律文本为标准文本。如《中华人民共和国石油天然气管道保护法》《中华人民共和国安全生产法》等，属法律。

2. 行政法规

行政法规的制定权属国务院。行政法规由总理签署，以国务院令公布。国务院令中载明了行政法规的制定机关、通过日期和实施日期。关于行政法规的公布方式，《中华人民共和国立法法》明确规定行政法规签署公布后，应及时在国务院公报和在全国范围内发行的报纸上刊登；此外还规定，国务院公报上刊登的行政法规文本为标准文本。如国务院发布的《危险化学品安全管理条例》等，属行政法规。

3. 规章

规章的制定权是国务院各部委、中国人民银行、审计署和具有行政管理职能的直属机构或省、自治区、直辖市和较大的市的人民政府。《中华人民共和国立法法》规定，国务院公报或者部门公报和地方人民政府公报上刊登的规章文本为标准文本。如国家安全生产监督管理局发布的《非煤矿矿山企业安全生产许可证实施办法》《安全评价机构管理规定》等，属规章。

4. 地方性法规

地方性法规的制定权是省、自治区、直辖市人大及其常委会或较大的市的人民代表大会及其常委会。地方性法规的发布令中一般都载明地方性法规的名称、通过机关、通过日期和生效日期等内容。《中华人民共和国立法法》规定，常委会公报上刊登的地方性法规文本为标准文本。

二、油气管道安全评价有关的法律法规

2014 年 7 月 7 日，国家安监局办公厅发布了《国家安全监管总局办公厅关于明确石油天然气长输管道安全监管有关事宜的通知》(安监总厅管三〔2014〕78 号)文件，规定陆上石油天然气(城镇燃气除外)长输管道及其辅助储存设施(包括地下储气库，在港区范围内的除外，以下简称油气管道)的安全监管纳入危险化学品安全监管范畴，要求油气管道要严格按照有关危险化学品安全监管法律法规、规范标准实施监管。

根据该文件，纳入危险化学品安全监管范围的油气管道范围为：陆上油气田长输管道，以油气长输管道首站为起点；海上油气田输出的长输管道，以陆岸终端出站点为起点；进口油气长输管道，以进国境首站为起点。

2017 年 3 月 5 日，国家安全监管总局发布了安监总厅管三〔2017〕27 号文件，即《国家安全监管总局关于印发陆上油气输送管道建设项目安全评价报告编制导则(试行)和陆上油气输送管道建设项目安全审查要点(试行)的通知》，进一步规范和加强了油气输送管道的安全监管工作。

与石油天然气管道密切相关的法律法规很多，国家各级政府法律法规的发布和废止是动态的，因此在安全评价中引用法律法规应及时检索，以确保最新版本。相关法律法规主要包括：

(1)《中华人民共和国安全生产法》；

(2)《中华人民共和国石油天然气管道保护法》；

(3)《中华人民共和国消防法》；

(4)《中华人民共和国特种设备安全法》；

（5）《中华人民共和国突发事件应对法》；

（6）《中华人民共和国水土保持法》；

（7）《中华人民共和国职业病防治法》；

（8）《公路安全保护条例》；

（9）《铁路安全管理条例》；

（10）《地质灾害防治条例》；

（11）《电力设施保护条例》；

（12）《中华人民共和国河道管理条例》；

（13）《中华人民共和国水土保持法实施条例》；

（14）《建设工程安全生产管理条例》；

（15）《安全生产许可证条例》；

（16）《生产安全事故报告和调查处理条例》；

（17）《危险化学品安全管理条例》；

（18）《危险化学品重大危险源监督管理暂行规定》；

（19）《危险化学品建设项目安全监督管理办法》；

（20）《危险化学品建设项目安全评价细则（试行）》；

（21）《陆上油气输送管道建设项目安全评价报告编制导则（试行）》；

（22）《陆上油气输送管道建设项目安全审查要点（试行）》；

（23）《生产安全事故应急预案管理办法》；

（24）《建设项目安全设施"三同时"监督管理办法》；

（25）《国家安全监管总局办公厅关于明确石油天然气长输管道安全监管有关事宜的通知》；

（26）《危险化学品事故应急救援预案编制导则》；

（27）《安全生产培训管理办法》；

（28）《危险化学品名录（2017 版）》。

（一）《中华人民共和国石油天然气管道保护法》

2010 年 6 月 25 日，《中华人民共和国石油天然气管道保护法》由中华人民共和国第十一届全国人民代表大会常务委员会第十五次会议通过，自 2010 年 10 月 1 日起施行。《石油天然气管道保护法》首次从法律角度规定了石油、天然气管道有关各方的权利义务，理清了管道活动中的有关法律关系，规定了管道保护措施，明确了保护责任，是一部有效保护我国石油及天然气管道，保障石油、天然气输送安全，维护国家能源安全和公共安全的法律。这部法律有四个突出特点：一是强调管理企业是维护管道安全的主要责任人；二是明确政府、有关部门的管道保护责任；三是注意维护群众、土地权利人的合法权益；四是在充分考虑保障管道安全的同时，还注意贯彻节约用地、环境保护等原则。

1. 危害管道安全将追究刑事责任

1）条文

第 8 条：对危害管道安全的行为，任何单位和个人有权向县级以上地方人民政府主管管道保护工作的部门或者其他有关部门举报。接到举报的部门应当在职责范围内及时处理。

第 51 条：采用移动、切割、打孔、砸撬、拆卸等手段，损坏管道或者盗窃和哄抢管道输送、泄漏、排放的石油与天然气，尚不构成犯罪的，依法给予治安管理处罚。

违反本法规定，构成犯罪的，依法追究刑事责任。

2）解析

近十年来，第三方破坏对我国油气管道事故的"贡献率"达40%，严重危害了油气管道的运营安全。目前，我国已经建成的长输管道已形成跨区域、跨国境管道运输。石油天然气管道是重要的能源基础设施，具有高压、易燃和易爆的特点，事关公共安全和经济安全。2002年4月10日最高人民法院对涉油犯罪出台的司法解释，明确将打孔盗油破坏管道构成犯罪的行为，定性为破坏压力容器罪。

大型工程施工、管道沿线不法分子打孔盗油盗气等，每年都引发多起油气管道安全事故。这些，都需要管道管理企业与各级政府加强工程规划与监管，加大对民众的法制宣传与执法力度，与油气管道经营企业共同努力，建立和完善保护油气管道安全的机制和体系。

2. 管道企业依法取得的土地不得侵占

1）条文

第12条：纳入城乡规划的管道建设用地，不得擅自改变用途。

第15条：依照法律和国务院的规定，取得行政许可或者已报送备案并符合开工条件的管道项目的建设，任何单位和个人不得阻碍。

第26条：管道企业依法取得使用权的土地，任何单位和个人不得侵占。

2）解析

中国石油锦州化工分公司有一条通往笔架山港口的石油管道，全长44km，其中有8km管道穿过市区和郊区。但在城区，管道上面有固定建筑；在城郊，农民在管道上方搭建蔬菜大棚。锦州市有关部门为此做了大量的工作。但十几年过去了，这种局面仍然没有解决。

上述案例的症结在于永久性占地。中国石油地方分公司无权永久性占地。石油管道占地大都属于临时占地。但按照石油管道的使用性质，这个管道应该是永久性的，占地也该变更为永久性占地，应该给农民永久性的补偿。这样，安全隐患才能消除。

油气管道已经在我国许多地方联网成片，但管道建设过程中的临时和永久性征地困难，却是阻碍工程建设进度的一大难题。

管道建设企业建设每条管道都要付出大量人力、物力做征地工作。由于无法可依，征地工作难以推行。因此，在相同情况下，不同的标段征地进度相差悬殊。现在，法律明确规定了管道用地的性质、征地的依据。依法征地，已成为今后管道建设征地的着力点。

3. 管道企业补偿赔偿有法可依

1）条文

第14条：依法建设的管道通过集体所有的土地或者他人取得使用权的国有土地，影响土地使用的，管道企业应当按照管道建设时土地的用途给予补偿。

第27条：管道企业对管道进行巡护、检测、维修等作业，管道沿线的有关单位、个人应当给予必要的便利。因管道巡护、检测、维修等作业给土地使用权人或者其他单位、个人造成损失的，管道企业应当依法给予赔偿。

2）解析

征地补偿和拆迁补偿，国家都有明文规定。管道建设具有点多、线长的特点。管道建设永久性用地主要集中在站场、阀室。由于土地地域、性质、等级的不同，过去在赔偿上往往要执行不同的标准。

《管道保护法》规定了需要管道企业补偿或赔偿的情形。在今后依法补偿和赔偿中，更需要国家或管道途经省、市、自治区依法出台配套的标准、措施和办法，使补偿与赔偿有法可依、遇事有据。

4. 管道企业是维护安全主要责任人

1）条文

第 22 条：管道企业应当建立、健全管道巡护制度，配备专门人员对管道线路进行日常巡护。管道巡护人员发现危害管道安全的情形或隐患，应当按照规定及时处理和报告。

第 25 条：管道企业发现管道存在安全隐患，应当及时排除。对管道存在的外部安全隐患，应当向县级以上地方人民政府主管管道保护工作的部门报告。接到报告的主管管道保护工作的部门应当及时协调排除或者报请人民政府及时组织排除安全隐患。

2）解析

一直以来，我国管道保护的管理体制概括起来是"四级多头"。第一级是国务院能源主管部门，主管全国石油天然气管道工作。第二级是管道经过地区的省、自治区、直辖市人民政府的能源主管部门，负责本行政区域内的管道保护工作。第三级是县一级。第四级是管道企业。多头的管理容易造成职责不清、责任不明，不利于管道的保护。一旦管道出现安全问题，会出现耽搁管道安全处理时机以及责任推诿等现象。

《管道保护法》强调管道企业是维护管道安全的主要责任人，避免了责任推诿等现象，对管道企业的义务作了较多补充；为从源头上保证管道安全，增加了管道企业应保证管道建设工程质量的规定，要求管道企业在管道建设中应遵守法律、行政法规有关建设工程质量管理的规定。管道的安全保护设施应当与管道主体工程同时设计、同时施工、同时投入使用。

5. 管道企业对事故要及时通报处理

1）条文

第 39 条：石油天然气管道发生事故，管道企业应当立即启动本企业管道事故应急预案，按照规定及时通报可能受到事故危害的单位和居民，采取有效措施消除或者减轻事故危害，并依照有关事故调查处理的法律、行政法规的规定，向事故发生地县级人民政府主管管道保护工作的部门、安全生产监督管理部门和其他有关部门报告。

接到报告的主管管道保护工作的部门应当按照规定及时上报事故情况，并根据管道事故的实际情况组织采取事故处置措施或者报请人民政府及时启动本行政区域管道事故应急预案，组织进行事故应急处置与救援。

2）解析

2003 年 3 月 11 日下午 3 时许，某地质队在位于绵阳市涪城区龙门镇清霞村 2 组进行成绵乐铁路客运专线涪江 3 号特大桥地质勘测钻探时，将埋于地下 1.8m 深、直径 450mm 的兰成渝输油管道钻破，造成柴油泄漏。现场指挥员立即组织人员对事发点周围 500m 实施警戒，并对周边群众进行疏散，对泄漏出的柴油实施堵截。当地政府、公安、安监、环保等相关部门相继到达现场。现场立即成了抢险指挥部。兰成渝输油管线工作人员和中国石油绵阳销售分公司相关人员负责抢修。

法律首次明确石油天然气管道泄漏的石油和因管道抢修排放的石油造成环境污染的，管道企业应当及时治理。上述案例是典型的第三方破坏造成的事故。中国石油从自身安全生产和社会责任出发，动员了大量人力物力，最终圆满完成任务。在当时由谁来清理，没有明确规定。现在，《管道保护法》作出了明确规定。法律同时规定，因第三人的行为致使管道泄漏造成环境污染的，管道企业有权向第三人追偿治理费用。

(二)《中华人民共和国特种设备安全法》

《中华人民共和国特种设备安全法》(以下简称《特种设备安全法》)由中华人民共和国第十二届全国人民代表大会常务委员会第三次会议于2013年6月29日通过，自2014年1月1日起施行。

《特种设备安全法》明确规定了锅炉、压力容器、压力管道、电梯、起重机械、客运索道、大型游乐设施、专用机动车辆等特种设备必须建立安全信息档案，全程监督；换言之，新法案规定特种设备的管理就像汽车一样，从设计、制造、安装一直到报废，每个环节都要作记录，确保特种设备使用的"绝对安全"。《特种设备安全法》是一部对特种设备安全工作具有划时代意义的法律，标志着我国特种设备安全工作向着科学化、法制化方向迈出了里程碑式的一大步，特种设备安全工作进入了一个重要的历史时期。

1. 法律出台的必要性

从历史上看，一方面，特种设备事故曾经给人类带来了巨大的灾难，给无数个家庭造成了无法挽回的损失；另一方面，每一起重大事故往往也促使人们改变管理的方式，深化管理的理念，甚至出台强制性规定、规范、标准，为避免同类事故的再次发生作出了积极的努力。

近年来，随着我国经济的快速发展，特种设备数量也在迅速增加。特种设备本身所具有的危险性与迅猛增长的数量因素双重叠加，使得特种设备安全形势更加复杂。特种设备安全法的出台，必将为特种设备安全提供更加坚实的法制保障。

2. 与《特种设备安全监察条例》相比的特点

(1)进一步完善了特种设备管理的制度。《特种设备安全法》里所确立的特种设备管理体制为"三位一体"，即企业是主体、政府是监管、社会是监督。原有的监察条例侧重于行政监管、政府管理。而《特种设备安全法》已经不是单纯地强调政府的监察，而是让它成为一个社会安全法。平安建设是全社会的事。这部法律确立了一个好的体制，"三位一体"比安全监察条例上升了一个层次，使它成为全社会安全管理的一个大法。

(2)《特种设备安全法》突出了两个原则：对特种设备实施分类监管和重点监管。分类监管是指针对特种设备不同的性能特点、危险程度对它实行不同的监管模式、手段和方法。分类监管体现了科学监管的原则，除了针对不同的性能以外，也是针对特种设备数量激增、监管受限设置的。《特种设备安全法》确立了重点监管原则，就是重点监管人口密集、公众聚集较多的场所，如车站、商场、学校等的特种设备，进行必要的检查、检验、检测，确保安全。

(3)进一步完善了监管的范围，使特种设备的监管形成完整的链条，增加了对经营、销售环节的监管。老条例侧重于生产、制造、使用环节，对销售没有特殊的规定。这次立法把特种设备销售包括出租都加以规范，增加了经营、销售、出租环节的监管，体现了闭环的管理。

(4)明确各方的主体责任，特别是突出了企业的主体责任。在特种设备的生产、制造、销售、使用等各个环节均涉及到特种设备的责任，法律里都作了明确规定，包括制造企业、销售企业、使用单位都非常明确。另外，监管部门也非常明确，特种设备的安全监管部门是以国家质监总局为主，其他部门有相应职责。同时也突出了各级人民政府应加强对特种设备安全工作的领导协调管理。作为地方政府，保一方百姓的生命、财产安全是其天职，法律里明确了政府的责任。当然法律中还是突出强调了企业的责任主体，甚至可以说企业作为制造商是第一责任。

（5）《特种设备安全法》有个非常突出的特点，就是安全工作和节能工作相结合。在我国的能源消耗和使用中，特种设备消耗了我们国家大量的能源。以煤炭为例，有过一个统计，我国煤炭的消耗量的70%都由锅炉消耗。在确保安全的前提下，如果在锅炉的设计、制造和使用各个方面能够采取相应的节能措施，都会为我们国家节能作出贡献。而且这两个密不可分，也不能偏废。所以安全监管和节能工作相结合在法里面确立为一个原则，是安全监管工作当中的一个特点，既保障了安全，又注重了生态和环保，是一个很好的制度设计。

（6）确立了特种设备的可追溯制度。可追溯制度是指从特种设备的设计、制造、安装一直到报废，每个环节都要作记录，设备上要有标牌，要随着出厂的设备有各类的参数资料、有文件，同时要进行保管，也有人称之为设备身份的制度。一旦发生问题，可以追溯到源头。

（7）确立了特种设备的召回制度。召回制度在我国最早是在2004年，由国家质检总局会同发改委、商务部、海关总署等共同发布了中国第一部缺陷汽车召回的管理规定。特种设备的召回制度应当是在市场经济条件下，后市场管理的一个方法。明确责任主体，适时召回。符合特种设备召回条件的，由企业主动召回；如果企业没有做到主动召回，政府部门有权利强制召回。我国在这方面已经积累了一些经验，目前已有10部左右的法律法规都引入了召回制度，因此对于特种设备的召回也有了可靠的法律依据。

（8）确立了特种设备的报废制度。设备都有设计年限、使用年限和报废年限，到期了就应该更换、大修甚至报废。老条例对这方面的描述并不是特别清晰，这次立法强调了达到报废条件的要立刻报废，报废后还应由有关单位进行性能拆解，防止再次流入市场被人使用。很多人都有关在电梯里的经历，而出事的往往是老旧的电梯，所以特设法中规定了不能销售国家已经报废的特种设备，对保障安全非常有好处。

（9）在事故的责任赔偿中体现民事优先的原则。民事优先原则是指在发生了事故后，责任单位的财产在同时支付处罚和民事赔偿的时候，或者其他欠债的时候，当财产不足以同时赔付的时候优先赔付老百姓、优先赔付消费者。原则体现以人为本，对建设平安中国，保护老百姓的人身、财产安全是一个重大的发展政策。

（10）进一步加大了对违法行为的处罚力度。安全质量问题不断发生，很重要的一个问题可能就是处罚的力度不够，违法成本低。所以在这部法律中加强了处罚力度。违法行为处罚最高达到200万，同时对发生重大事故的当事人和责任人的个人处罚也作出了明确的规定：处罚个人上年收入的30%~60%。当然，处罚不是目的，是为了教育，总结经验，提高预防的能力，产生警示的作用。除了行政罚款，严重的还要吊销许可证，触犯刑律的要移送司法机关，触犯治安条例的由公安机关处置。

这部法律从10个方面集中体现了以人为本，靠法律和制度来加强安全监管，保障平安建设的宗旨，也提现了我国平安建设走上了法治化、现代化的进程。

3. 特种设备安全监督管理体系

《特种设备安全法》第五条规定：国务院负责特种设备安全监督管理的部门对全国特种设备安全实施监督。县级以上地方各级人民政府负责特种设备安全监督管理部门对本行政区域内特种设备安全实施监督管理。

本条是关于特种设备安全监督管理体制和特种设备安全监督管理部门的总体职责的有关

规定，如图 2-2 和图 2-3 所示。

特种设备安全监督管理的含义是负责特种设备安全监督管理的政府行政机关为实现安全目的而从事的决策、组织、管理、控制和监督检查等活动的总和（三层四级制的管理）。

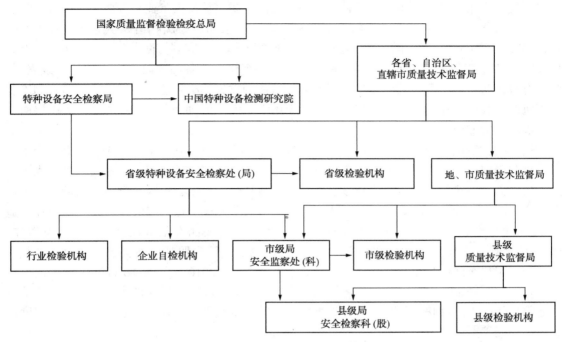

图 2-2　特种设备安全监督管理体制图

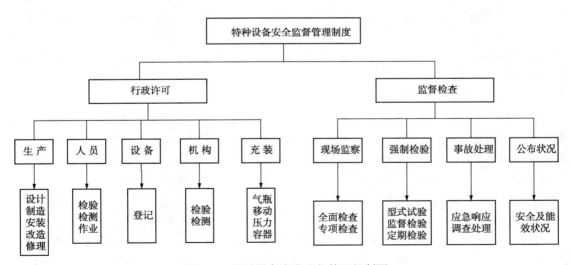

图 2-3　特种设备安全监督管理机制图

（三）《危险化学品重大危险源监督管理暂行规定》

《危险化学品重大危险源监督管理暂行规定》（国家安全生产监督管理总局令第 40 号）于 2011 年 7 月月 22 日由国家安全监管总局局长办公会议审议通过，并于 8 月 5 日以国家安全监管总局令第 40 号公布，自 2011 年 12 月 1 日起施行。后又根据 2015 年 5 月 27 日国家安全监管总局令第 79 号进行了修正。

1. 制定《危险化学品重大危险源监督管理暂行规定》(简称《暂行规定》)的必要性

20 世纪 70 年代以来，随着石油化工行业迅猛发展，相继发生了意大利塞维索工厂环己烷泄漏、墨西哥城液化石油气爆炸、印度博帕尔农药厂异氰酸甲酯泄漏等与危险化学品有关的恶性重特大工业事故，引起国际社会的高度关注，防范重特大工业事故成为各国特别是发达国家危险化学品安全管理工作的重要任务。发达国家和有关国际组织从立法、管理、技术、制度等多个角度反思本国危险化学品安全管理工作，研究制订防范措施，提出了"重大危害""重大危害设施(国内通常称为重大危险源)"等概念。各国预防重大事故的实践表明：为了有效预防重大工业事故的发生，降低事故造成的损失，必须建立重大危险源监管制度和监管机制。我国颁布的《安全生产法》和《危险化学品安全管理条例》也从法律、法规层面对重大危险源的监督和管理提出了明确要求。

近年来，我国采取了一系列措施，强化危险化学品安全监管，全国危险化学品安全生产形势呈现稳定好转的发展态势。但由于危险化学品安全生产基础薄弱、企业安全管理水平不高、监管力量不足等原因，危险化学品重特大事故还时有发生，危险化学品领域的安全生产形势依然严峻。如 2006 年 7 月 28 日江苏省盐城市射阳县氟源化工有限公司反应釜爆炸，造成 22 人死亡，29 人受伤。2008 年 8 月 26 日广西维尼纶集团有限责任公司化工装置爆炸，造成 21 人死亡，60 人受伤。2009 年 7 月 15 日河南省洛阳市偃师市谷县镇的河南洛染股份有限公司硝化车间爆炸事故，造成 7 人死亡、9 人受伤。2010 年 7 月 16 日辽宁省大连保税区中石油国际储运有限公司原油罐区输油管道爆炸火灾事故，造成原油大量泄漏。这些重特大危险化学品事故反映出相关企业在重大危险源的安全管理方面存在缺陷，相关监管制度不够规范、完善。

为贯彻落实《安全生产法》《危险化学品安全管理条例》和《国务院关于进一步加强企业安全生产工作的通知》的有关要求，针对当前我国危险化学品重大危险源管理存在的突出问题，有必要制定专门规章，进一步加强和规范危险化学品重大危险源的监督管理，有效减少危险化学品事故，坚决遏制重特大危险化学品事故的发生。《暂行规定》的出台，将成为预防危险化学品事故，特别是遏制重特大事故发生的重要措施。

2.《暂行规定》的主要内容

《暂行规定》共 6 章、36 条，包括总则、辨识与评估、安全管理、监督检查、法律责任、附则及 2 个附件。《暂行规定》紧紧围绕危险化学品重大危险源的规范管理，明确提出了危险化学品重大危险源辨识、分级、评估、备案和核销、登记建档、监测监控体系和安全监督检查等要求，是多年来危险化学品重大危险源管理实践经验的总结和提炼。

3.《暂行规定》中需要重点说明的几个问题

1）适用范围

《暂行规定》适用于从事危险化学品生产、储存、使用和经营单位的危险化学品重大危险源的辨识、评估、登记建档、备案、核销及其监督管理。不适用于城镇燃气、用于国防科研生产的危险化学品重大危险源以及港区内危险化学品重大危险源。民用爆炸物品、烟花爆竹重大危险源的安全监管应依据《民用爆炸物品安全管理条例》《烟花爆竹安全管理条例》的有关要求，也应符合《暂行规定》的有关要求。

此外，《暂行规定》颁布施行后，有关危险化学品重大危险源的监管将不再执行原国家安全监管局《关于开展重大危险源监督管理工作的指导意见》(安监管协调字〔2004〕56 号)和国家安全监管总局《关于规范重大危险源监督与管理工作的通知》(安监总协调字〔2005〕125

号）相关规定。

2）危险化学品重大危险源的辨识

《暂行规定》中所称的危险化学品重大危险源，是指根据《危险化学品重大危险源辨识》（GB 18218—2009）标准辨识确定的危险化学品的数量等于或者超过临界量的单元。当危险化学品单位厂区内存在多个（套）危险化学品的生产装置、设施或场所并且相互之间的边缘距离小于500m时，都应按一个单元来进行重大危险源辨识。

《危险化学品重大危险源辨识》是在《重大危险源辨识》（GB 18218—2000）的基础上修订而来的。同原标准相比，新标准大大拓宽了危险化学品重大危险源的辨识范围。原标准只给出4大类142种危险物质的辨识范围；而新标准采用了列出危险化学品名称和按危险化学品类别相结合的辨识方法，其中标准中的表1具体列出了78种危险化学品，表2按危险类别将危险化学品分为爆炸品、气体、易燃液体、易燃固体、易于自燃的物质、遇水放出易燃气体的物质、氧化性物质、有机过氧化物和毒性物质9类。

3）危险化学品重大危险源的监测监控

安全监控系统或安全监控设施是预防事故发生、降低事故后果严重性的有效措施，也是辅助事故原因分析的有效手段，因此危险化学品重大危险源建立必要的安全监控系统或设施具有重要意义。《暂行规定》要求，危险化学品单位应当根据构成重大危险源的危险化学品种类、数量、生产、使用工艺（方式）或者相关设备、设施等实际情况，建立健全安全监测监控体系，完善控制措施。例如，重大危险源应配备温度、压力、液位、流量、组分等信息的不间断采集和监测系统，以及可燃气体和有毒有害气体泄漏检测报警装置，并具备信息远传、连续记录、事故预警、信息存储等功能；一级或者二级重大危险源应具备紧急停车功能。记录的电子数据的保存时间不少于30天。

特别针对危害性较大，涉及毒性气体、液化气体、剧毒液体的一级或者二级重大危险源，应当依据《石油化工安全仪表系统设计规范》《过程工业领域安全仪表系统的功能安全》等标准，配备独立的安全仪表系统（SIS）。

4）危险化学品重大危险源的分级管理

《暂行规定》要求对重大危险源进行分级，由高到低分为四个级别，一级为最高级别。分级的目的是对重大危险源按危险性进行初步排序，从而提出不同的管理和技术要求。

《暂行规定》中提出的重大危险源分级方法，是在近年来开展的专题研究和大量试点验证工作的基础上提出的。在起草过程中，充分吸纳了国内部分省市的一些行之有效的做法。最终，考虑各种因素，提出采用单元内各种危险化学品实际存在量（在线量）与其在《危险化学品重大危险源辨识》中规定的临界量比值，经校正系数校正后的比值之和 R 作为分级指标。事实证明，该方法简单易行、便于操作、一致性好，避免了原来依靠事故后果分级的比较复杂的方法。

校正系数主要引入了与各危险化学品危险性相对应的校正系数 β，以及重大危险源单元外暴露人员的校正系数 α。β 的引入主要考虑到毒性气体、爆炸品、易燃气体以及其他危险化学品（如易燃液体）在危险性方面的差异，以体现区别对待的原则。α 的引入主要考虑到重大危险源一旦发生事故对周边环境、社会的影响。周边暴露人员越多，危害性越大，引入的 α 值就越大，其重大危险源分级级别就越高，以便于实施重点监管、监控。

5）危险化学品重大危险源的可容许风险标准与安全评估

《暂行规定》提出通过定量风险评价确定重大危险源的个人和社会风险值，不得超过本规定所列出的个人和社会可容许风险限值标准。超过个人和社会可容许风险限值标准的，危险化学品单位应当采取相应的降低风险措施。

（1）提出可容许风险标准，为合理判定危险源的风险提供科学依据。通过研究和借鉴英国、荷兰、香港等国内外风险可接受标准，结合我国的现状，《暂行规定》提出以危险化学品重大危险源各种潜在的火灾、爆炸、有毒气体泄漏事故造成区域内某一固定位置人员的个体死亡概率，即单位时间内（通常为年）的个体死亡率作为可容许个人风险标准，通常用个人风险等值线表示。同时，提出以能够引起大于等于 N 人死亡的事故累积频率（F），也即单位时间内（通常为年）的死亡人数作为可容许社会风险标准，通常用社会风险曲线（$F-N$ 曲线）表示。可容许个人风险标准和可容许社会风险标准，为定量风险评价方法结果分析提供指导。可容许个人风险和可容许社会风险标准的确定，为科学确定安全距离进行了有益尝试，也遵循了与国际接轨、符合中国国情的原则。

（2）引入定量风险评价方法，提高重大危险源安全管理决策科学性。定量风险评价是准确确定重大危险源现实安全状况，提高重大危险源安全监控与管理水平的有效手段，为危险化学品重大危险源的风险控制与管理决策提供科学依据，制定科学、合理的风险降低措施。发达工业化国家已广泛应用定量风险评价方法，大量实践证明了其科学性与合理性。近几年来，我国化工等高危行业企业逐渐应用定量风险评价方法，对涉及毒性气体、爆炸品、液化易燃气体的危险化学品重大危险源进行定量风险评价，积累了宝贵的经验。在此基础上，总局正在组织制定安全生产行业标准《化工企业定量风险评价导则》，将为重大危险源定量风险评价提供标准依据。

（3）依据《安全生产法》，《暂行规定》要求危险化学品单位应当对重大危险源进行安全评估。考虑到进一步减轻企业的负担，避免不必要的重复工作，这一评估工作可以由危险化学品单位自行组织，也可以委托具有相应资质的安全评价机构进行。安全评估可以与法律、行政法规规定的安全评价一并进行，也可以单独进行。

对于那些容易引起群死群伤等恶性事故的危险化学品，如毒性气体、爆炸品或者液化易燃气体等，是安全监管的重点。因此，《暂行规定》中规定，如果其在一级、二级等级别较高的重大危险源中存量较高时，危险化学品单位应当委托具有相应资质的安全评价机构，采用更为先进、严格并与国际接轨的定量风险评价的方法进行安全评估，以更好地掌握重大危险源的现实风险水平，采取有效控制措施。

6）危险化学品重大危险源的备案登记与核销

《暂行规定》规定，危险化学品单位新建、改建和扩建危险化学品建设项目，应当在建设项目竣工验收前完成重大危险源的辨识、安全评估和分级、登记建档工作，并向所在地县级人民政府安全生产监督管理部门备案。另外对于现有重大危险源，当出现重大危险源安全评估已满三年、发生危险化学品事故造成人员死亡等6种情形之一的，危险化学品单位应当及时更新档案，并向所在地县级人民政府安全生产监督管理部门重新备案。

《暂行规定》要求，县级人民政府安全生产监督管理部门行使重大危险源备案和核销职责。为体现属地监管与分级管理相结合的原则，对于高级别重大危险源备案材料和核销材料，下一级别安监部门也应定期报送给上一级别的安监部门。

4. 贯彻实施《暂行规定》的意义

目前，《首批重点监管的危险化工工艺》和《首批重点监管的危险化学品名录》均已公布，《危险化学品重大危险源监督管理暂行规定》作为总局部门规章也已出台。至此，国家安全监管总局在危险化学品安全监管方面"两重点一重大"监管体系正式形成。通过抓"重点监管危险工艺"，来提升本质安全水平；通过抓"重点监管危险化学品"，来控制危险化学品事故总量；通过抓"重大危险源"，来遏制较大以上危险化学品事故。特别是《暂行规定》采用的先进的管理理念和科学的管理方法，将对提高我国危险化学品重大危险源安全管理水平产生积极的推动作用。

（四）《陆上油气输送管道建设项目安全审查要点（试行）》

《陆上油气输送管道建设项目安全审查要点（试行）》（以下简称《审查要点》）已于2017年3月15日以国家安全监管总局办公厅文件（安监总厅管三〔2017〕27号）印发执行。

1. 编制背景

陆上油气输送管道安全监管纳入危险化学品安全监管范畴后，陆上油气输送管道建设项目（以下简称油气管道建设项目）按照《危险化学品建设项目安全监督管理办法》开展安全审查。《危险化学品建设项目安全监督管理办法》对油气管道建设项目安全审查要求不够具体；另外，随着全社会更加关注安全生产工作，安全生产要求不断提高，需要对油气管道建设项目安全审查重点和内容进一步严格规范。为进一步做好陆上油气输送管道安全监管工作，根据《中华人民共和国安全生产法》《中华人民共和国石油天然气管道保护法》《危险化学品建设项目安全监督管理办法》等法律、法规、规章相关要求，国家安全监管总局监管三司组织编制了《审查要点》，进一步完善和规范油气管道建设项目安全条件和安全设施设计审查工作，突出重点，严格审查要求，提升本质安全水平和安全保障能力。

2. 主要内容

《审查要点》共有5个部分，明确了油气管道建设项目安全条件审查和安全设施设计审查的主要内容，提出了安全条件和安全设施设计审查不予通过的判定条件。

1）重点审查内容

（1）安全条件审查的主要内容是危险有害因素的辨识与安全条件的分析及评价，重点关注管道沿线附近有相互影响的敏感区域评价，以及站场、阀室和放空系统周边公共安全的评价。

（2）安全设施设计审查的主要内容是工程设计、安全防护技术措施是否安全、合规、可行，重点关注管道通过人口密集区、规划区等敏感区域的说明及防护措施，以及站场选址的合理性分析、与周边安全距离的说明及防护措施。

2）新增审查内容

（1）安全条件审查

① 建设单位、可行性研究报告编制单位合法性评价；

② 国内首次使用的新工艺、新技术、新材料、新设备应经省部级单位组织的安全可靠性论证或经过工程实践验证；

③ 是否对评价范围内的油库进行重大危险源辨识；

④ 水工保护和水土保持方案、地震安全性评价和地质灾害危险性评估安全措施采纳情况；

⑤ 对首站、典型站场可能发生的事故进行定量评价。

（2）安全设施设计审查

① 设计资质合规性；

② 识别影响管道系统安全的危险有害因素，评价管道系统失效后的后果；

③ 开展油气管道高后果区识别工作。

第三节 标准和规范

一、标准分类

标准可按适用范围、约束性和性质等进行分类。

(1)按标准的适用范围分为四类:一是国家标准,由国务院标准化行政主管部门颁布,如《油气输送管道穿越工程设计规范》等;二是行业标准,如原冶金部颁布的《原油管道输送安全规程》等;三是地方标准,如《加油加气站非油品设施安全设置管理要求》等;四是企业标准。

(2)按标准的约束性分为二类:一是强制性标准,如《石油天然气工程设计防火规范》(GB 50183)、《输油管道工程设计规范》(GB 50253)等;二是推荐性标准,如《埋地钢质管道阴极保护技术规范》(GB/T 21448)、《职业健康安全管理体系要求》(GB/T 28001)等。

(3)按标准的性质分为三类:一是管理标准;二是工作标准;三是方法标准。

二、油气管道安全评价有关的标准

油气管道安全评价涉及的标准规范有很多,涉及了油气管道的工程设计、防雷、防腐、防震、供配电、给排水、防火设计、穿跨越、报警设计、检测检验等。常用的油气管道安全评价标准见表2-1。

表2-1 油气管道安全评价常用标准规范

序号	标准名称	标准编号
1	《安全色》	GB 2893
2	《安全标志及其使用导则》	GB 2894
3	《危险货物品名表》	GB 12268
4	《防止静电事故通用导则》	GB 12158
5	《石油与石油设施雷电安全规范》	GB 15599
6	《天然气》	GB 17820
7	《危险化学品重大危险源辨识》	GB 18218
8	《化学品生产单位特殊作业安全规范》	GB 30871
9	《油气输送管道完整性管理规范》	GB 32167
10	《建筑抗震设计规范》	GB 50011
11	《建筑给排水设计规范》	GB 50015
12	《建筑设计防火规范》	GB 50016
13	《供配电系统设计规范》	GB 50052
14	《低压配电设计规范》	GB 50054
15	《通用用电设备配电设计规范》	GB 50055
16	《建筑物防雷设计规范》	GB 50057
17	《爆炸危险环境电力装置设计规范》	GB 50058
18	《3~110kV 高压装置配电设计规范》	GB 50060

序号	标准名称	标准编号
19	《火灾自动报警系统设计规范》	GB 50116
20	《建筑灭火器配置设计规范》	GB 50140
21	《泡沫灭火系统设计规范》	GB 50151
22	《石油天然气工程设计防火规范》	GB 50183
23	《工业企业总平面设计规范》	GB 50187
24	《构筑物抗震设计规范》	GB 50191
25	《输气管道工程设计规范》	GB 50251
26	《输油管道工程设计规范》	GB 50253
27	《油气集输设计规范》	GB 50350
28	《油气长输管道工程施工及验收规范》	GB 50369
29	《油气输送管道穿越工程设计规范》	GB 50423
30	《油气输送管道穿越工程施工规范》	GB 50424
31	《油气输送管道线路工程抗震技术规范》	GB 50470
32	《石油化工可燃气体和有毒气体检测报警设计规范》	GB 50493
33	《石油天然气工业管线输送系统用钢管》	GB/T 9711
34	《生产过程危险和有害因素分类与代码》	GB/T 13861
35	《钢质管道外防腐控制规范》	GB/T 21447
36	《埋地钢质管道阴极保护技术规范》	GB/T 21448
37	《埋地钢质管道聚乙烯防腐层》	GB/T 23257
38	《钢制管道内腐蚀控制规范》	GB/T 23258
39	《生产经营单位生产安全事故应急预案编制导则》	GB/T 29639
40	《埋地钢质管道交流干扰防护技术规定》	GB/T 50698
41	《油气田及管道工程仪表控制系统设计规范》	GB/T 50823
42	《油气田及管道工程计算机控制系统设计规范》	GB/T 50892
43	《石油天然气安全规程》	AQ 2012
44	《危险场所电气防爆安全规范》	AQ 3009
45	《化学品生产单位动火作业安全规范》	AQ 3022
46	《危险化学品重大危险源安全监控通用技术规范》	AQ 3035
47	《安全评价通则》	AQ 8001
48	《安全预评价导则》	AQ 8002
49	《安全验收评价导则》	AQ 8003
50	《埋地钢质管道直流排流保护技术规定》	SY/T 0017
51	《油气田地面管线和设备涂色规范》	SY/T 0043
52	《石油天然气工程总图设计规范》	SY/T 0048
53	《油气田防静电接地设计规范》	SY/T 0060
54	《油气田及管道仪表控制系统设计规范》	SY/T 0090
55	《输油(气)管道同沟敷设光缆(硅芯管)设计及施工规范》	SY/T 4108

序号	标准名称	标准编号
56	《油气输送管道工程竣工验收规范》	SY/T 4124
57	《石油天然气钻井、开发、储运防火防爆安全生产技术规程》	SY/T 5225
58	《原油管道运行规范》	SY/T 5536
59	《天然气凝液安全规程》	SY/T 5719
60	《天然气管道运行规范》	SY/T 5922
61	《油气管道线路标识设置技术规范》	SY/T 6064
62	《油气管道架空部分及其附属设施维护保养规程》	SY/T 6068
63	《石油天然气管道安全规程》	SY/T 6186
64	《硫化氢环境人身防护规范》	SY/T 6277
65	《防止静电、闪电和杂散电流引燃的措施》	SY/T 6319
66	《陆上油气田油气集输安全规程》	SY/T 6320
67	《输油管道加热设备技术管理规定》	SY/T 6382
68	《油气管道通用阀门操作维护检修规程》	SY/T 6470
69	《石油工程建设施工安全规程》	SY/T 6444
70	《石油天然气工程可燃气体检测报警系统安全规范》	SY/T 6503
71	《石油工业作业场所劳动防护用具配备要求》	SY/T 6524
72	《输气管道系统完整性管理规范》	SY/T 6621
73	《输油管道完整性管理规范》	SY/T 6648
74	《石油设施电气设备安装区域一级、0区、1区和2区区域划分推荐作法》	SY/T 6671
75	《石油行业建设项目安全验收评价报告编写规则》	SY/T 6710
76	《油气输送管道线路工程水工保护设计规范》	SY/T 6793
77	《油气田及管道工程雷电防护设计规范》	SY/T 6885
78	《石油工业用加热炉安全规程》	SY 0031
79	《石油天然气管道系统治安风险等级和安全防范要求》	GA 1166
80	《压力管道定期检验规则—长输(油气)管道》	TSG D7003

在开展安全评价时，应筛选出适用的条款，对油气管道的总平面布置、线路工程、站场工艺设施等实施逐一评价。

第三章 油气管道安全评价报告内容

油气管道相对于其他工程建设项目有其自身的特点，在对其进行安全评价时，评价的内容、评价的重点及评价方法的选择都有其特殊性。尽管由于油气长输管道项目监管部门的变更，安全评价报告格式、结构要求会有所变化，但是以实现石油、天然气管道安全评价目的的评价程序和评价内容不会改变。

目前油气管道的安全验收评价和安全现状评价没有专项的标准或文件，本章主要根据《安全评价通则》(AQ 8001)、《安全预评价导则》(AQ 8002)、《安全验收评价导则》(AQ 8003)、《陆上油气输送管道建设项目安全评价报告编制导则(试行)》(安监总厅三〔2017〕27号)、《危险化学品建设项目安全评价细则(试行)》(安监总局危化〔2007〕255 号等的规定，结合安全评价类型、特点，分别对油气管道安全预评价、安全验收评价、安全现状评价报告内容进行阐述，供读者参考学习。

第一节 油气管道工程安全预评价报告主要内容

安全预评价报告作为向政府安全管理部门提供项目报批的文件之一，其最终目的是说明工程(系统)的安全性；而对于建设单位、设计单位而言，安全预评价报告应确定采取哪些优化的技术、管理措施，作为项目初步设计的重要依据，指导设计，使建设项目达到安全标准的要求。

安全预评价在可行性研究阶段，评价的主要依据来自建设项目可行性研究报告，尽管该报告中有安全专篇，但涉及工程项目的安全措施较少，加之建设项目工程尚处设计阶段，报告中提到的许多因素可能会因初设时的具体情况而有较大改动，尤其是在可研阶段工程的许多设计，包括油气管道实际线路走向、设备及管材的选用、工程投产后的安全管理内容等，均缺少确切的描述或数据。因此，对石油天然气管道项目进行安全预评价应收集尽可能多的工程及类比工程数据，使评价深入、科学，危险有害因数的种类、程度预测合理，对策措施建议具有针对性、可行性。

一、总则

1. 评价目的

结合评价对象的特点，阐述编制安全评价报告的目的。

2. 评价范围

明确安全预评价范围，以及与其他工程的界面关系。

3. 评价依据

安全预评价的依据主要来自国家法律、法规，国家安全生产监督管理局规章，行业标准、规范、导则，以及其他有关文件。对于油气管道，有专门针对此类工程项目的标准、规范，其涉及工程总图设计、油气管道设计、穿跨越工程设计、管道防腐及阴极保护设计等诸多方面，这些是油气管道安全预评价的主要依据。另外，还有关于自动报警系统、供电系统、防火消防、安全卫生等各个方面的规范、规程。在应用这些法规、标准规范时，所选依据的优先级顺序是：国家法律、法规，安监局规章；国家标准规范；行业规范；其他相关文件。

1）建设项目《可行性研究报告》和相关支持性文件

列出建设项目《可行性研究报告》及有文号、日期、批复单位盖章的批复文件和政府有关部门出具的规划路由许可意见。

2）法律、法规及规章

列出建设项目安全预评价应遵循的安全生产法律、行政法规、部门规章以及地方性法规、规章和规范性文件，宜按法律－法规－规章顺序排列，并标注发布机构、文号和施行日期。

3）标准规范

列出建设项目安全预评价应遵循的主要标准规范，名称后应标注标准号和年号，宜按国家标准－行业标准－国外标准－企业标准的顺序排列，并按照专业进行排序。注意引用标准规范的适用范围，其中国外标准和企业标准仅作为参考标准，如需引用，必须说明原因及具体引用条款，且内容不得与国家标准、行业标准冲突。

4）建设项目批准设立的相关文件及其他有关资料

列出经批准或备案的建设项目行政审批事项中与安全生产相关的其他评价报告目录、时间和有效期限。

列出安全评价委托书或工作合同、其他相关文件。

4. 建设单位概况

包括建设项目的投资单位组成及出资比例、建设项目所在单位基本情况。如拟定运营管理单位，也应对其单位情况进行介绍。

5.《可行性研究报告》编制单位概况

简述建设项目《可行性研究报告》编制单位基本情况、经营范围和资质等。

二、建设项目概况

1. 项目概况

简要介绍建设项目的基本概况，包含以下方面：

（1）建设项目起点、终点，线路总体走向图和站场、阀室设置数量、总投资等。列表说明油气管道途经沿线的行政区域划分，见表3-1。

（2）列表说明输送介质的组分、物性、原油物性、成品油物性、天然气组分、天然气物性等。

表 3-1   行政区划及线路长度统计表

序号	省/自治区/直辖市	地级市	县/区	线路长度/km	备注
1					
...					
		合计			

（3）输送工艺和设计输量、管径、设计压力、管线长度、管材、管线壁厚、设计温度等

基本参数。

2. 自然及社会环境

1）自然环境

（1）气象情况　介绍管道沿线主要区域的气象情况，见表 3-2。

表 3-2　沿线主要气象资料统计表

序号	地　名		气温/℃			年降水量/mm			风速/(m/s)			年平均相对湿度/%	多年平均日照数/h	多年平均年蒸发量/mm	季节性冻土标准冻深/cm	年雷暴日/d
			多年平均	极端最高	极端最低	多年平均	最多	最少	多年平均	最大	主导风向					
1	行政区划	××市/县														
2		××市/县														
3		…														
…	…	…														

（2）水文地质　介绍站场及管道沿线主要河流、地下水等情况。

（3）沿线地貌　介绍管道沿线主要地形地貌特征，见表 3-3。

表 3-3　沿线地形地貌区域划分统计表

序号	行政区划（省/市）	线路长度/km						
		平原	沟谷	丘陵	沟壑	山区	水网	…
1								
…	…							
	总计							

（4）工程地质　根据地质灾害危险性评估报告或地质勘查情况，简要描述油气管道沿线的地质条件，列表说明主要地质灾害分布(见表 3-4)。

表 3-4　主要地质灾害统计表

序号	地质灾害类型	地理位置	与管道间的间距/km	影响线路长度/km	备注
1	危岩和崩塌				
2	滑　坡				
3	泥石流				
4	不稳定斜坡				
5	地面沉降与地裂缝				
6	湿陷性黄土				
…	…				
	合计				

（5）地震资料　列出油气管道沿线的地震烈度和全新世活动断裂带，见表 3-5 和表 3-6。

表 3-5　地震加速度峰值统计表

序号	区　段	管道长度/km	地震峰值加速度
1			
...			

表 3-6　全新世活动断裂带统计表

编号	断裂名称	性　质	与油气管道交角	行政区划
1				
...				

2）社会环境

介绍管道沿线行政区域人文、经济、交通条件等。

3. 线路工程

1）阀室设置

介绍线路阀室设置情况、地区等级（输气管道）等情况，介绍阀室所在地（包括输气管道防空管）的周边环境、交通条件和防洪设计标准等，见表 3-7 和表 3-8。

表 3-7　输气管道阀室设置统计表

序号	阀室/站场名称	类型	位置描述	间距/km	主要地区等级/km				备　注
					一级	二级	三级	四级	
1									
...									

表 3-8　输油管道阀室设置统计表

序号	阀室/站场名称	类　型	位置描述	间距/km	备　注
1					
...					

2）线路

（1）介绍油气管道敷设方式，列出油气管道经过水田、岩石类、旱地等地区的最小覆土厚度。

（2）介绍油气管道中心线两侧各 200m 范围内的医院、学校、客运站、城镇规划区、工业园区等，见表 3-9。

表 3-9　油气管道沿线主要人口密集区域、公共设施统计表

名　　称		位　置	最小间距/穿越长度/m	影响线路长度/km
城镇规划区	1			
	...			
工业园区	1			
	...			
医院	1			
	...			

名　称		位　置	最小间距/穿越长度/m	影响线路长度/km
学校	1			
	…			
车站	1			
	…			
…	…			

（3）介绍油气管道与港口、飞机场港口、飞机场军事区、炸药库等设施的相互影响情况。

（4）介绍油气管道穿跨越河流情况，见表3-10。

表3-10　河流/水域大、中型穿（跨）越工程统计表

序号	名　称	位　置	方　式	油气管道设计埋深/m	长度/m	用管（管径×壁厚）/（mm×mm）	穿跨越工程等级
1							
…							

（5）介绍油气管道与铁路穿（跨）越情况，见表3-11和表3-12。

表3-11　铁路穿（跨）越工程统计表

序号	名　称	位　置	穿（跨）越长度/m	方　式
1				
…				

表3-12　油气管道与铁路并行统计表

序号	名　称	位　置	并行长度/m	并行间距/m
1				
…				

（6）介绍油气管道与公路穿（跨）越情况，见表3-13和表3-14。

表3-13　公路穿（跨）越工程统计表

序号	名　称	位　置	长度/m	方　式
1				
…				

表3-14　油气管道与公路并行统计表

序号	名　称	位　置	公路等级	并行间距/m
1				
…				

（7）介绍油气管道与架空输电线路交叉和并行情况，见表3-15和表3-16。

表3-15　油气管道与架空输电线路交叉统计表

序号	名称(等级、电压)	区域位置	交叉角度/(°)
1	交、直流高压电力线		
...			

表3-16　油气管道与架空输电线路并行统计表

序号	名称(等级、电压)	区域位置	并行间距/m	并行长度/km
1	交、直流高压电力线			
...				

（8）介绍油气管道与已有管道(含油气管道、市政管道等)交叉和油气管道中心线两侧各50m范围内的并行情况，见表3-17和表3-18。

表3-17　油气管道与已有管道交叉统计表

序号	已有管道名称	区域位置	交叉垂直间距/m
1			
...			

表3-18　油气管道与已有管道并行统计表

序号	已有管道名称	区域位置	并行长度/m	并行间距/m
1				
...				

（9）介绍油气管道穿越山岭隧道情况，见表3-19。

表3-19　油气管道穿越山岭隧道统计表

序号	名　称	位　置	穿越长度/m	穿越情况描述
1				
...				

（10）介绍油气管道穿过采矿区情况，见表3-20。

表3-20　油气管道穿过采矿区统计表

序号	名　称	位　置	穿越长度/m	穿越情况描述
1				
...				

（11）介绍油气管道标识、伴行道路设置原则和相关情况等。

3）站场工程

（1）介绍站场设置情况，见表3-21。

表 3-21　站场设置统计表

序号	站场名称	站场等级	位置	功能	设计标高/m	间距/km	备注
1							
…							
合计							

（2）介绍站场(含与油气管道相连油库)区域布置及周边环境，见表3-22。

（3）介绍输气站场放空(平面及竖向)周边环境情况，见表3-23。

（4）站场内平面布置按照《石油天然气工程设计防火规范》(GB 50183)进行防火距离检查。

表 3-22　典型站场与周边设施防火间距　　　　　　　　　　　　　　　　　　　　　m

名　称		100人以上居住区、村镇、公共福利设施	100人以下的散居房屋	相邻厂矿企业	铁路		公路		35kV及以上独立变电所	架空电力线		架空通信线		爆炸作业场地
					国家铁路线	工业企业铁路线	高速公路	其他公路		35kV及以上	35kV及以下	国家Ⅰ、Ⅱ级	其他通信线路	
××站（×级站）	规定值													
	设计距离													
××站（×级站）	规定值													
	设计距离													
…	…													

注：规定值按标准《石油天然气工程设计防火规范》(GB 50183)规定执行。

表 3-23　输气站场放空管与周边设施防火间距　　　　　　　　　　　　　　　　　m

名　称		100人以上居住区、村镇、公共福利设施	100人以下的散居房屋	相邻厂矿企业	铁路	公路	35kV及以上独立变电所	架空电力线		架空通信线		爆炸作业场地
								35kV及以上	35kV及以下	国家Ⅰ、Ⅱ级	其他通信线路	
××站放空管	规定值											
	设计距离											
××站放空管	规定值											
	设计距离											
…												

注：规定值指有关标准中放空管区域布置防火间距值，按《石油天然气工程设计防火规范》(GB 50183)规定执行。其中，铁路、公路应按有关标准在距离后注明其等级。设计距离指从放空管中心到最近的相关设施起算点的水平距离。

4. 公用工程

1）自控

介绍油气管道自控系统设置情况，说明调度控制中心和站系统的网络安全防护功能以及安全仪表系统设置。

2）通信

介绍油气管道通信方式，说明传输数据主通信方式和备用通信方式以及站场安全防范系统设计。

3）供配电

介绍建设项目供配电设置情况：

（1）站场、阀室电源配置、负荷以及应急或备用电源(含消防用电)的配置情况。

（2）变电站(所)的继电保护及电气监控系统的配置情况。

（3）爆炸危险区域划分和相关电气设备、电力电缆采取的防火、防爆措施。

（4）各站场、阀室防雷、防静电保护措施。

4）防腐与保温

介绍油气管道防腐与保温情况：

（1）油气管道外防腐层及保温层材料和补口方式，站内油气管道及设备防腐、保温，大型容器和储罐内、外壁的防腐、保温措施。

（2）阴极保护站分布、数量、供电方式和设置情况，阳极材料的选用、分布情况。

（3）油气管道沿线杂散电流干扰防护方案。

5）给排水

介绍站场给排水设置情况：

（1）站场生产、生活及消防用水量。

（2）工业污水、生活污水及雨水排放系统，油品储罐区事故状态下排污措施。

5. 采暖通风

介绍站场通风方式，站场供热设施或外接热源情况，建构筑物的通风、排烟、除尘、降温等情况。

6. 建(构)筑物

介绍站场、阀室建(构)筑物的防火、防爆、防腐、耐火保护等设计情况，见表3-24。

表 3-24　建(构)筑物统计表

序号	站场名称	单体名称	结构形式	建筑面积/m²	层数	火灾危险性类别	耐火等级	抗震设防烈度	抗震设防分类	抗震等级
1										
...										

三、危险有害因素辨识与分析

根据输送工艺过程和自然、社会环境特点，辨识和分析建设项目生产运行过程中存在的危险有害因素及其存在部位。

1. 主要危险有害物质

介绍建设项目涉及到的主要危险有害物质，分析其可燃性、爆炸极限、毒性和腐蚀性的危险类别，其他危险物质种类、数量、分布位置及危害等。

2. 线路

1）阀室

对气体排放及油气泄漏导致爆炸、火灾、中毒等危险性进行分析，包括油气管道截断阀室工艺设施、平面及竖向布置等。

2）油气管道本体

介绍油气管道自身的危险和有害因素分析，包括油气管道本体及敷设缺陷、应力开裂、内外腐蚀穿孔造成的油气泄漏等。

3）线路路由

穿（跨）越的危险有害因素分析包括河流大中型穿（跨）越、公路铁路穿（跨）越、山岭隧道穿越地段存在的穿孔或破裂造成油气泄漏风险分析。

油气管道与已有设施并行交叉的危险有害因素分析，包括油气管道与已有管道的并行交叉（如油气管道、市政管道等），与高压输电线路、电气化铁路等的并行交叉等分析。

根据《油气输送管道完整性管理规范》（GB 32167）的要求，对泄漏后可能对公众和环境造成较大不良影响的区域进行高后果区段识别，见表3-25。

表3-25　油气管道高后果区管段识别分级统计表

序　号	管　段	位　置	分　级	备　注
1				
2				
3				
…				

4）自然环境

对油气管道沿线地区气象灾害，如风、雨、雪（崩）、雷电等进行分析。

介绍已有的油气管道水工保护和水土保持方案、地震安全性评价和地质灾害危险性评估中的危险有害因素。

5）社会环境

对油气管道沿线主要人口密集区域、公共设施进行危险性分析，包括医院、学校、客运站、城镇规划区、工业园区、港口、码头、飞机场、军事区、炸药库等。

社会危险有害因素分析还包括第三方破坏，沿线采砂、采矿，人为经济活动引发危害因素和地区等级升高等分析。

3. 站场

对站场区域位置、平面布置、设备可能产生的危险有害因素进行分析。

分析输送工艺可能产生的危险有害因素，输油管道应对水击、原油凝管等安全影响进行分析说明，输气管道应对站场放空、冰堵等安全影响进行分析说明。

4. 公用工程

分析公用工程可能产生的危险有害因素。

5. 建设项目相互间的影响

对于新建、改（扩）建、合建、毗邻的油气管道建设项目，分析各建设项目相互间的影响及可能产生的危险有害因素，与在役站场油气管道动火连头以及与其他系统、相邻设施衔接等，并说明主要分析结果。

6. 重大危险源辨识

对列入评价范围内与原油、成品油管道工程相连的油库，按照《危险化学品重大危险源辨识》（GB 18218）进行重大危险源辨识。

7. 辨识结果汇总

对辨识出的危险有害因素的分布情况进行列表，见表3-26，说明危险有害因素存在的主要作业场所。

表3-26 主要危险有害因素分布表

序号	名 称		主要危险有害因素		备 注
			施工	运行	
1	线路	管段			
		阀室			
		……			
2	站场	输油、输气工艺、设施			
3	公用工程	自控			
		通信			
		供配电			
		防腐与保温			
		给排水			
		消防			
		采暖通风			
		建（构）筑物			

注：按站场管理的管段进行统计。

四、评价单元划分及评价方法选择

1. 评价单元划分

根据安全预评价特点及油气管道建设项目的风险特点，按照科学、合理、无遗漏的原则划分评价单元。一般划分为线路单元、站场单元、公用工程单元、安全管理单元。

2. 评价方法选择

对于不同的评价单元，根据评价的需要和单元特点选择适用的定性、定量评价方法。常用的安全评价方法包括：安全检查表法；火灾、爆炸危险指数评价法；预先危险性分析（PHA）；事故树分析（FTA）（油气站场）；类比分析法；定量风险评价（QRA）（典型站场等重要站场）及其他适用方法。

介绍评价方法选择的依据和原则，介绍每个单元使用的评价方法。评价方法的介绍见本书第五章。

五、安全评价

1. 基本安全条件

（1）对建设单位经营范围、可行性研究单位设计资质合法性作出评价。

（2）明确是否采用未经省部级单位组织的安全可靠性论证的国内首次使用的工艺；明确是否采用带有研发性质，未经鉴定、未经过工程实践验证的新技术、新工艺、新设备、新材料。

（3）明确建设项目采用的工艺、设备、材料是否属于淘汰、禁止的。

2. 线路

1）阀室

根据阀室设置情况，评价《可行性研究报告》中阀室设置安全措施的可行性，提出补充措施，得出评价结论。

2）线路路由

（1）分析管材选取、采用的工艺参数（设计输量、输送温度、压力、设计壁厚等）与输送介质、自然环境的匹配性，评价《可行性研究报告》中输送工艺安全措施的可行性，提出补充措施，得出评价结论。

（2）根据油气管道与周边设施间距的判定结果，评价《可行性研究报告》中路由安全措施的可行性，提出补充措施，得出评价结论。

（3）根据河流大、中型穿（跨）越工程的判定结果，评价《可行性研究报告》中河流穿（跨）越工程安全措施的可行性，提出补充措施，得出评价结论。

（4）根据油气管道与铁路穿（跨）越工程和并行的判定结果，评价《可行性研究报告》中油气管道与铁路交叉、并行安全措施的可行性，提出补充措施，得出评价结论。

（5）根据油气管道与公路穿（跨）越工程和并行的判定结果，给出《可行性研究报告》中油气管道与公路穿（跨）越和并行的安全措施的可行性，提出补充措施，得出评价结论。

（6）根据油气管道与架空输电线路交叉和并行的判定结果，评价《可行性研究报告》中油气管道与架空输电线路交叉和并行安全措施的可行性，提出补充措施，得出评价结论。

（7）根据油气管道与已有管道（含油气管道、市政管道）交叉和并行的判定结果，评价《可行性研究报告》中油气管道与已有管道交叉和并行安全措施的可行性，提出补充措施，得出评价结论。

（8）根据油气管道穿越山岭隧道的判定结果，评价《可行性研究报告》中油气管道穿越山岭隧道安全措施的可行性，提出补充措施，得出评价结论。

（9）根据油气管道穿过采矿区的判定结果，评价《可行性研究报告》中油气管道穿越采矿区安全措施的可行性，提出补充措施，得出评价结论。

（10）分析说明《可行性研究报告》针对液化土、湿陷性黄土、盐渍土、膨胀岩土、厚填土、淤泥、溶洞等不良地质土层采取的地基处理的合理性，提出补充措施，得出评价结论。

3）油气管道标识

根据油气管道标识与伴行道路设置的合理性，评价《可行性研究报告》中油气管道标识设置安全措施的可行性，提出补充措施，得出评价结论。

3. 站场

（1）根据典型站场与周边设施防火间距判定结果，评价站场（含与油气管道相连油库）选址的合规性，对不合规的进行说明。

（2）根据输气站场放空管与周边设施间距判定结果，评价输气管道站场放空设施布置的合规性，对不合规的进行说明。

（3）评价站场内平面布置的合规性，对不合规的进行说明。

（4）评价站场主要技术、工艺、装置、设备、设施的安全可靠性。重点分析说明站场发生紧急情况时采取的措施，包括截断、泄压等，站场工艺运行参数（压力、流量、温度、液位等）超出限定值采取的安全防护措施的可靠性，站场放空系统的安全可靠性。评价《可行性研究报告》中站场工艺、设备安全措施的可行性，提出补充措施，得出评价结论。

（5）对首站、典型站场可能发生的事故概率和后果进行定量评价，计算伤亡半径，确定个人风险和社会风险。

4. 公用工程

1）自控

分析说明数据采集与监视控制系统（SCADA 系统）及站控制系统、安全仪表系统、消防控制系统、火灾及气体检测报警系统、油气管道泄漏检测系统等的安全性和可靠性，评价《可行性研究报告》中自控系统安全措施的可行性，提出补充措施，得出评价结论。

2）通信

判定通信方式的可靠性，评价《可行性研究报告》中通信设置采取安全措施的可行性，提出补充措施，得出评价结论。

3）供配电

判定消防、通信、控制、仪表、建（构）筑物应急照明等重要负荷安全供电措施的可靠性，以及电气设备防火、防爆措施的有效性，防静电可靠性。评价《可行性研究报告》中供配电采取安全措施的可行性，提出补充措施，得出评价结论。

4）防腐与保温

根据区域环境特点和油气管道运行工况，判定油气管道、站场设备防腐、阴极保护、杂散电流干扰防护的可靠性，评价《可行性研究报告》中采取安全措施的可行性，提出补充措施，得出评价结论。

5）给排水

根据生产要求，判定供水、污水处理、排水的合理性，评价《可行性研究报告》中给排水采取安全措施的可行性，提出补充措施，得出评价结论。

6）消防

判定消防外部依托力量的合规性，提出补充措施，得出评价结论。

7）通风

判定站场供热、通风设置的可靠性，评价《可行性研究报告》中采取安全措施的可行性，提出补充措施，得出评价结论。

8）建（构）筑物

判定建（构）筑物的抗震、耐火保护的可靠性，评价《可行性研究报告》中采取安全措施的可行性，提出补充措施，得出评价结论。

5. 安全管理

（1）采用图表形式说明建设项目安全管理机构的隶属关系和安全管理人员设置情况，作出合理性评价结论。

（2）简要说明个体安全防护用品配备情况，作出合理性评价结论。

（3）采用图表形式说明抢维修机构的隶属关系、抢维修人员设置和设备配置情况，作出合理性评价结论。

（4）说明建设项目外部依托条件，评价有毒有害气体防护、医疗救助、抢险作业的可靠性。

（5）列表说明建设项目主要安全设施设置情况。

（6）根据危险有害因素辨识与分析的结果，按站场给出应急预案需要编制的应急事件类型。

根据以上评价结论，评价《可行性研究报告》中安全管理措施的可行性，提出补充措施，得出评价结论。

6. 其他评价报告给出的安全措施及结论

列出经批准或备案的建设项目行政审批事项中与安全生产相关的其他评价报告或方案中的安全措施及结论。

六、评价结论

1. 安全对策与建议

根据评价结果，列表说明建设项目的安全对策措施及建议，见表3-27。

表3-27　安全对策建议措施统计表

序号	评价单元		《可行性研究报告》中已提出的建议措施	《评价报告》中补充的建议措施	备注
1	线路	管道	条数/见报告×章×节	条数/见报告×章×节	
		阀室			
2	站场	站场			
3	公用工程	自控			
		通信			
		供配电			
		防腐与保温			
		给排水			
		消防			
		采暖通风			
		建(构)筑物			
4	安全管理	安全管理			
合　计					

2. 评价结论

根据上述安全评价结果和国家现行有关安全生产法律、法规和部门规章及标准的规定和要求，从以下几方面作出结论：

（1）建设单位经营范围、可行性研究单位资质的合法性。

（2）建设项目选用的工艺技术安全可靠性，油气管道路由、站场选址和平面布置的可行性，工程中采用新技术、新工艺、新设备、新材料的可行性。

（3）《可行性研究报告》提出的安全措施和安全评价补充的措施是否满足工程中辨识出的危险有害因素的预防、控制、减少和消除的需要，对可能发生的事件事故是否提出了针对性的应急预案编制要求。

（4）给出明确结论。

评价机构完成油气管道工程安全预评价报告后，建设单位对安全评价报告进行内审并出具内审意见，评价机构与建设单位对安全评价报告中某些内容达不成一致意见时，评价机构在安全评价报告中应当如实说明建设单位的意见及其理由。

油气管道工程安全预评价报告还应包括与建设项目相关的附件与附图。

附件包括但不限于以下内容：《可行性研究报告》批复文件；建设项目规划路由许可意见；定量分析计算过程；建设单位内审意见。

附图包括但不限于以下清晰、合规的图纸：油气管道线路走向示意图；站场区域位置图；站场和典型阀室总平面布置图；总体工艺流程图；站场和典型阀室工艺流程图；典型穿(跨)越平面图、输油管道纵断面图；其他安全评价过程制作的图表。

第二节　油气管道工程安全验收评价报告主要内容

安全验收评价在建设项目试生产运行正常后、竣工验收前进行，是为安全验收进行的技术准备。

一、总则

1. 评价目的

结合评价对象的特点，阐述编制安全评价报告的目的。

2. 评价范围

明确安全验收评价范围，以及与其他工程的界面关系。

3. 评价依据

按照本章第一节的要求列出安全验收评价依据的国家法律、法规，国家安全生产监督管理局规章，行业标准、规范、导则，以及其他有关文件。

1) 法律、法规及规章(略)

2) 标准规范

对于验收评价，除工程设计标准外，相关工程验收标准规范、建设项目合法性证明文件和工程建设过程中产生的文件是验收评价的重要依据。

3) 建设项目合法性证明文件

列出建设项目安全验收评价所依据的合法性证明文件，并标注发文单位、日期和文号等。包括但不限于：

(1) 建设项目审批、核准或备案文件；

(2) 建设项目安全专篇及重大变更批复文件。

4) 建设项目技术资料

列出建设项目安全验收评价所依据的有关技术资料，并标注文件名称、编制单位和日期等。包括但不限于：

(1) 安全预评价报告；

(2) 安全专篇及重大变更资料；

(3) 施工、检测、监理记录和总结，交工验收报告，竣工图等有关竣工资料；

(4) 试运行资料；

(5) 安全生产管理资料。

5) 其他评价依据

列出建设项目安全验收评价所依据的其他有关文件。

二、建设项目概况

1. 单位简介

介绍项目建设单位、运营管理单位基本情况。

2. 项目概况

介绍内容除包含安全预评价报告对建设项目概况的介绍内容外，还应对施工及试运行情况、安全管理情况进行重点介绍。

工程内容应介绍工程实际建成情况。

介绍建设项目名称、性质(新建、改建或扩建)、输送介质、距离、设计压力、设计输量、管径、管材、站场设置、总投资等。内容包括但不限于：

(1) 建设项目设计上采用的主要技术、工艺(方式)和国内外同类建设项目水平对比情况。

(2) 建设项目所在的地理位置、用地面积和生产或者储存规模。

(3) 建设项目涉及的主要原辅材料和品种(包括产品、中间产品，下同)名称、数量及储存。

(4) 建设项目选择的工艺流程和选用的主要装置(设备)和设施的布局及其上下游生产装置的关系。

(5) 建设项目配套和辅助工程名称、能力(或者负荷)、介质(或者物料)来源。

(6) 建设项目选用的主要装置(设备)和设施名称、型号(或者规格)、材质、数量和主要特种设备。

除项目基本情况和相关工程情况外，还应介绍执行安全设施"三同时"制度情况，内容包括：建设项目审批、核准或备案，可行性研究报告编制及批复，安全预评价报告编制及备案，安全专篇编制及批复情况。

3. 自然及社会条件

(1) 介绍管道沿线主要地形地貌特征，沿线主要区域的气象情况，站场及管道沿线主要河流、地下水情况，站场及管道沿线区域地质情况、地震及地震断裂端和不良地质情况。

(2) 介绍管道沿线行政区域划分，交通道路、水电设施等公共资源情况。

4. 工程内容简介

验收评价应介绍工程建成实际情况。

按照安全预评价报告所述内容，对输送工艺、线路工程、站场工程、防腐保温与阴极保护、自控及通信、供配电、给排水、消防、供热、采暖、建构筑物、维(抢)修等工程内容进行介绍，并对工艺、设备、设施及措施的运行效果作必要描述。

5. 安全管理情况

介绍管道建设单位安全管理机构设置、安全管理人员配备、安全管理制度、操作规程、教育培训、现场安全管理等情况。

6. 工程建设及试运行概况

1) 施工概况

介绍建设项目施工、检测、监理单位基本情况，施工组织、工程质量、交工验收等情况。

2) 试运行概况

介绍建设项目试运行组织、生产安全设施运行等情况。说明试运行期间是否发生生产安全事故，采取的防范措施及整改情况。

三、危险有害因素辨识及分析

1. 主要物质危险有害因素分析

（1）介绍建设项目涉及的原料、中间产品、最终产品或者储存的危险化学品的物理性质、化学性质和危险性、危险类别及数据来源。

（2）建设项目涉及的原料、中间产品、最终产品或者储存的危险化学品包装、储存、运输的技术要求及信息来源。

2. 主要危险有害因素辨识与分析

运用危险有害因素辨识的科学方法，辨识管道建设项目运行中可能造成爆炸、火灾、中毒、灼烫事故的危险有害因素及其分布。包括但不限于：

（1）输送工艺危险有害因素辨识与分析。

（2）油气管道线路危险有害因素辨识与分析。

（3）油气站场危险有害因素辨识与分析。

（4）若工程采用了新工艺、新技术、新材料或新设备，应辨识与分析其危险有害因素。

（5）公用工程及辅助工程危险有害因素分析。

（6）其他危险有害因素辨识与分析。

3. 自然灾害和社会危害因素分析

自然灾害和社会危害因素辨识与分析，包括地质灾害、气象灾害、地震、第三方破坏与管道占压等。

4. 重大危险源分析

参照安全预评价的内容，对列入评价范围内与原油、成品油管道工程相连的油库，按照《危险化学品重大危险源辨识》（GB 18218）进行重大危险源辨识，并将辨识结果汇总。

5. 事故统计与案例分析

列举与建设项目同样或者同类生产技术、工艺、装置（设施）在生产或者储存危险化学品过程中发生的事故案例的后果和原因。

四、评价单元划分及评价方法选择

1. 评价单元划分

根据验收评价要求及建设项目特点，一般划分为法律法规符合性、工艺及设备设施安全性、物料产品安全性、公用工程及辅助设施配套性、周边环境的适应性、应急救援有效性、安全管理和人员培训的充分性等评价单元。

2. 评价方法选择

介绍评价方法选择的依据和原则，符合性评价宜选用安全检查法、安全检查表法等方法，预测性评价宜选用管道风险评分法（Kent 法）、事故后果模拟等方法。

五、符合性评价

1. 建设程序

检查建设单位的合法证件，建设项目审批、核准或备案，安全预评价报告备案，初步设计安全专篇（包括重大设计变更）批复及检查落实情况，设计、施工、检测及监理单位资质等。

2. 工艺及设备设施

（1）检查工艺系统设置、流程、运行参数等是否符合设计要求。天然气管道项目重点检查气质指标是否符合输送要求。原油管道项目重点检查预防原油凝管的措施、各种工况下的水击保护措施、防止高点液柱分离的措施等。

（2）检查线路走向、线路用管、管道敷设、穿（跨）越工程、线路阀室、水工保护、伴行路、管道标志等的符合性。

（3）检查站场区域布置、工艺流程、总平面布置以及进出站截断阀、压缩机系统、储罐、机泵、分离器、热工设备、清管设施、调压装置、放空设施、排污系统、站内管道等主要设备设施的符合性。检查站场安全防护措施、强制检测设备、特种设备检测检验等情况。

3. 物料产品安全性

分析建设项目中具有爆炸性、可燃性、毒性、腐蚀性的化学品数量、浓度（含量）、状态和所在的作业场所（部位）及其状况（温度、压力）。分析其储运方式、运输安全对策等。

4. 公用工程及辅助设施

分析管道建设项目的消防系统、给排水系统、供配电系统、建（构）筑物、暖通工程、防腐保温及阴极保护系统、自控及通信系统的配套性及符合性。

5. 周边环境及应急救援

分析管道建设项目的安全条件，包括但不限于以下内容：

（1）介绍建设项目周边 24h 内生产经营活动和居民生活的情况。

（2）介绍建设项目中危险化学品生产装置和储存数量构成重大危险源的储存设施与下列场所、区域的距离：居民区、商业中心、公园等人口密集区域；学校、医院、影剧院、体育场（馆）等公共设施；供水水源、水厂及水源保护区；车站、码头（按照国家规定，经批准，专门从事危险化学品装卸作业的除外）、机场以及公路、铁路、水路交通干线、地铁风亭及出入口；基本农田保护区、畜牧区、渔业水域和种子、种畜、水产苗种生产基地；河流、湖泊、风景名胜区和自然保护区；军事禁区、军事管理区；法律、行政法规规定予以保护的其他区域。

（3）分析建设项目与周边设施及周边建设项目的相互影响情况。

（4）分析站场内危险因素防范措施的有效性。

（5）介绍管道建设项目的应急预案、应急处置方案的编制情况；事故应急救援组织的建立和人员的配备情况；事故应急救援预案的演练情况；事故应急救援器材、设备的配备情况；事故调查处理与吸取教训的工作情况。

6. 安全管理

调查、分析下列安全生产管理情况：

（1）安全生产责任制的建立和执行情况。

（2）安全生产管理制度的制定和执行情况。

（3）安全技术规程和作业安全规程的制定和执行情况。

（4）安全生产管理机构的设置和专职安全生产管理人员的配备情况。

（5）主要负责人、分管负责人和安全管理人员、其他管理人员安全生产知识和管理能力。

（6）其他从业人员掌握安全知识、专业技术、职业卫生防护和应急救援知识的情况。

（7）特种设备及安全设施的检测、检验及调试情况。

（8）安全生产投入的情况。介绍项目总投资及安全专项投资情况，给出安全专项投资所占比例。

（9）安全生产的检查情况。

（10）重大危险源检测、评估和监控情况。

（11）从业人员劳动防护用品的配备及其检修、维护和法定检验、检测情况等。

六、事故发生的可能性及其严重程度

使用定量分析方法分析和预测建设项目可能发生的各种危险化学品事故及后果程度、对策。包括但不限于：

（1）建设项目出现具有爆炸性、可燃性、毒性、腐蚀性的化学品泄漏的可能性。

（2）出现具有爆炸性、可燃性的化学品泄漏后具备造成爆炸、火灾事故的条件和需要的时间。

（3）出现具有毒性的化学品泄漏后扩散速率及达到人的接触最高限值的时间。

（4）出现爆炸、火灾、中毒事故造成人员伤亡的范围。

七、安全对策措施建议

根据评价结果，针对建设项目特点，结合同类建设项目生产运营经验，对建设项目生产运营提出安全对策措施建议。

八、评价结论

安全验收评价结论应包括：符合性评价的综合结果；评价对象运行后存在的危险有害因素及其危险有害程度；明确给出建设项目是否具备安全验收条件。对达不到安全验收要求的应明确提出整改建议措施。

油气管道工程安全验收评价报告还应包括与建设项目相关的附件与附图。

附件包括但不限于以下内容：管道建设单位及施工单位相关的资质证书；可研及初设的批复文件；管道相关工程的审批、规划、审查等资料；施工过程中的开工报告、检验证书、试压记录等；安全管理中的人员资质证书等。

第三节　油气管道安全现状评价报告主要内容

安全现状评价的目的是针对管道运营单位安全现状进行安全评价，通过评价查找其存在的危险有害因素并确定危险程度，提出合理可行的安全对策措施及建议。

安全现状评价是根据国家有关的法律、法规规定或者生产经营单位的要求进行的，应对管道运营单位生产设施、设备、装置、储存、运输及安全管理等方面进行全面、综合的安全评价。主要内容包括：

（1）收集评价所需的信息资料，采用恰当的方法进行危险有害因素识别。

（2）对于可能造成重大后果的事故隐患，采用科学合理的安全评价方法建立相应的数学模型进行事故模拟，预测极端情况下事故的影响范围、最大损失以及发生事故的可能性或概率，给出量化的安全状态参数值。

（3）对发现的事故隐患，根据量化的安全状态参数值，进行整改优先度排序。

（4）提出安全对策措施与建议。

安全现状评价与安全验收评价均是在系统寿命期内进行的安全评价，本质上类似，并有各自的特殊性。安全现状评价报告具体内容可参考本章第二节内容。

第四章　油气管道危险有害因素辨识与分析

第一节　危险有害物质

一、原油物理化学性质和危险有害特性

1. 原油分类

原油是一种有黏性而呈黑褐色的易燃液体，主要由 C、H、O、S、N 五种元素组成。其中 C 含量约占 85%~87%，H 含量约占 11%~14%。

从密度来分：相对密度小于 0.852 的为轻质原油；相对密度在 0.853~0.930 之间的为中质原油；相对密度在 0.931~0.998 之间的为重质原油；相对密度大于 0.998 的为特稠原油。

从硫含量来分：硫含量(质量分数)小于 0.5% 的为低硫原油；硫含量在 0.5%~2.0% 之间的为含硫原油；硫含量大于 2.0% 的为高硫原油。

2. 原油物理化学性质

原油的理化性质见表 4-1。

表 4-1　原油的危险有害特性

标　识		
中文名：原油 英文名：Crude oil	危规号：32003 UN 编号：1276	
理化性质		
成分：油质(这是其主要成分)、胶质(一种黏性的半固体物质)、沥青质(暗褐色或黑色脆性固体物质)、碳质(一种非碳氢化合物) 主要用途：经加工可以得到汽油、柴油、煤油和液化气等 溶解度：不溶于水	外观与性状：原油的颜色非常丰富，红、金黄、墨绿、黑、褐红甚至透明；原油的颜色由它本身所含胶质、沥青质的含量决定，含的越高颜色越深。原油的颜色越浅其油质越好，透明的原油可直接加在汽车油箱中代替汽油 相对密度(水=1)：0.8~1.0	
燃烧爆炸危险性		
燃烧性：可燃 危险特性：受高热分解放出有毒的气体 燃烧分解产物：一氧化碳、二氧化碳和成分未知的黑色烟雾	禁忌物：强氧化剂 灭火方法：雾状水、泡沫、二氧化碳、干粉和砂土	
泄漏应急处理		
疏散泄漏污染区人员至安全区，禁止无关人员进入污染区，切断火源。应急处理人员戴好防毒面具，穿一般消防防护服。在确保安全情况下堵漏。用砂土、蛭石或其他惰性材料吸收，然后收集运至废物处理场所。也可以用不燃性分散剂制成的乳液刷洗，经稀释的洗液放入废水系统。如大量泄漏，利用围堤收容，然后收集、转移、回收或无害处理后废弃		

健康危害
原油本身无明显毒性。原油中的环烷烃成分具有麻醉作用，在体内无蓄积，一般不发生慢性中毒；对皮肤有刺激作用，长期反复接触可引起皮肤脱水、脱脂及皮炎。原油遇热分解出有毒的烟雾，吸入大量蒸气能引起神经麻痹

急救措施
皮肤接触：脱去污染的衣着，用肥皂水及清水彻底冲洗
眼睛接触：立即翻开上下眼睑，用流动清水冲洗；就医
吸入：迅速脱离现场至空气新鲜处，保暖并休息；必要时进行人工呼吸或给输氧；就医
食用：误服者立即漱口，饮足量温水，催吐，就医

储运注意事项
储存于阴凉、通风仓间内；远离火种、热源；防止阳光直射；保持容器密封；搬运时轻装轻卸，保持设备完整，防止洒漏

防护措施	
工程控制：提供良好的自然通风条件 呼吸系统防护：高浓度环境中，佩戴防毒面具 眼睛防护：一般不需要特殊防护，高浓度接触时可戴安全防护眼睛	防护服：穿工作服 手防护：戴防护手套 其他：工作后，沐浴更衣，彻底清洗

3. 原油危险有害特性

原油属易燃液体，其危险性主要表现在以下几个方面：

（1）易燃、易爆性　根据《石油天然气工程设计防火规范》（GB 50183）规定，依据工程管道运行温度，原油火灾危险性属甲$_B$类，具有较高的火灾危险性。

（2）易爆性　当原油蒸气与空气混合达到一定浓度时，遇到点火源即可发生爆炸。物质的爆炸极限浓度范围越宽，爆炸极限浓度下限越低，该物质爆炸危险性越大。

（3）挥发性　原油具有较大的蒸气压，说明其挥发性较大，容易产生燃烧或爆炸所需的蒸气浓度，因而火灾爆炸危险性也大。

（4）静电荷积聚性　原油的电阻率一般为$10^{11} \sim 10^{12} \Omega \cdot cm$。原油输送时，与管壁摩擦会产生静电，且不易消除。静电放电，产生电火花，当其能量达到或大于原油的最小点火能且原油蒸气浓度处在爆炸极限范围内时，可立即引起爆炸、燃烧。

（5）毒性　原油具有一定的毒性，容易通过呼吸系统进入人体。油气中毒重者使人死亡，轻者使人头昏嗜睡。

（6）扩散、流淌性　原油蒸气密度比空气大，泄漏后的原油及挥发的蒸气易在地表、地沟、下水道及凹坑等低洼处滞留，且贴地面流动，往往在预想不到的地方遇火源而引起火灾。国内外均发生过泄漏原油沿排水沟扩散遇明火燃爆的事故。

（7）热膨胀性　原油本身热膨胀系数不大，但受到火焰辐射时，由于原油中低沸点组分会汽化膨胀，其体积会有较大的增长，可导致固定容积的容器破裂或溢出容器，进而参与燃烧甚至爆炸，酿成更大事故。

（8）沸溢性　原油在含水量达到0.3%~4.0%时具有沸溢性，储罐中的原油若发生着火燃烧，就可能产生沸腾突溢，在辐射热及水蒸气等的作用下，有时会引起燃烧的原油大量外溢，甚至从罐内猛烈喷出，形成高达几十米的巨大火柱，不仅造成人员伤亡，而且能引起邻近罐燃烧，扩大灾情。

（9）低温凝结性 原油凝固点较高，在低温下易凝固，可造成堵管，使管道无法输送。且一旦发生凝管可造成管线难以再启动，影响整个系统的正常生产。

二、天然气物理化学性质和危险有害特性

1. 天然气的组成

天然气又称油田气、石油气、石油伴生气。开采石油时，只有气体称为天然气；有石油和石油气，这个石油气称为油田气或称石油伴生气。天然气的化学组成及其理化特性因地而异，主要成分是甲烷，还含有少量乙烷、丁烷、戊烷、二氧化碳、一氧化碳、硫化氢等。无硫化氢时为无色无臭易燃易爆气体，密度为 $0.6\sim0.8g/cm^3$，比空气轻。通常将含甲烷高于90%的称为干气，含甲烷低于90%的称为湿气。天然气组分的基本性质见表4-2。

表4-2 天然气各主要组分的基本性质

组 分 项 目	甲烷 CH_4	乙烷 C_2H_6	丙烷 C_3H_8	正丁烷 $n-C_4H_{10}$	异丁烷 $i-C_4H_{10}$	其他 $C_5\sim C_{11}$
密度/(kg/m³)	0.72	1.36	2.01	2.71	2.71	3.45
爆炸下限(体积分数)/%	5.0	2.9	2.1	1.8	1.8	1.4
爆炸上限(体积分数)/%	15.0	13.0	9.5	8.4	8.4	8.3
自燃点/℃	645	530	510	490		
理论燃烧温度/℃	1830	2020	2043	2057	2057	
燃烧1m³气体所需空气量/m³	9.54	16.7	23.9	31.02	31.02	38.18
最大火焰传播速度/(m/s)	0.67	0.86	0.82	0.82		

2. 天然气物理化学性质

天然气的理化性质见表4-3。

表4-3 天然气的危险有害特性表

标 识		
中文名：天然气		英文名：Natural Gas
危险性类别：第2.1类易燃气体		危险货物包装标志：4
理化特性		
主要组成：低相对分子质量烷烃混合物		外观：无色无臭气体
相对密度(水=1)：0.45(液化)		危险类别：甲
燃爆特性		
沸点(℃)：-160		闪点(℃)：-190
爆炸极限(%)：5~14		聚合危害：不聚合
燃烧性：易燃		禁忌物：强氧化剂、卤素
自燃温度(℃)：482~632		

危险特性：与空气混合能形成爆炸性混合物，遇明火、高热极易燃烧爆炸；与氟、氯等能发生剧烈的化学反应；能在较低处扩散到相当远的地方，遇明火会引着回燃；若遇高热，容器内压增大，有开裂和爆炸的危险

灭火方法：切断气源；若不能立即切断气源，则不允许熄灭正在燃烧的气体；喷水冷却容器，可能的话将容器从火场移至空旷处。灭火剂：雾状水、泡沫、二氧化碳

健康危害
侵入途径：吸入
毒性：急性中毒时，可有头昏、头痛、呕吐、乏力甚至昏迷症状；病程中尚可出现精神症状，步态不稳，昏迷过程久者醒后可有运动性失语及偏瘫；长期接触含硫天然气者可出现神经衰弱综合症

泄漏处理
迅速撤离泄漏污染区人员至上风处，并隔离直至气体散尽，切断火源。应急处理人员戴正压式空气呼吸器，穿化学防护服。合理通风，禁止泄漏物进入受限制的空间（如下水道），以避免发生爆炸。切断气源，喷洒雾状水稀释，抽排（室内）或强力通风（室外）

防护措施
工程控制：密闭操作；提供良好的自然通风条件
呼吸系统防护：高浓度环境中，佩戴正压式空气呼吸器
眼睛防护：一般不需要特殊防护，高浓度接触时可戴化学安全防护眼镜
防护服：穿工作服
手防护：必要时戴防护手套
其他：工作现场严禁吸烟；避免高浓度吸入

3. 天然气危险有害特性

按照国家标准《石油天然气工程设计防火规范》（GB 50183）规定，天然气属于甲$_B$类火灾危险物质。

（1）易燃性　天然气属于甲$_B$类火灾危险物质，常常在作业场所或储存区扩散，在空气中只需较小的点燃能量就会燃烧，因此具有较大的火灾危险性。对于天然气长输管道，可能发生的火灾类型为喷射火、闪火、火球等。

（2）易爆性　天然气与空气组成混合气体，其浓度处于一定爆炸极限范围时，遇火即发生爆炸。天然气（甲烷）的爆炸极限范围为 5.3%～15%（体积分数），爆炸浓度极限范围越宽，爆炸下限浓度值越低，物质爆炸危险性就越大。

（3）毒性　天然气为烃类混合物，属低毒性物质，但长期接触可导致神经衰弱综合症。甲烷属"单纯窒息性"气体，高浓度时因缺氧窒息而引起中毒，空气中甲烷浓度达到 25%～30%时出现头晕，呼吸加速、运动失调。

（4）静电荷聚集性　天然气从管口或破损处高速喷出时，由于强烈的摩擦作用，也会产生静电。静电的危害主要是静电放电。如果静电放电产生的电火花能量达到或大于可燃物的最小点火能，就会立即引起燃烧、爆炸。

（5）易扩散性　天然气的泄漏不仅会影响管道的正常输送，还会污染周围的环境，甚至使人中毒，更为严重的是增加了火灾爆炸的危险。当管道系统密封不严时，天然气极易发生泄漏，并可随风四处扩散，遇到明火极易引起火灾或爆炸。

（6）腐蚀性　输送的天然气中含有一定量的 CO_2。若管道中有水存在或天然气露点控制不当，CO_2 可形成碳酸引起管道内壁腐蚀，特别是在管道弯头、低洼积水处、气液交界面，腐蚀更为严重。CO_2 腐蚀可导致管壁减薄或形成腐蚀深坑及沟槽，管道容易引起爆管或穿孔。

（7）水合物　天然气水合物是轻的碳氢化合物和水形成的疏松结晶化合物。天然气处于或低于水汽的露点，出现"自由水"，在适当的温度和压力条件下，加上气体的高速流动和任何形式的搅拌以及"结晶核"的存在等条件，会形成水合物。天然气水合物不断生成时容易形成冰堵，影响输气管道的安全平稳运行。天然气水合物危害主要发生在天然气长输管道试运行的前几年。其原因可能为管线水试压后、干燥不彻底、气质控制失效、站场分离装置失效、低温等。

三、其他油品物理化学性质和危险有害特性

1. 汽油

根据《石油天然气工程防火设计规范》（GB 50183）对可燃液体的火灾危险性分类标准，汽油为甲$_B$类火灾危险物质。汽油的理化性质见表4-4。

表4-4　汽油的危险有害特性

标　识	
中文名：汽油 英文名：Gasoline；Petrol 相对分子质量：72~170 危规号：31001 UN编号：1203	CAS号：8006-61-9 主要成分：C_4~C_{12}脂肪烃和环烷烃 外观与性状：无色或淡黄色易挥发液体，具有特殊臭味 类别：烷烃
理化性质	
熔点（℃）：<-60 沸点（℃）：40~200 相对密度（水=1）：0.7~0.79 相对密度（空气=1）：3.5 饱和蒸汽压（kPa）：2026.5（25.5℃）	临界温度（℃）：100.4 临界压力（MPa）：9.01 溶解性：不溶于水，易溶于苯、二硫化碳、醇、脂肪 危险性类别：第3.1类低闪点易燃液体
燃烧爆炸危险性	
燃烧性：易燃 闪点（℃）：-43 爆炸下限（%）：0.76 爆炸上限（%）：6.9	引燃温度（℃）：415~530 最小引燃能量（mJ）：0.1~0.2 最大爆炸压力（MPa）：0.813
危险特性：其蒸气与空气可形成爆炸性混合物，遇明火、高热极易燃烧爆炸；与氧化剂能发生剧烈反应；其蒸气比空气重，能在较低处扩散到相当远的地方，遇明火会引着回燃	
灭火方法：喷水冷却容器，可能的话将容器从火场移至空旷处	
灭火剂：泡沫、干粉、二氧化碳；用水灭火无效	
泄漏应急处理	
迅速撤离泄漏污染区人员至安全区，并进行隔离。小泄漏时隔离150m，大泄漏时隔离300m，严格限制出入。切断火源。建议应急处理人员戴自给正压式呼吸器，穿消防防护服。尽可能切断泄漏源，防止进入下水道、排洪沟等限制性空间。小量泄漏：用砂土、蛭石或其他惰性材料吸收。大量泄漏：构筑围堤或挖坑收容；用泡沫覆盖，降低蒸汽灾害。用防爆泵转移至槽车或专用收集器内，回收或运至废物处理场所处置	
健康危害	
侵入途径：吸入、食入、经皮吸收	
急性中毒：对中枢神经系统有麻痹作用；轻度中毒者有头痛、头晕、恶心、呕吐、步态不稳、共济失调；高浓度吸入出现中毒性脑病；极高浓度吸入引起意识突然丧失、反射性呼吸停止，可伴有中毒性周围神经病及化学性肺炎，部分患者出现中毒性精神病。液体吸入呼吸道可引起吸入性肺炎。溅入眼内可致角膜溃疡、穿孔，甚至失明。皮肤接触致急性接触性皮炎，甚至灼伤。吞咽会引起胃肠炎，重者出现类似急性吸入中毒症状，并可引起肝、肾损害	
慢性中毒：神经衰落综合症、植物神经功能紊乱、周围神经病；严重中毒者出现中毒性脑病，症状类似精神分裂症，皮肤损害	

急救措施
皮肤接触：立即脱去被污染的衣着，用肥皂水和清水彻底冲洗皮肤；就医
眼睛接触：立即提起眼睑，用大量流动清水或生理盐水彻底冲洗至少 15min；就医
吸入：迅速脱离现场至空气新鲜处，保持呼吸道通畅，如呼吸困难给输氧；如呼吸停止立即进行人工呼吸，就医
食入：给饮牛奶或用植物油洗胃和灌肠；就医

储运注意事项
存储于阴凉、通风仓间内，远离火种、热源，仓内温度不宜超过 30℃，防止阳光直射，保持容器密封。应与氧化剂分开存放。储存间内的照明、通风等设施应采用防爆型，开关设在仓外。桶装堆垛不可过大，应留墙距、顶距、柱距及必要的防火检查走道。罐装时要有防火防爆技术措施。禁止使用易产生火花的机械设备和工具。灌装时应注意流速（3m/s），且有接地装置，防止静电积聚。搬运时要轻装轻卸，防止包装及容器损坏

防护措施	
工程控制：生产过程密闭，全面通风	呼吸系统防护：一般不需要特殊防护，高浓度接触时可佩戴自吸过滤式防毒面具（半面罩）
其他：其他工作现场严禁吸烟。避免长期反复接触	
身体防护：穿防静电工作服	眼睛防护：一般不需要特殊防护，高浓度接触时可戴化学安全防护眼镜
手防护：戴防苯耐油手套	

2. 柴油

根据《石油天然气工程防火设计规范》（GB 50183）对可燃液体的火灾危险性分类标准，柴油为丙$_A$类火灾危险物质。柴油的理化性质见表 4-5。

表 4-5　柴油的危险有害特性

标　识	
中文名：柴油	英文名：Diesel oil

理化性质	
外观与性状：稍有黏性的浅黄至棕色液体 主要成分：烷烃、环烷烃、芳香烃、多环芳香烃与少量硫（2~60g/kg）、氮（<1g/kg）及添加剂	熔点（℃）：-35~20 相对密度（水=1）：0.87~0.9 主要用途：用作柴油机的燃料 沸点（℃）：282~338

燃烧爆炸危险性	
燃烧性：易燃 建规火险分级：乙 闪点（℃）：≥55 爆炸下限（%）：1.5 爆炸上限（%）：4.5 引燃温度（℃）：220~257 稳定性：稳定 燃烧分解产物：一氧化碳、二氧化碳	危险特性：易燃，比水轻，能在水面上和地上流动扩散，遇明火等会引起回燃；遇明火、高热或与氧化剂接触，有引起燃烧爆炸的危险；若遇高热，容器内压增大，有开裂和爆炸的危险 禁忌物：强氧化剂、卤素 灭火方法：泡沫、二氧化碳、干粉和砂土

泄漏应急处理
疏散泄漏污染区人员至安全区，禁止无关人员进入污染区，切断火源。应急处理人员戴自给式呼吸器，穿化学防护服。不要直接接触泄漏物，勿使泄漏物与可燃物质（木材、纸、油等）接触，在确保安全情况下堵漏。喷水雾减慢挥发，但不要对泄漏物或泄漏点直接喷水。用砂土或其他不燃性吸附剂混合吸收，然后收集运至废物处理场所。如大量泄漏，在技术人员指导下处理

健康危害
吸入、摄入或经皮服吸收后对身体有害，对眼睛、皮肤、黏膜和上呼吸道有刺激作用。目前，未见工业中毒的报道

急救措施
皮肤接触：脱去污染的衣着，用肥皂水及清水彻底冲洗
眼睛接触：立即翻开上下眼睑，用流动清水冲洗；就医
吸入：迅速脱离现场至空气新鲜处；保暖并休息；必要时进行人工呼吸或给输氧；就医
食用：误服者立即漱口，饮牛奶或蛋清；就医

储运注意事项
储存于阴凉、通风仓间内。远离火种、热源。应与碱类、酸类、易燃物、可燃物、还原剂、硫等分开存放。搬运时轻装轻卸，防止包装及容器损坏

防护措施	
工程控制：生产过程密闭，全面通风 呼吸系统防护：高浓度环境中，应该佩戴防毒面具 防护服：穿工作服	手防护：戴防护手套 眼睛防护：一般不需要特殊防护，高浓度接触时可戴安全防护眼镜 其他：工作后，沐浴更衣；注意个人清洁

第二节　输送工艺危险有害因素辨识与分析

一、输油工艺危险有害因素分析

对于易凝高黏原油，当凝点高于管道周围环境温度，或在环境温度下油流黏度很高时，不能直接采用等温输送方法，需要采用加热输送。加热输送时，提高输送温度使油品黏度降低，减少摩阻损失，降低管输压力，使管内最低油温维持在凝点以上，保证安全输送。在热油管道向前输送的过程中，由于其油温远高于管道周围的环境温度，在径向温差的推动下，油流所携带的热量将不断地往管外散失，因而使油流在前进的过程中不断地降温，即引起轴向温降。轴向温降的存在，使油流的黏度在前进过程中不断上升，单位管长的摩阻逐渐增大。当油温降低到接近凝点时，单位管长的摩阻将急剧升高。若输油工艺中温度设计不合理，造成温度降至凝点以下，会造成凝管事故。

安全停输时间设计不合理，也会造成凝管事故。输油管道停输后，管道内油温会不断下降，原油黏度会随原油温度的降低而加大，原油黏度升高后，会给输油管道的再启动造成很大麻烦，严重时会发生凝管。

二、输气工艺危险有害因素分析

早期的天然气管道输送，全靠气井的自然压力，而且天然气在输送过程中不经过处理直接进入管道。现代天然气管道输送则普遍采用压气机提供压力能，对所输送的天然气的质量也有严格的要求。

输气流程来自气井的天然气先在集气站进行加热、降压、分离，计量后进入天然气处理厂，脱除水、硫化氢、二氧化碳，然后进入压气站，除尘、增压、冷却，再输入输气管道。在沿线输送过程中，压力逐渐下降，经中间压气站增压，输至终点调压计量站和储气库，再输往配气管网。

天然气中所带的固体杂质会使管道断面缩小，甚至堵塞，使机件和仪表磨损。凝析液和水因其聚集而会增加输送的能耗，会腐蚀管道和仪表等。水合物结晶甚至能完全堵塞管道。硫化氢和二氧化碳等酸性气体遇水时会严重腐蚀金属设备。因此，天然气进入输气管道前必须进行气液分离，除去游离水、凝析液、固体杂质以及硫化氢和水。

输气管道沿线各压气站与管道串联构成统一的密闭输气系统，任何一个压气站工作参数发生改变都会影响全线。因此，必须采取措施统一协调全系统各站的输量和压力，如调节各站原动机的转速、改变压气机工作特性和采用局部回流循环等，以保持压气机出口压力处于定值，并保障管道、管件和设备处于安全运行状态。

第三节　油气管道危险有害因素辨识与分析

长输管道由于其输送距离较长、穿越城乡等人员密集场所，一旦出现事故，无论是经济损失，还是社会影响，都是巨大的。系统中的管线、设备及附件构成一个工艺系统，若管理和操作不当，易导致介质泄漏。长输管道的主要危险有害因素分析如下。

一、火灾和爆炸

管道输送过程中存在一定的压力，正常情况下是在密闭的管线中及密闭性良好的设备间加热输送。当管道在穿越处或埋地层裸露处受损而发生泄漏，或其挥发出的可燃气体浓度与空气混合达到爆炸极限范围内，此时遇到点火源而发生火灾、爆炸事故。

1. 泄漏的原因

（1）因设计过程中，工艺方案未进行优化，管线参数不合理，计算失误，路由、管材选择不正确，为投产后运行埋下隐患。

（2）管道材质缺陷或焊口缺陷隐患。引发的事故多数是因焊缝和管道母材中的缺陷在油品带压输送中发生管道泄漏事故。例如，管道安装不符合标准要求，管道强力组装、变形、错位产生裂缝；焊缝错边、棱角、气孔、裂缝未溶合等内部缺陷将造成裂纹，运行时可导致油气泄漏。

（3）地基沉降、地层滑动及地面支架失稳，造成管线扭曲断裂导致油气泄漏。

（4）温度高引起油品膨胀，使管内压力增大，密封的油品管线因管线内的介质膨胀，可引起管件破坏或管线胀坏(特别是管道与法兰的连接处)，引起泄漏。

（5）外力碰撞、人为破坏可导致管道破裂，导致泄漏。

（6）管线选材不当，壁厚计算、强度校核和稳定性估算失误，可能因超压、腐蚀、应力等诱发泄漏。

（7）法兰、法兰紧固件、阀门用料缺陷或制造工艺不符合要求，垫片、填料选用不耐油材料或时间长老化等均可能导致油气泄漏。

（8）收发球装置区、泵房等处如果泄漏出来的油气和空气混合形成爆炸危险性气体，遇点火源也可能产生爆炸事故。

（9）管道腐蚀。外防腐质量差，施工时防腐层受到机械损伤等原因均可能造成腐蚀穿孔；原油中的活性硫化物，在管线内产生一定的腐蚀；油气中含有的水与管道中的铁在以氧为活化剂的作用下，引起管道的内部腐蚀；由于土壤类型、地形、土壤电导率及水含量、大气温度等造成大气腐蚀、电化学腐蚀、土壤腐蚀、高温腐蚀等；由于管道防腐层黏结性差易产生中性 pH 值土壤应力腐蚀破裂；由于阴极保护屏蔽区易产生应力腐蚀破裂。管道腐蚀主要包括以下两个方面：①周围介质对管道的腐蚀；②防腐层失效，是地下管道腐蚀的主要原因。

2. 点火源

（1）明火火源　管线维修过程中，未严格履行工业用火审批手续，或疏于监管；动火时未采取相应安全措施或违章操作；沿途经过农田，焚烧秸秆、烧荒。

（2）电气火源　靠近泵房或其他站场施工时，因违章临时用电产生火花。

（3）静电火源　油品输送过程中压力过高、流速过快易产生静电聚积，若静电接地装置不符合规范要求，会产生静电火花造成管道爆炸。在有可燃性气体的环境作业时，设备接地不良，未正确穿戴、使用劳动防护用品而产生火花。

（4）雷电火源　施工、运行过程中，雷击可能引发火灾。

（5）其他　在危险区域内用火，在没有可靠安全措施的情况下焊接或切割，或用喷灯、电钻、砂轮等可能产生火焰、火花和赤热表面的临时性作业，铁器相互撞击、铁器与混凝土地面撞击都会产生机械火花，使用铁质工具、穿带钉子的鞋子进入爆炸性危险场所等。超压物理爆炸时金属碎片相互撞击、与其他物体的撞击产生机械火花，是引发"二次爆炸"的直接点火源。管道运行过程中，因原油含硫，可能生成硫化铁，在站场设备、设施内积聚，可能产生自燃现象。

二、物体打击

（1）管输工程属于带压运行，若因意外原因导致管输系统压力升高，且未设防超压装置、未采取泄压保护措施或泄压保护措施存在故障，都有可能发生超压爆炸、物体打击事故。

（2）工程施工中，在管线运输、装卸及铺设时，因配合不好、安全意识淡漠，可能造成物体打击；作业人员从高处往下抛掷材料、杂物或向上递工具，材料或工具不慎掉落造成物体打击。

（3）工程施工中，在施工周期短及劳动力、施工机具、物料投入较多，或交叉作业时因交叉作业劳动组织不合理，可能发生物体打击。

（4）管线试压工艺过程中，高压介质喷出可能造成物体打击。

（5）管线清管过程中压力大于管线设计压力将有可能造成管线爆裂，飞溅液体或碎片可能造成物体打击。

（6）管道及管道附件承压能力不足，油气或管道附件飞出，可能造成物体打击。

三、淹溺

管线有穿越河流的管段，施工过程中因安全意识淡漠、交叉作业影响等原因，可能造成淹溺。

四、灼烫

施工过程中，管线焊接时产生的焊渣飞溅，可能发生灼烫；现场人员不慎，接触到刚切割下的材料或焊接的部位，也可能发生灼烫。

五、噪声

噪声来源主要是现场机械设备在运转过程中产生的机械性噪声，噪声不仅会损伤施工人员的听觉，而且也会对施工人员的神经、心脏及消化系统等产生不良影响。另外噪声还会使工作人员的情绪烦躁，降低工作效率，有时甚至会导致误动作而引起事故的发生。噪声还影响工作人员之间的沟通和交流，导致信息传达不畅或有误，严重时引起事故的发生。

六、油气管道主要事故类型分析

1. 凝管事故

输送黏度较大的原油，有发生凝管和憋压的可能，因此管道在输送该原油时，保证原油的温度在管路系统中都处于高于原油凝固点的温度，是防止凝管的一个重要方面。

正常情况下，在管路系统内流动时不会发生凝固现象，但由于各种原因（包括事故停输和计划停输），导致管路内油流处于停滞状态，在停输过程中沿线油温不断下降，因油流携带的热量中断，原油温度有可能降至接近或低于凝点，这样管路内原油的凝固现象就容易发生了，若进一步恶化将造成凝管事故。在凝管严重的情况下容易形成憋压，甚至导致管线爆裂。

可能造成凝管的原因主要有：

（1）原油输送设备故障检修，导致停输时间过长。

（2）输送温度过低。

（3）输量过小。

（4）冬季投产时管线预热不够，未建立稳定的温度场。

（5）极端寒冷自然灾害影响。

2. 水击事故

在密闭的管道系统中，由于液体流速的急剧改变，会引起大幅度压力波动的水击现象。水击现象是由于介质流动状态忽然改变，管道内流体动量发生变化而产生的压力瞬变过程，是管道内不稳定流动所引起的一种特殊振荡现象。当水击发生时，会对管道及其相连的设备安全产生危害；轻微水击会使管道固定件松动，管道震动扭曲，使用寿命缩短；水击严重时甚至会造成管道、阀门等设备的破裂损坏。如作业过程中，由于开关阀门过快或电路故障而突然停泵、截断阀突然关闭等，都会使液流速度急剧变化而产生水击，使管道中的压力发生剧变。水击压力波容易引起管道压力升高，造成局部管道、设备损坏或超压爆管事故。

水击的危害主要表现为对管道及附件的破坏，造成管道内液压增大，引起管道某些地段局部超压，使管道破裂、设备及管道附件受损坏；产生噪声危害，发生水击时产生的液体增压，将使管道发生微弱变形，同时管道内部增压产生的作用力将使管道发生力的变化以消耗液压能量，其能量释放形式表现为管道震颤，发出啸叫声，并可通过管道传至很远的地方，严重影响工作环境；对原油计量仪表的破坏，主要表现为仪表指针来回摆动，加上管道震颤和啸叫，影响流量计的使用寿命，甚至损坏流量计。

3. 管线憋压

输油泵在正常运行中，由于出口管线上阀门的阀板突然脱落、倒错流程、误将出口管线上某一阀门关死、管线清蜡时清管器卡阻、蜡堵、操作不平稳时引起的水击、油品黏度太高阻力增大、输量太小时管线初凝等都能造成憋压，严重时会将泵体密封面、法兰接口、阀门垫片等处憋漏，甚至将管线憋爆，造成跑油事故。管线憋压是输油工作中一大忌。工艺流程中的一条基本原则就是"先开后关"，即确认新流程已经导通后，方可切断原流程，以防止管线憋压。运行中可根据不同情况下泵出口压力、汇管压力和出站压力判断泵及管线是否憋压。

如果是泵出口阀阀板脱落，泵压会突然上升，汇管压力和出站压力会突然下降，此时可以立即停泵并启动备用泵；如果是站内出口管线上某一阀板脱落，泵压和汇管压力会同时上升，出站压力突然下降，应停泵检修；如果是下一站进站阀板脱落，泵站汇管压力、出站压力会同时上升，可立即打开内循环阀门进行站内循环，事故确认后再安排停泵及检修。

倒流程时，由于关错阀门造成流程不通，压力会上升，造成事故。由于阀门开关有一段时间间隔，所以这种事故的压力上升速度稍慢一些，可以根据泵压、汇管压力和出站压力判断泵及管线是否憋压。

压力自动调节就是当出站压力超高或进站压力超低时，使用泵站出站调节阀进行节流调节，使出站压力下降，进站压力上升，保证泵站的进出站压力在允许的范围内工作。

泄压保护是在管道某些位置安装泄压阀门。当发生水击以及管道出现超压情况时，通过自动开启的泄压阀门将管道内部分液体泄放至泄压罐，从而削弱水击压力，防止水击造成危害。泄压阀一般安装在泵站的进站及出站处。安装在进站处的称低压泄压阀，安装在出站处的称高压泄压阀。

4. 截断阀失效

若截断阀选型不正确，或其调节参数不合适，导致出现泄漏事故时无法及时自动关断，就可能引发更大危险。

当管道出现意外事故需要手动紧急关断时，若截断阀位置不合适，交通不便利，使工作人员无法及时赶到，导致无法及时关断，将会使损失加剧。

若截断阀质量不合格或使用时间长后没有及时检修更换，使其关闭不严而发生原料继续内泄，在管线更换动火时，由于截断阀的内泄，就可能引发火灾事故。

若截断阀位于地势较低处时，因下雨等积水使截断阀室进水，雨水就会加剧阀门的腐蚀而出现隐患。

5. 管道拱起

新建管道建设时期温度与投产温度差距较大，设计补偿系数考虑不足或者投产预热时预热过快，管道有可能因热膨胀变形过大而埋下隐患或者拱起露出地面。

第四节　站场危险有害因素辨识与分析

一、输油站工艺设备装置的危险有害因素识别

1. 罐区

储罐在生产运行中，因腐蚀、附件质量、罐基础、操作不当等原因造成泄漏、跑油，进而遇到点火源，或雷击、静电接地系统失效，有可能导致火灾、爆炸，或者由于外部防护距离不够，造成站场内油气设施受损后引发次生灾害。同时储罐存在发生抽空、高空落物、触电事故、人员高空坠落事故等风险。

2. 油泵区

1）泄漏火灾事故

（1）设备基础不稳固出现塌陷或不均匀沉降，机组安装不合理振动剧烈，泵抽空等引发机组故障或油气泄漏带来的危险。

（2）油气管线、阀门、仪表、泵等渗漏空间油气浓度达到火灾爆炸极限范围遇火源引起

燃爆。

（3）防静电跨接不良，可能导致静电引起火灾。

（4）违反规定使用非防爆式电机、通排风设施防爆性能不足、防爆设施损坏，电线电阻过大或电器短路起火，电器、灯具打火，防爆隔墙不密封，遇油气可能导致火灾爆炸事故。

（5）施工违章动火，不穿戴符合规定的防静电劳动保护用品。

2）机械伤害

油泵联轴器由于防护设施不全或无防护设施，可能造成人员机械伤害事故。

3）物体打击

压力仪表、阀件、盲板、杠杆等设备附件带压操作脱落，设备缺陷或操作失误造成爆炸，危险区域内人员有受到爆裂管件碎片物体打击的危险。

4）噪声

泵组及电动机等运行产生噪声，长时间在高强度噪声环境中作业，人的听觉系统易造成伤害，甚至导致不可逆的噪声性耳聋。噪声对人的心血管系统、消化系统等均有一定影响。

5）触电和电气火灾事故

设备、线路漏电或违章操作，可能引发触电事故，电气火花、发热、短路等还可能引发电气火灾事故。

3. 进站阀组及站内敷设管线

1）泄漏火灾事故

（1）进站阀组的控制阀门、取样阀门、压力表、泄压系统、计量标定设施等是主要危险点。取样阀门和压力表因保温不好，在冬季可能出现阀门冻裂现象，造成跑油事故。

（2）控制阀门因腐蚀或杂质的磨损，造成阀门内漏切断功能失效。

（3）阀门腐蚀或操作不当，闸板脱落造成输油系统的憋压事故。

（4）泄压系统气体压力不足等故障或流程不通畅，在上游系统故障或操作流程错误时可能导致系统憋压或故障超压。

（5）人员操作不当、调压设施等阀组内漏造成高低压互窜，上下游压力等级设计不合理造成下游超载、水击影响等，安全阀联锁报警、紧急放空系统等失效，承压设施有破裂的危险，直接带来人员物体打击，泄漏油气遇火源有燃烧或火灾爆炸的危险。

（6）管道或阀门因为防护不足造成腐蚀穿孔而发生油品泄漏着火；管道或阀门跨接不当发生静电火灾爆炸。

2）物体打击

（1）站内输油管道为地上敷设，管汇超压爆裂引发物体打击事故。

（2）在设备顶部操作时误将工具零部件掉下造成物体打击。

（3）设备顶部平台上有杂物被风刮下等也能造成人身伤害事故。

（4）阀门冻堵人员检修或清理过程中出现辅助配件脱落引发物体打击的危险等。

3）高空坠落

有些架空设备的操作平台相对地面的位置超过2m，如果工作人员在进行高空作业时精力不集中、思想麻痹；遇大风；梯子、平台有油或有冰、水打滑时等均易造成人身伤害。

4）机械伤害

在设备维修或巡检时由于防护不足或违章操作存在机械伤害的危险。

4. 供配电系统

1) 电气伤害

主要包括电击或触电，在高压带电体(主变装置、输电母线、各种开关刀闸、高压配电装置等)、低压带电体(站用电直流系统设备、交流系统设备等)以及站外输电线路等部位，若人员误接触、设计不合理(高压带电体对地高度、安全防护、安全间距、安全通道不符合安全要求等)、违反操作规程和安全防护规定、设计安装使用不合格产品，可能发生人员触电烧伤甚至死亡的危险。不严格执行电器检修工作监护和工作许可证制度；警示标志和遮拦不符合标准要求；在电气设施维修时，因人为误送电或不停电检修时不具备完善的保护措施等将造成维修人员的触电危险。

2) 电气火灾危险

电气设备超负荷运行、过载、短路造成电气火灾；变压器油泄漏遇火源发生火灾；突然断电或来电而发生火灾事故；电缆沟内电缆过热进油气引发火灾爆炸事故；雷雨天气因防护设施失效，引发电气设备雷电损伤，严重时引发火灾的危险。

3) 机械伤害

机械防护设施不合格引发机械伤害事故。

4) 高压电网事故

特别是高压变配电站，如果继电器和自动装置不能起到预定的保护作用，造成高压断路器在短路事故中不动作，出现越级跳动闸，将会影响上一级或更大范围的供电系统停电。

5) 火灾爆炸

柴油发电机组燃料柴油存储或使用不当容易引发火灾爆炸的危险。

5. 仪表监控系统

自动控制系统的任务是保证整个输油管道安全、可靠、平稳、高效地运行，对整个系统的控制、运行和管理起着十分重要的作用。站内现场仪表是实现 SCADA 系统控制的关键。如压力检测、计量系统、可燃气体检测报警系统、通信系统等，这些系统及仪表的性能以及日常使用和维护直接关系到整个管道系统运行的安全。

如果因设备选型不当、质量存在问题或系统控制用软件不适合工艺要求，导致仪表和自控系统失灵，则系统参数(如温度、流量、压力、液位以及电力系统、阴极保护系统等的参数)无法实现有效控制，有可能造成抽空、超温失控、超压、设备损坏、泄漏，进而引起火灾爆炸事故。仪表及自动控制系统的问题主要表现在以下几个方面：

(1) 爆炸危险区域划分不正确，仪表防爆类型选择不当。

(2) 各类取源部件(一次仪表)的安装不正确，不能准确反映被检测参数；仪表安装的位置、环境不适合仪表工作条件。

(3) 仪表的供电设备及供气、供液系统的安装不符合要求。

(4) 仪表用电气线路的敷设不符合要求。

(5) 仪表的接地不符合要求。

(6) 仪表没按要求进行单体调校和系统整体调试。

(7) 对数据、资料的非授权修改、增删。

(8) 对网络系统的蓄意破坏。

(9) 病毒的破坏。

(10) 网络环境的意外或灾难性破坏，如停电或火灾等。

（11）传感器、仪表的可靠性差。

（12）各类安全联锁装置的失效。

（13）可燃气体报警器失灵，延误泄漏事故的处理时机。

（14）人员操作失误。

（15）自然条件因素的影响。

6. 给排水系统

主要危险有害因素是由于给水系统故障导致的紧急情况下缺水。由于排水系统设计不合理，导致排水不畅，引起站内生产区积水；易燃液体进入排水系统，随水到处漂浮，引发火灾事故。

7. 通风系统

主要危险有害因素是通风不畅，人员长期接触泄漏的油气，引起慢性中毒。在可能产生并集聚油气的部位排风不利，遇点火能引起爆炸。

8. 区域平面布置

若在施工过程中，没有按照施工图进行施工，导致安全间距不足或散发油气的设施在有火种危险设施的上风向，则易发生事故，并且小事故容易导致大事故；地坪坡度没有按照设计要求进行施工，则可能造成场区局部积水、破坏地基，从而导致事故的发生。站场内部新建的工艺设备设施与原有设施安全间距不足，也会为日后安全生产造成较大的隐患。

二、输气站工艺设备装置的危险有害因素识别

1. 输气站场

1）火灾爆炸

管道输送的天然气属易燃易爆物质，泄漏后与空气形成爆炸性混合物，若遇火源，易发生火灾爆炸等事故。

（1）管道及站场装置均为带压运行，在发生泄漏时，会造成天然气的快速扩散，在遇到点火源(如明火、雷电、电火花等)时，就会发生火灾甚至爆炸。

（2）站场天然气升到操作温度、操作压力必须保持一定的速率，升温、升压过快产生的热应力、压力会损坏设备，可造成重大事故。

（3）设备或管道因阀门内漏、腐蚀、安装质量差以及设备开停频繁、温度升降骤变等原因，极易引起设备、管道及其连接点、阀门、法兰等部位泄漏，造成着火爆炸。

（4）放空设施故障，会造成放空天然气的聚集，易造成火灾事故。

（5）在设备检修作业过程中由于违章检修、违章动火作业引起的爆炸等。

2）物理爆炸

输气站场中输送天然气的管道、站场设施和管道都是压力容器和压力管道。其内部介质均为易燃、易爆的物质。由于金属材料疲劳、蠕变出现裂缝，过载运行，后继管道内料流不畅、操作失误、监控失灵，用作安全保护的安全阀等不能有效发挥作用或超过其有效的保护极限等，均可能导致管道或设施内部压力过高，压力无法释放，引发容器爆炸。特别是一旦发生容器爆炸，由于装置的易燃、易爆性，还可能导致二次更大的事故灾害。

压力容器或压力管道还可因管理不善而发生爆炸事故。例如，压力容器设计结构不合理；制造材质不符要求；焊接质量差；检修质量差；设备超压运行，致使设备或管道承受能力下降；安全装置和安全附件不全、不灵敏或失效；设备或管道超压时不能自动泄压；设备超期运行，带病运行；高低压系统的串联部位易发生操作失误，高压气体窜入低压系统，引

起爆炸。带压设备或压力管道，若受外界不良影响，如外界挤压或撞击、管内外腐蚀严重或操作与管理上的失误，从而造成工艺参数失控或安全措施失效，可能引起压力管道在超出自身承受能力的情况下发生物理爆炸。

因设备容器的破裂（物理爆炸）而引发设备容器内可燃介质的大量外泄，从而造成更为剧烈的二次化学性燃烧或爆炸。

因管线压力调节失效，可能会造成下游超压爆炸。

3）中毒和窒息

输气站场天然气中的主要成分甲烷对人基本无毒，但浓度过高时，使空气中氧含量明显降低，使人窒息。当空气中甲烷达 25% ~ 30% 时，可引起头痛、头晕、乏力、注意力不集中、呼吸和心跳加速甚至昏迷。若不及时脱离，可致窒息死亡。长期接触天然气可能出现神经衰弱综合症。因此，天然气泄漏中毒也是十分突出的危险有害因素。输气管线、容器、阀门发生泄漏时，若环境通风不良，人员长期在低浓度天然气环境中作业身心易受到危害。在大量天然气突然泄漏时，危险区域人员有窒息的危险。

4）触电

输气站场大量使用电气设备。电气设备及线路若有漏电及破损，且保护装置失效，人触及带电体时，有发生触电的危险。

输气站场的发电机、配电线路、各种电气带动的生产设备、照明线路及照明器具、设备检修时使用的配电箱及移动式电气设备或手持式电动工具等，存在电伤、直接接触电击及间接接触电击的可能。

在检修作业过程中，如未对高压电缆进行放电或者验电就贸然进行检修作业，就可能有被电击的危险；在对电气设备或线路的检修作业过程中，没有对正在检修的电气设备或线路挂临时接地线，可能因联系不周，突然送电而造成正在检修的作业人员发生电击事故。

再者，作业人员在作业过程中因思想麻痹、注意力不集中、过分接近带电体而发生电击或电伤事故；同时在检修过程中因大型起重设备在起吊作业过程中，其起重设备的钢丝绳等过分接近高压线等而发生起重机带电，造成起重机操作人员电击事故等。此外，因电气设备多年失修、老化等原因而发生电气设备的着火、爆炸事故等，造成人员伤害等；无电气特种作业证的人员从事电气作业；从事电气作业无专人进行监护等均有可能造成触电事故。

5）机械伤害和物体打击

输气站场的分离器、调压、计量装置等转动设备如防护措施不到位，或防护存在缺陷，或在事故及检修等特殊情况下，存在机械伤害的可能。

高处作业时作业人员从高处随意往下乱抛物体，放在高处脚手架上的物品与材料等堆放不稳发生塌落或滚动掉下，在检修作业过程中工器具安装不牢固及不慎脱落飞出，在检修作业过程中敲击物体后边、角飞溅，正在转动的机器设备零部件因安装不牢固而飞出，这些乱抛的物体、坠落的物品与材料、飞出的工器具、飞出的零部件与飞溅边角等均可造成对作业人员及周围人员的物体打击，以至造成伤害，甚至严重伤害。

引发站场事故的主要危险有害因素为站内管道破裂、站场设备故障和设备泄漏等。

2. 站场主要设备

由于工艺操作压力较高，且有不均匀变化，因此存在着由于压力波动、疲劳等引发事故的可能；若设备选型不当，将直接关系到站场安全运行。各站场均有过滤设备，当过滤分离器的滤芯堵塞时，如果差压变送计失灵，并且安全阀定压过高或发生故障时不能及时泄放，就会造成憋压或泄漏事故。

1) 过滤分离设备

过滤分离设备主要由过滤分离器和旋风分离器组成。当过滤分离器的滤芯堵塞，并且差压变送计没有及时检测到时，有可能发生憋压或泄漏事故。

2) 清管设备

在清管作业时，接收筒带压，如果仪表失灵或操作不当，就可能对操作人员或设备造成伤害，如清管器飞出造成物体打击事故。此外，清管出的固体废物中可能含有硫化亚铁，它具有自燃性，如果处理不当，可引发火灾事故。

3) 加热设备

运行中由于控制不到位，保护系统故障，可能出现炉膛爆炸，加热设备外隔热层损坏可能发生人员灼烫。

4) 阀门

若截断阀存在缺陷，可引发泄漏或不能及时切断气源的事故。阀体施焊时的焊渣或其他杂物溅落到阀板上，阀体的密封槽内未清洁干净而遗有杂物等都有可能导致截断阀内漏。

沿线若存在阀门关闭不严造成内漏，排污阀或放空阀失灵造成天然气外漏，调压装置阀门失灵造成高压气体窜入低压系统，上述原因均可引发各种事故的发生。

3. 仪表

站内现场仪表是实现 SCADA 系统和 ESD 系统控制的关键。其中温度检测系统、压力检测系统、火灾报警系统、可燃气体报警系统等与仪表的性能、使用及维护密切相关。当仪表故障或测量误差过大，会造成误判断泄漏而切断管道输送；当发生较小的泄漏时，如不能及时发现，将会造成大的泄漏事故。

4. 工艺废气排放

清管作业采用带压引球清管操作，会有少量输送介质采用火炬燃烧放空的方式排出，排放量每次约几十立方米。当管道发生事故需要事故排放时，管道内的天然气采用火炬放空方式。一旦火炬系统出现故障，就要将管道中气体直排进大气，当这些气体与空气混合达到爆炸浓度极限时，存在爆炸危险。当管道运行压力超过设定值时，采用直接压力保护阀泄压方式，气体直接排入大气环境，也有发生爆炸的可能性。

5. 固体废物

由于腐蚀和积累，天然气输送系统中会有一些固体废物，主要成分是氧化铁和少量的其他氧化物如氧化镁、氧化锰、氧化铝等。其中的细小粉尘可能会堵塞过滤分离器的出口孔。固体废物中的硫化亚铁是清管作业中容易产生的物质。硫化亚铁具有自燃性，在常温通风条件下能迅速氧化燃烧。

6. 噪声

站场内噪声声源主要为放空系统、清管系统和天然气发电机等。作为备用电源的天然气发电机在运行时噪声比较大，清管系统、放空系统的噪声也比较大，但它们都是间歇运行，使用频率很低，故对操作人员听力影响不大。

7. 其他

站场内还存在着操作人员意外伤害的可能，如接触电气设备时可能发生触电事故；天然气泄漏发生火灾、爆炸或中毒窒息事故；承压设备上的零部件固定不牢或设备超压可能发生物体打击事故；加热设备使操作人员遭受高温烫伤。站内控制系统还会受到直击雷和感应雷的影响。尤其是在夏季雷电频发的地区，站内极易发生因雷击产生的控制系统元件损坏和强烈的信号干扰。操作人员由于自身技术水平不高或责任心不强，会导致误操作或违章操作，是事故发生的主要原因之一。

由于管理制度的不健全或没有得到有效地执行实施、操作规程的错误或缺失、违章指挥等原因，会造成事故发生。

三、线路截断阀室危险有害因素分析

线路截断阀室位于不同自然和社会环境中，无人值守，容易受到第三方破坏，也易受到雷击、大风、洪水等自然灾害破坏。另外，阀室还存在由于选址不良造成维护条件差；施工质量差造成阀室内设施组装、防腐等方面出现问题；由于误操作导致阀室暂时关闭等问题。

线路阀室故障主要分为导致天然气泄漏的设备故障和阀门无法按要求操作两种类型。这两类故障的发生概率如表 4-6 和表 4-7 所示。从表中可以看出，导致天然气泄漏的设备故障频率非常小，在确保施工质量的前提下，可以避免事故发生。而由于阀门无法按要求操作导致故障的频率较高，有可能影响管道正常运行，造成大量天然气放空。

表 4-6　线路截断阀室中导致天然气泄漏的设备故障频率

设备类型	规格/mm	失效模式	故障频率/(10^{-4}次/a)	数据来源
接头	305~2660	穿孔	0.1	WASH[2]1400
接头	<305	全口径破裂	0.1	WASH1400
管道	<102	全口径破裂	2	CCPS[3]
法兰[1]		全口径破裂	0.035	CCPS
		泄漏	0.085	Hydrocarbon[4]
阀门[1]		全口径破裂	0.1	Hydrocarbon
		泄漏	2.2	Hydrocarbon

① 表示地上设备。
② WASH 为美国国家原子能委员会反应堆故障数据库(1974 年)。
③ CCPS 为美国化工安全中心的过程设备可靠性数据库。
④ Hydrocarbon 为工程技术业务出版物论坛(ESP Forum)泄漏与火灾数据库(1992 年)。

表 4-7　阀门无法按要求操作的故障频率

执行机构类型	故障类型	故障频率/(次/a)	数据来源
手动	所有故障	0.0012	CCPS
电动	卡死	0.010	CCPS
气动	卡死	0.029	CCPS

第五节　自然环境和社会环境危险有害因素辨识与分析

一、自然环境危险有害因素识别

1. 气候灾害

1）雷电

雷电放电产生极高的冲击电压，高电压可能会毁坏变压器、线路绝缘子等电气设备的绝

缘，如雷电金属管道上产生冲击电压，雷电波沿线路或管道迅速传播，若侵入建筑物内，可将电气装置和电气线路的绝缘层击穿，产生短路或使建筑物内的易燃易爆物品燃烧或爆炸。此外，强大的雷电流通过导体时，在极短的时间内会释放大量热量，产生高温，造成易燃物的燃烧，从而引起火灾爆炸，同时也会造成被击物的破坏或爆裂。人员遭到雷击时，雷击电流迅速通过人体，造成人员伤亡。雷击时产生的火花、电弧，还可以使人遭到不同程度的烧伤。

管道的地面部分（如裸露管道、站场管道和工艺设施），相对于整个埋地管道而言都是优良的雷电接闪器，在附近有雷云存在的条件下，可能形成一个感应电荷中心，从而遭受直击雷的威胁。另外管道作为导体还可能引入感应雷而破坏控制系统等。

雷电危害主要表现为：

（1）管道监控系统受损，造成监测数据不准或控制系统失灵。

（2）管道通信系统受损失灵。

（3）阴极保护设备受损。

（4）引发火灾事故。

（5）造成人员伤亡。

2）洪涝

当雨量过大，大量降雨不能及时外排时，可能造成站场内水淹设备设施，甚至造成设备事故等。

3）大风

大风可造成电力、通讯线路中断或轻型屋顶如罩棚坍塌，可能导致管道内油气的泄漏，造成火灾、爆炸、中毒或污染环境事故，威胁生产装置和操作人员的安全，给居民生活造成不便，给工农业生产和国民经济造成重大损失。

风载荷属于偶然发生的临时性载荷，长径比较大、重心较高的建（构）筑物、设备设施受风载荷的影响较大，如架空电线、架空管道等。

2. 地质灾害

1）地震、断裂带

地震对建（构）筑物的破坏作用明显，作用范围大。地震一旦发生，有可能造成管线的断裂，从而造成管线内油气泄漏。

（1）地震可能引起地面沉降，更甚者强烈的地震波会造成管道断裂。

（2）尚在活动的地层断裂带，对于埋地敷设的管道造成剪切断裂，导致油气泄漏。

2）暴露悬空

由于河床迁移、河岸塌陷、风雨剥蚀等地质气候因素，使输送管道暴露悬空。

（1）河床暴露悬空　这类暴露悬空主要发生在水流湍急、河床多为松软砂砾土层的季节性河流主河道中。导致管道裸露悬空的主要原因：一是上述类型河流主河道季节性洪水水流湍急、河床不断受到冲刷下切所致；二是穿河管道设计埋深时缺乏对河流特点的调查了解，埋深不够。

（2）河岸悬空　这类悬空多发生在横向穿跨越点和纵向沿岸敷设段，后者更为突出。造成这类悬空的主要原因：一是穿越点在弯道水流凹岸集中冲刷位置，河岸受洪水交替冲刷而塌陷造成管道悬空；二是河岸受横向摆动侵蚀塌方引起管道悬空；三是河流河岸季节性摆动，主要是山洪带来的泥沙使河床淤积抬高到一定程度后主流移位，袭夺汊道而形成新的主流，造成主流线的横向摆动，对这类河岸侧蚀严重、导致管道悬空的部位，只能使管道改线；四是季节性河流陡涨陡落的洪水使原较规则的河道不断受到强烈冲刷而逐年变宽且不规则，使河道主流移位，紧靠岸边。

（3）沟蚀引起的暴露悬空　这类暴露悬空多是因为水力侵蚀所致，如季节性雨水、洪水冲刷形成浅沟、切沟和冲沟等。

3）冻土层及冻害

土中的水变成冰时，体积膨胀。当土体形成冻土时，在水分冻胀的作用下，土体也就冻胀，通常表现出的宏观现象就是地面隆起。土体冻胀后埋设在冻土中的管道也会在土体隆起的同时，一同随着升高。而当土体冻胀消融后，由于管道的基础或管道下的小空隙已部分被土填充，管道落不下去，这样经过多次的冻结-消融-填充-再冻结过程，管道被抬高。被抬高的管道通常会产生管道变形，并在弯曲应力作用下发生断裂，给管道的安全运行构成威胁。冻害是输送管道所处特殊地质气候条件下产生的另一种灾害。管道主要采用埋地敷设方式，进入冬季时，将会对管线油气输送带来影响，严重时会造成管路堵塞或凝管，使输送压力升高，产生憋压，如超过管道或设备的承载压力，可能导致管道或设备超压破裂，使燃料油大量泄漏。

4）河流及洪水

由于管道穿越段受到河床演变、泥沙运移、洪水冲刷等多方面的因素影响，因此管道穿越段往往成为安全事故的易发段。

管道会因为洪水及汛期大水的冲刷造成变形，严重时造成冲断，引发油气泄漏事故。另外洪水及汛期水位上涨会冲刷泄洪区，甚至可能冲刷到穿越两端的出土端。

5）地面沉降

工程所在地地质密实度不均匀或地质问题，可能产生地面不均匀沉降，严重时沉降可造成建(构)筑物变形、开裂、下沉，或大型设备与管道连接处变形或断裂，造成物料泄漏，有可能导致火灾、爆炸及环境污染等事故。

因基础处理不当或超过地基承载力，会引起地面不均匀沉降，可能导致设备变形或开裂。

6）土壤

若地下水矿化度较高，对普通混凝土及金属有较强的腐蚀性，对埋地管道等造成较强的外部腐蚀。外部腐蚀使管壁变薄，承压能力降低，严重时会导致腐蚀穿孔，发生油气泄漏事故。地下杂散电流的影响也是造成外腐蚀的重要因素。

7）水土流失

洪水漫流会使管道埋设条件变坏而露出地面或架空，从而使管道受到损坏。

8）滑坡

山体滑坡会造成管道变形、断裂。

9）泥石流

泥石流会造成管道变形、断裂。

二、社会环境危险有害因素识别

1. 管道占压

伴随城市规划的扩展而产生了管道占压，二者之间的矛盾是近年来管道安全输送的较大问题。随着城市的发展，沿线筑路、取土、建房等作业增多，占压的可能性加大。管道若长期受压，地下管线沉降变形，一旦塌陷、断裂，将导致油气泄漏。更严重的是，有些占压建筑物内产生的废液直接渗入地下，加速了管道腐蚀。

2. 第三方破坏

管道沿途经过多个地市县区，途径地区社会环境会对管道的安全运行产生一定影响。当地农民进行农田耕作或焚烧、挖塘清淤等农业活动，树林或果园的树木栽种活动以及树木的根茎影响，或其他工程施工等，都可能造成管道的破坏。

另外，打孔盗油是长输管道运行中影响较大的危害，不法分子受利益驱使，采取破坏管道的方式进行偷盗油活动，易引起火灾、爆炸等事故。

3. 恐怖袭击

某些恐怖分子对站场设施或管道中的油品进行破坏等行为，使管道安全受到严重威胁。

4. 其他危害

管线途经地区有公路、铁路、高速公路、河流、农田等各种地形，人员沿途巡线过程中，有可能发生交通事故、跌倒、摔伤等各种意外伤害。

第六节　管道施工危险有害因素辨识与分析

一、管道线路施工危险有害因素识别

管道施工方式主要有开挖、穿越和顶管三种方式，下面分别分析这三种方式的危险有害因素。

1. 开挖施工危险有害因素

1）管沟施工

管道敷设采用沟埋敷设，管道处于周围的土壤环境之中，土壤的稳定性是否合乎条件，是管线遭受破坏的重要原因之一。当发生因土层不均匀沉降、地质断层发生运移、地震等因素引起管线弯曲、滑移或悬空时，都可能造成管输失效甚至管道断裂。

由于管沟的开挖及管线的敷设将破坏原有的稳定地貌，因此可能会出现或加剧滑坡、水土严重流失等现象的发生，从而导致管线损坏。

2）管道施工

（1）管材的装卸及运输　对于事先预制好的管线，由于储存或运输方式不当，均可能使管线受到机械损伤(如凹坑、刻痕等)或使管线发生永久变形(如弯曲等)，若处理不当，均会对管线失效埋下隐患。管材装卸必须有专用的吊装设备，堆管的位置应远离架空电力线路，并尽量靠近管线预置位置，同时堆放场地也应选择合理，防止钢管受到损伤、工作人员遭到伤害。

（2）管线的敷设　管线敷设过程中对管线失效的影响，主要是将管线放置到预定管沟内的过程中引起的管线变形或机械损伤。管线进入通道前应检测管道防腐层是否有破损或针孔，在进行拖管工作时也应注意保护防腐层不受到破坏。

（3）管线焊接　管线焊接主要考虑四方面的因素，即焊接工人的素质、焊接部位的处理、焊缝质量的检查以及检验人员的水平。焊接施工前，应根据设计要求制定详细的焊接工艺指导书，并据此进行焊接工艺评定。焊接时还要注意外部环境的影响，如天气状况、大气湿度情况以及环境温度等。

（4）管沟回填　回填是管道施工的最后一个环节。回填过程中，土壤散失量的多少、沟槽回填的均匀平整程度、埋深的合理确定等因素直接影响管线回填的质量。若管线埋深不够、回填土料散失量大，将有可能使管线裸露；而若回填的沟槽不均匀平整，将会使长输管线产生变形、受力不均匀等，这些都会对管线的失效埋下隐患。因此管道下沟后应尽快回填，同时宜将阴极保护测试引线焊好并引出地面或预留位置暂不回填。若不及时回填，管沟将因地下水的渗出使管道浸泡水中，因此管道下沟后应采取压实管沟、引流或压沙袋等防冲刷和防管道漂浮的措施。

2. 定向钻穿越施工危险有害因素

穿越施工过程中使用的设备主要包括水平定向钻机、高压泥浆泵、泥浆净化系统、循环罐、发电机、潜水泵等。其生产过程中将存在以下危险有害因素：

1）坍塌

沿管线地质土层变化频繁，定向钻作业坑施工未了解地质土层的变化情况；对于要经过的软基等施工段没有提前处理，以致造成地表有过大的下沉而引起塌陷。

2）机械伤害

转动机械的机械伤害是最为普遍的一种伤害形式。机械伤害是指机械设备的运动部件直接与人体接触而引起的伤害，通常的表现形式有夹击、碰撞、剪切、卷入、绞、碾、割、刺等。对于穿越施工过程中电机、柴油机转动带动设备的运动模式，最有可能发生的机械伤害表现形式是电动机、柴油机和手持式砂轮机转动产生的卷入、绞碾、割伤害。

工艺操作过程中引起机械伤害的原因主要有：操作人员不小心碰到正在运行的机械设备的运动部件；机械设备运动部件未装设防护罩；机械设备发生故障致使运动部件脱落飞出；衣服、头发、裤脚卷入转动机械中。

3）触电

穿越施工时大部分设备均需使用220~380V电源，操作人员操控设备时均存在触电的潜在危害。其发生触电事故产生的原因主要包括：电线接头裸露；接线盒内电线安装不符合规定，线头与设备外壳连接，设备无接地装置；用电线路私拉乱接；机械维修时，未明确安全条件，违规送电。

4）物体打击

管道定向钻穿越施工过程中，泥浆净化系统辅助配置的循环罐为立式容器，如发生支架不牢或基础不稳固而倒塌时，易对人员发生物体打击伤害。

管道施工过程中手持式砂轮机砂轮处于高速运转过程，如砂轮安装不紧固或碎裂，易对施工人员产生物体打击伤害。

5）车辆伤害

车辆伤害的表现形式多种多样，主要有：车辆与车辆相撞；车辆撞击建（构）筑物；车辆撞或碾压人；翻车；冲出围栏或冲入绿化带；拖挂车辆脱钩；人员从行驶的车辆中甩出等。

车辆伤害所造成的后果主要表现为：车辆损坏甚至报废；被撞建（构）筑物损坏甚至倒塌；被撞或被甩出人员受伤甚至死亡等。

人是车辆驾驶的主体，因此人的因素是导致车辆伤害事故发生最主要的原因，驾驶员驾驶技术不佳、驾驶时注意力不集中、酒后驾车、疲劳驾车、情绪不稳定、不遵守场内驾驶规章、超速行驶、反向行驶等均容易导致车祸。

车辆是造成伤害的主体，它的性能与事故的发生也有着重要的联系，车况不佳是导致事故发生的重要因素，如刹车不灵、转向失灵、车灯不亮等。

道路环境也会间接引起事故的发生，如路面不平整、转弯半径太小、回车场地狭窄、空中有较低的挂物、道路照明不良、建筑或绿化遮挡视线等。

天气也会影响驾驶，引起事故，特别是雨、雪、雾天气，视线不佳，路面湿滑，冬季路面积雪结冰更是容易造成车辆事故。此外，晚间作业视线不佳，如果照明设施没有足够的照度，也有可能引发车辆伤害事故。

3. 顶管施工危险有害因素

顶管施工过程中可能遇到的安全风险有：

1）坍塌

沿管线地质土层变化频繁，顶管施工未了解地质土层的变化情况；对于要经过的软基等施工段没有提前处理，以致造成地表有过大的下沉而引起塌陷。

2）中毒窒息

顶管施工的地层一般会通过淤泥层，腐烂动、植物体会在地下形成有毒有害气体聚集体，如果在顶管施工时没有对有毒有害气体进行检测，也没有采取通风等措施，则施工人员在这样的作业环境下极易发生中毒事故，危害施工人员的健康和生命。

3）其他

顶管施工大多数是在城市市区道路进行，在道路下有通讯、电力、煤气、给水等管线，如果在开工前未探明地下管线的位置、埋深和走向，则顶管施工中极易对其造成破坏，引发安全事故；而如果在吊管过程中未与地面高压线保持安全距离，则又极易发生触电事故。

顶管在建（构）筑物基础下或附近施工时，没有明确施工路线上所遇到的基础类型，对于部分基础在顶进前未采取托换、加固等措施，而在顶进过程中又没有控制好顶力和顶进方向，则容易造成周边建（构）筑物开裂或倒塌。

顶管施工中管理人员的违章指挥和作业人员的违规操作，如冒险或野蛮施工，新进工人未经安全教育和培训就上岗作业，特种作业人员未经专门安全培训，未持特种作业操作证上岗等，这些都是顶管施工中引发安全事故的潜在风险因素。

二、站场施工危险有害因素识别

主要分析站场场地平整、土建工程、设备管道（储罐）安装、试压、清管等站场施工危险。

1. 场地平整

场地平整过程中，用到大量的车辆，因此在车辆行驶过程中，由于现场混乱车辆行驶无序、驾驶员操作失误、车辆故障等原因，有可能发生车辆伤害。

2. 土建工程

在工程建设过程中，需要埋设电缆、通信电缆、管道，以及在交通道路、消防通道上进行开挖、掘进、打桩等各种破土作业。由于地下埋设着各类埋地工艺管道、电缆、电信电缆等生产设施，这些生产设施一旦因施工作业遭到破坏，可能对生产的安全运行造成严重的影响。

工程施工过程中，脚手架搭建不牢固而引起脚手架倒塌，会造成人员伤害。

3. 设备管道(储罐)安装

设备管道安装过程中使用到吊车。储罐的安装过程是自下而上顺序焊接而成。在安装过程中，存在焊接和吊装等作业，且储罐高度一般均超过 2m 的高度，因此容易发生起重伤害、高处坠落、机械伤害、触电等伤害。

4. 试压

管线试压介质一般为清水。试压时介质压力较高，若管道意外泄漏极易伤人。如焊接质量不合格、错开关闸阀、未按试压程序操作、压力超过限荷以及试压材料、管道原材料缺陷等原因造成管线质量不合格，试压时容易发生刺漏。

5. 清管

清管过程中，清管器等杂物从收球筒飞出伤人；收球筒处气体伤人；发球管线连接不紧；发球筒阀门未打卡，憋压；管道排气时因剧烈振动等原因，周围有人员经过时，可能发生物体打击。此外，收球时，剧烈排气会产生较大的噪音，工作人员未佩戴防护耳罩等防护用品，有可能引发耳聋等疾病。同时，噪音较大时，影响人员之间信息的交流和沟通，还容易引起工作人员烦躁，可能会发生误操作。

第七节　重大危险源辨识

输油、输气集输站场给油气提供能量(压力能、热能)，将其安全经济的输送到终点，并承担接受和分输功能。站场内的原油、轻油、天然气等介质易燃、易爆、易挥发和易于静电聚集，在站场内暂时的储存过程中，一旦系统发生事故，泄漏的油气极易遇到火源发生火灾爆炸事故。本节以油气集输站场为例，对重大危险源辨识进行介绍。按照《危险化学品重大危险源监督管理暂行规定》和《危险化学品重大危险源辨识》的要求，对输油气管道附属的站库，企业需要进行重大危险源的辨识、评估、确定等级、备案，并采取必要的安全防护措施。

一、重大危险源辨识依据

根据《危险化学品重大危险源辨识》(GB 18218)，对站内的危险化学品进行重大危险源辨识。危险化学品重大危险源的辨识依据是危险化学品的危险特性及其数量。重大危险源的辨识指标如下：

(1)单元内存在的危险物质为单一品种时，则该物质的数量即为单元内危险物质的总量，若等于或超过相应的临界量，则定为重大危险源。

(2)单元内存在的危险物质为多品种时，若满足下面公式，则定为重大危险源：

$$\frac{q_1}{Q_1} + \frac{q_2}{Q_2} + \cdots + \frac{q_n}{Q_n} \geqslant 1 \tag{4-1}$$

式中　q_1，q_2，$\cdots$，q_n——每种危险化学品实际存在量，t；

　　　Q_1，Q_2，$\cdots$，Q_n——与各危险化学品相对应的临界量，t。

二、重大危险源辨识

本书涉及的危险化学品有原油、成品油及天然气。根据《危险化学品重大危险源辨识》

（GB 18218）中临界量的要求，其临界量见表4-8。

表4-8　危险化学品名称及临界量

类　别	危险化学品名称及说明	临界量/t
易燃气体	天然气	50
易燃液体	汽油	200
	高度易燃液体：闪点<23℃的液体	1000
	易燃液体：23℃≤闪点<61℃的液体	5000

三、重大危险源分级

危险化学品重大危险源分级依据《危险化学品重大危险源监督管理暂行规定》（国家安全生产监督管理总局令［2011］第40号，2011年12月1日起施行，2015年5月27日国家安全监管总局令第79号修正）。

1. 分级指标

采用单元内各种危险化学品实际存在（在线）量与其在《危险化学品重大危险源辨识》（GB 18218）中规定的临界量比值，经校正系数校正后的比值之和 R 作为分级指标。

2. R 的计算方法

$$R = \alpha \left(\beta_1 \frac{q_1}{Q_1} + \beta_2 \frac{q_2}{Q_2} + \cdots + \beta_n \frac{q_n}{Q_n} \right) \tag{4-2}$$

式中　q_1，q_2，$\cdots$，q_n——每种危险化学品实际存在（在线）量，t；

Q_1，Q_2，$\cdots$，Q_n——与各危险化学品相对应的临界量，t；

β_1，β_2，$\cdots$，β_n——与各危险化学品相对应的校正系数；

α——该危险化学品重大危险源厂区外暴露人员的校正系数。

3. 校正系数 β 的取值

根据单元内危险化学品的类别不同，设定校正系数 β 值，见表4-9和表4-10。

表4-9　校正系数 β 取值表

危险化学品类别	毒性气体	爆炸品	易燃气体	其他类危险化学品
β	见表4-10	2	1.5	1

注：危险化学品类别依据《危险货物品名表》中分类标准确定。

表4-10　常见毒性气体校正系数 β 值取值表

毒性气体名称	一氧化碳	二氧化硫	氨	环氧乙烷	氯化氢	溴甲烷	氯
β	2	2	2	2	3	3	4
毒性气体名称	硫化氢	氟化氢	二氧化氮	氰化氢	碳酰氯	磷化氢	异氰酸甲酯
β	5	5	10	10	20	20	20

注：未在本表中列出的有毒气体可按 $\beta=2$ 取值，剧毒气体可按 $\beta=4$ 取值。

4. 校正系数 α 的取值

根据重大危险源的厂区边界向外扩展500m范围内常住人口数量，设定厂外暴露人员校正系数 α 值，见表4-11。

表 4-11　校正系数 α 取值表

厂外可能暴露人员数量	α	厂外可能暴露人员数量	α
100 人以上	2.0	1~29 人	1.0
50~99 人	1.5	0 人	0.5
30~49 人	1.2		

5. 分级标准

根据计算出来的 R 值,按表 4-12 确定危险化学品重大危险源的级别。

表 4-12　危险化学品重大危险源级别和 R 值的对应关系

危险化学品重大危险源级别	R 值	危险化学品重大危险源级别	R 值
一级	$R \geqslant 100$	三级	$50 > R \geqslant 10$
二级	$100 > R \geqslant 50$	四级	$R < 10$

第八节　事故案例分析

一、输油管道事故案例

1. "11·22"中石化东黄输油管道泄漏爆炸特别重大事故

2013 年 11 月 22 日 10 时 25 分,位于山东省青岛经济技术开发区的中国石化管道储运分公司东黄输油管道泄漏原油进入市政排水暗渠,在形成密闭空间的暗渠内油气积聚遇火花发生爆炸,造成 62 人死亡、136 人受伤,直接经济损失 75172 万元。

事故调查组按照"四不放过"和"科学严谨、依法依规、实事求是、注重实效"的原则,通过现场勘验、调查取证、检测鉴定和专家论证,查明了事故发生的经过、原因、人员伤亡和直接经济损失情况,认定了事故性质和责任,对有关责任人和责任单位进行了处理,并针对事故原因及暴露出的突出问题,提出了事故防范措施建议。

1)基本情况

东黄输油管道于 1985 年建设,1986 年 7 月投入运行,起自山东省东营市东营首站,止于开发区黄岛油库。设计输油能力为 2000 万吨/年,设计压力为 6.27MPa。管道全长248.5km,管径为 711mm,材料为 X60 直缝焊接钢管。管道外壁采用石油沥青布防腐,外加电流阴极保护。1998 年 10 月改由黄岛油库至东营首站反向输送,输油能力为 1000 万吨/年。

事故发生段管道沿开发区秦皇岛路东西走向,采用地埋方式敷设。北侧为青岛丽东化工有限公司厂区,南侧有青岛益和电器集团公司、青岛信泰物流有限公司等企业。

事故主要涉及刘公岛路(秦皇岛路以南并与秦皇岛路平行)至入海口的排水暗渠,全长约 1945m,南北走向,通过桥涵穿过秦皇岛路。秦皇岛路以南排水暗渠(上游)沿斋堂岛街西侧修建,最南端位于斋堂岛街与刘公岛路交汇的十字路口西北侧,长度约为 557m;秦皇岛路以北排水暗渠(下游)穿过青岛丽东化工有限公司厂区,并向北延伸至入海口,长度约为 1388m。

输油管道在秦皇岛路桥涵南半幅顶板下架空穿过,与排水暗渠交叉。桥涵内设 3 座支墩，管道通过支墩洞孔穿越暗渠，顶部距桥涵顶板110cm，底部距渠底148cm，管道穿过桥涵两侧壁部位采用细石混凝土进行封堵。管道泄漏点位于秦皇岛路桥涵东侧墙体外15cm，处于管道正下部位置。

2）事故经过

11月22日2时12分，潍坊输油处调度中心通过数据采集与监视控制系统发现东黄输油管道黄岛油库出站压力从4.56MPa降至4.52MPa，两次电话确认黄岛油库无操作因素后，判断管道泄漏。为处理泄漏的管道，现场决定打开暗渠盖板。现场动用挖掘机，采用液压破碎锤进行打孔破碎作业，作业期间发生爆炸。爆炸时间为2013年11月22日10时25分。

爆炸造成秦皇岛路桥涵以北至入海口、以南沿斋堂岛街至刘公岛路排水暗渠的预制混凝土盖板大部分被炸开，与刘公岛路排水暗渠西南端相连接的长兴岛街、唐岛路、舟山岛街排水暗渠的现浇混凝土盖板拱起、开裂和局部炸开，全长波及5000余米。爆炸产生的冲击波及飞溅物造成现场抢修人员、过往行人、周边单位和社区人员以及青岛丽东化工有限公司厂区内排水暗渠上方临时工棚及附近作业人员共62人死亡、136人受伤。爆炸还造成周边多处建筑物不同程度损坏，多台车辆及设备损毁，供水、供电、供暖、供气多条管线受损。泄漏原油通过排水暗渠进入附近海域，造成胶州湾局部污染。

3）事故原因

（1）直接原因

输油管道与排水暗渠交汇处管道腐蚀减薄、管道破裂、原油泄漏，流入排水暗渠及反冲到路面。原油泄漏后，现场处置人员采用液压破碎锤在暗渠盖板上打孔破碎，产生撞击火花，引发暗渠内油气爆炸。

原因分析：

通过现场勘验、物证检测、调查询问、查阅资料，并经综合分析认定：由于与排水暗渠交叉段的输油管道所处区域土壤盐碱和地下水氯化物含量高，同时排水暗渠内随着潮汐变化海水倒灌，输油管道长期处于干湿交替的海水及盐雾腐蚀环境，加之管道受到道路承重和振动等因素影响，导致管道加速腐蚀减薄、破裂，造成原油泄漏。泄漏点位于秦皇岛路桥涵东侧墙体外15cm，处于管道正下部位置。经计算、认定，原油泄漏量约2000t。

泄漏原油部分反冲出路面，大部分从穿越处直接进入排水暗渠。泄漏原油挥发的油气与排水暗渠空间内的空气形成易燃易爆的混合气体，并在相对密闭的排水暗渠内积聚。由于原油泄漏到发生爆炸达8个多小时，受海水倒灌影响，泄漏原油及其混合气体在排水暗渠内蔓延、扩散、积聚，最终造成大范围连续爆炸。

（2）间接原因

① 中国石化集团公司及下属企业安全生产主体责任不落实，隐患排查治理不彻底，现场应急处置措施不当。

②青岛市人民政府及开发区管委会贯彻落实国家安全生产法律法规不力。

③管道保护工作主管部门履行职责不力，安全隐患排查治理不深入。

④开发区规划、市政部门履行职责不到位，事故发生地段规划建设混乱。

⑤ 青岛市及开发区管委会相关部门对事故风险研判失误，导致应急响应不力。

4）事故防范措施建议

（1）坚持科学发展安全发展，牢牢坚守安全生产红线。

（2）切实落实企业主体责任，深入开展隐患排查治理。

（3）加大政府监督管理力度，保障油气管道安全运行。

（4）科学规划合理调整布局，提升城市安全保障能力。

（5）完善油气管道应急管理，全面提高应急处置水平。

（6）加快安全保障技术研究，健全完善安全标准规范。

2."7·9"物体打击事故

2006 年 7 月 9 日，某集团工程建设公司管道技术服务分公司试压机组在进行扫线作业时，管线快开盲板突然崩开，造成 2 人死亡、1 人重伤的重大事故。

1）事故经过

该工程建设公司承担施工的大港石化分公司南疆码头油库 $\phi406$ 输油管线 1998 年建成后一直未正式投入使用。2006 年 6 月，大港石化分公司决定对南疆码头输油管线全线投入使用，要求该工程建设公司进行投产施工。2006 年 7 月 9 日，工程建设公司管道技术服务分公司试压机组在南疆油库院内对原油管线（$\phi406\times8$）进行通球清管作业。上午 9 点左右，施工负责人王某某、电焊工耿某某、电工冯某、配合工张某、王某、张某和及外协安装指导人员杨某某（钳工）等 7 人到达施工现场，经过安全讲话及分工后，开始通球清管作业准备。上午 9 时 50 分左右，分公司经理杜某某、书记赵某某赶到施工现场，进行了简短讲话和各项工作的检查。上午 11 时 20 分左右，作业人员将清管器装进放球筒后，张某、王某、张某和在杨某某的指导下，开始安装快开盲板进行扫线作业，杜某某、赵某某、王某某和耿某某随后离开现场，沿管道进行巡线。下午 4 时 40 分左右，现场作业人员冯某发现放球筒压力从 0.6MPa 上升到 1.3MPa，随即用手机通知王某某，王某某初步判断为清管器被堵，决定停机，并向调度人员汇报有关情况，待次日将问题处理后再进行作业。下午 5 时左右，作业人员正在进行收工作业时，放球筒快开盲板突然崩开，强大的气流将现场作业人员冲倒，造成 2 人死亡、1 人重伤的工业生产安全事故。

2）事故原因

（1）直接原因

经过现场进行勘查分析，此次事故的直接原因为作业人员在施工过程中没有将快开盲板旋转到位，致使快开盲板锁紧牙与封座锁紧牙没有完全重叠吻合，仅咬合 2cm 左右，且防松块没有正确安装到位，在进气口脉冲压缩气体 1.3MPa 的压力作用下，快开盲板沿引向斜面方向被逐渐压回到开启位置，最终被压缩空气推出，压缩气体爆出伤人，造成此起安全事故。

（2）间接原因

①人员违章作业。作业人员违反作业指导书规定，在高风险区域内作业，致使气流喷出后造成较大人员伤亡。

②装置老化陈旧。该装置为 1998 年安装，搁置时间长，型号过时陈旧，不便于操作。

③技术安全交底不细致，内容缺乏针对性，导致现场作业人员对存在危害的风险程度认识不足，对可能导致的严重后果认识不清。作业人员自我保护能力和安全意识不强。

④试压方案内容不全面。对通球扫线工序的描述简单，尤其针对收发球装置及快开盲板操作要求缺乏针对性。

⑤风险管理工作薄弱。现场虽然识别了清管试压作业危害因素，但对危害因素所可能造成的后果描述不充分，预防措施不够具体。

⑥培训管理存在漏洞。只对此次事故伤亡的 3 名外雇工进行了岗前教育，但没有严格

执行"三级安全教育"制度。培训主管部门对培训工作监督不到位，没有及时发现存在的问题。

⑦ 生产协调组织存在漏洞。7月8日试压机组曾向公司工程项目部报告管线向外漏水、对发球筒操作方法不了解等问题，并提出需要派人协助作业的请求。但工程项目部主任仅仅要求三分公司调度派人次日到现场进行指导，并未就此项工作提出明确要求，组织协调不到位、人员责任不落实。

3. "8·5" 物体打击事故

2005年8月5日8时20分，某石油管理局油建公司广东LNG工程施工项目部第三作业队，在进行管子组对时发生一起物体打击事故，造成1人重伤后因抢救不及时死亡。

1）事故经过

某石油管理局油建公司是一家成立于1958年，具有40多年历史，专业从事石油天然气、化工工程建设，具有国家化工石油工程施工总承包一级资质的综合性施工企业。广东LNG工程施工项目是公司位于广东深圳坪山镇的管道建设工程，线路总长72.035km。

2005年8月5日上午7时左右，油建公司广东LNG工程施工项目部第三作业队一班在广东LNG站线项目输气干线工程站线第五标段B010+026号桩（深圳市龙岗区坪山镇沙钵村）处施工，在进行完班前安全讲话和施工准备后，开始了上午的施工作业。

8时10分左右，管工肖某在组对距离已焊接管段纵向距离500mm、水平距离300mm左右的一根管子时，为防止管子在组对时滑管，叫位于他下方准备架管的人员离开管沟，民工李某平整好管子下方的地面后，肖某将安全凳放在距离下侧管端3.2m处用于稳管。肖某和李某先松了一下倒链试一试管子是否放稳，为了防止管子滚动，李某又找了一块石头垫在安全凳下，然后肖某和李某继续松倒链，直到管子上侧管端放在管墩上后，肖某觉得三木搭一只腿位置不合适，由他和李某扶住三木搭那只腿，叫另一配合民工吴某重新挖脚坑，大约挖了10分钟（8时20分）左右，管子突然向下滑动，由于肖某站在管子和管壁隆起的石块之间，无法躲闪，被滑动的管子挤压，造成其右小腿骨折并大量流血。李某立即将肖抱住，现场人员拿出急救箱进行了简单的止血绑扎，同时按照应急预案的规定拨打了当地的120急救电话（8时30分左右）。随后，由李某、吴某两人将肖某沿逃生梯背出管沟。现场人员立即用梯子铺上木板做成简易担架，将肖某抬起向山下运送。

9时左右，在离事发地点1000m的地方，肖某一行人与赶来救助的坪山镇人民医院的120救护车相遇，120急救人员在对肖某的断腿进行了简单的固定后，将其抬上了救护车。9时20分到达坪山镇人民医院。入院时，肖某神智清醒，呼吸、脉博、血压正常。在办理入院手续，验血、X光检查后，医生对伤员进行了常规性的药物止血和补充液体的治疗，但未进行输血和手术结扎断裂的血管。11时30分左右，主治医生告之在场人员要进行截肢手术，为保证伤者有较好的医疗条件进行治疗，在医生和护士的监护下，11时50分将肖某转入龙岗区中心医院。由于该院再次对肖某办理入院、验血、X光检查等手续，12时50分左右，经检查院方下达了病危通知书，13时40分开始对肖某实施输血救治，14时15分，因失血过多，经抢救无效死亡。

2）事故原因

（1）直接原因

在陡坡窜管施工作业中，使用了用于防止管段坠落的等边三角形结构的安全凳作为支撑墩，由于安全凳在陡坡上的不稳定性致使管段在重力的作用下下滑是导致事故的直接原因。

（2）间接原因

① 肖某的伤情为小腿骨折，软组织挫伤，并非致命伤害，根据医院诊断，病人死于失血性休克，在医院长达 5 个小时的时间内未得到有效治疗是导致其死亡的主要原因。

② 事故发生后，将深圳坪山人民医院起诉到深圳人民法院，受深圳坪山人民法院的委托，由深圳市医学会对这起事故进行了医疗事故鉴定，结论为一级医疗事故。

（3）管理原因

① 施工作业单位对山地条件下有效的特有施工作业方法缺少系统、规范的操作程序规定和明确的安全防范要求。

② 现场安全管理和安全检查不到位，对重点工艺和关键施工环节组织不力、措施不明、管理不严。

3）事故教训及防范措施

（1）对山地条件下有效的施工作业方法缺少系统、规范的操作程序规定和明确的安全防范要求。因此，要立即停止使用安全凳等不规范的工装机具，制定相应的标准，配备符合安全作业要求的工装机具，规范特殊地形工装机具的使用。

（2）风险管理不到位，应急措施不力。因此，要立即组织开展针对山区施工作业的风险排查，认真查找各个施工环节的风险，制订可行的风险削减措施。进一步完善各级事故应急预案，尽最大可能减少事故造成的损失。

（3）现场安全管理和安全检查不到位，对重点工艺和关键施工环节组织不力、措施不明、管理不严。因此，各单位、各施工项目部要认真汲取事故教训，引以为戒，加强现场安全监督检查、安全管理的力度，加强员工的安全培训，有效治理现场"三违"现象。

4. "9·17"高处坠落事故

1993 年 9 月 17 日，某公司第三产业单位输油安装公司管焊小队钳工尤某某在对林源输油站 12# 油罐大修进行严板检查过程中，由于违章作业，脚手架横杆忽然折断，从高处坠落到地面，送医院抢救无效死亡。

1）事故经过

1993 年 9 月 17 日 8 时，输油安装公司管焊小队开完早安全会后进入林源输油站 12# 油罐施工现场。由副经理张某某和安全员苏某某进行分工。分工时张某某对苏某某讲：今天是最后一天，任务是严板检查，共分四个小组进行，每个组四个人，上罐检查严板三人，下边一人负责质量监护和递运工具，还讲了质量要求和注意安全的要求。8 时 30 分左右四个小组开始上罐检查严板。负责油罐东南角的尤某某从第七层由西向东检查严板。当查到第六层时，苏某某过来发现尤某某等二人没有系安全带。苏某某就问尤某某："你们怎么不系安全带呢？"尤某某说："这和上板不一样，前面检查完后，后面还要把跳板挪到下层，系安全带不方便干活，而且速度太慢。"考虑到实际情况，苏某某就没有坚持自己意见。当苏某某再次返回尤某某组时，看到尤某某组由东向西干到 15m 左右，他发现前边约 4m 处有六个民工在地面给油罐底抹胶腻，就对他们说："你们先别干了，等上边他们过去你们再干"，民工马上都撤走了。苏某某说完继续往前走，刚走出二三米远，只听哗啦一声，回头一看尤某某随四块跳板从第六层（高度 10.05m）坠落到油罐防水坡的水泥地面上。尤某某头部右侧摔伤，口鼻流血，当时时间是 9 时 15 分。现场人员马上组织抢救，送往林源炼油职工医院，经抢救无效于 9 时 35 分死亡。

经过调查了解与死者在上边检查严板的两名民工，他们说："尤某某在前面走进行检查，我们在后。尤某某发现一处需重新打孔，就让身后的刘某去拿电钻，刘某返身拿回电钻，这时尤某某在刘某前1m左右，刘某脚下四块跳板支承的横杆突然断了，刘某抓住了立杆，尤某某随跳板一同坠下。

2）事故原因

（1）尤某某未能严格执行高空作业的安全规程，违章作业，是导致这起事故发生的直接原因。输油安装公司安全员苏某某看到尤某某等二人未系安全带，违章作业，制止不坚决，是这起事故发生的主要原因。

（2）输油安装公司的领导对安全生产工作重视不够，有重效益，忽视安全的现象。对职工的安全思想教育抓的不够深入，没能认真吸取以往事故的教训，是事故发生的次要原因。

（3）公司领导及公司主管部门在发现输油安装公司上半年以来安全生产工作有所放松的情况下，虽曾多次进行批评帮助，但是具体措施不够得力，是事故发生的原因之一。

3）事故教训及防范措施

（1）加强对安全工作领导，强化施工现场的安全管理，落实安全措施，保证安全施工。

（2）调动各方面的积极因素，充分发挥各职能部门、站队领导和安全人员的作用。牢固树立"安全第一，预防为主"的思想，扎扎实实地抓好安全生产工作。

（3）加强对公司安全人员和职工的安全、法制、技术素质教育，提高安全人员的法制观念和技术素质，加强安全监察工作。

（4）认真抓好各项规章制度的贯彻执行，大力宣传好的典型，严肃处理违章违纪现象，杜绝"两违"的发生。

5."6·15"机械伤害事故

2005年6月15日13时30分左右，某局哈萨克斯坦地区工程项目部阿克纠宾项目分部管道一公司工程七处二机组在恩巴河边进行连头焊接作业时，发现气焊工宋某卧倒在电焊车履带旁边，头部、脸部左侧受伤，经抢救无效死亡。

1）事故经过

某局哈萨克斯坦地区工程项目部自2002年成立，项目部所属的阿克纠宾项目分部2005年负责扎那诺尔-KC13天然气管道建设，分部由承担管道建设的施工单位管道一公司、四公司、特运公司和岩土路桥公司项目部组成。发生事故的为管道一公司项目部，该项目部辖2个工程处，即工程七处和九处。

2005年6月15日13时左右，工程七处二机组机组长吕某带领电焊工赵某、钟某、王某、李某、张某、卫某，管工张某，机手于某和气焊工宋某等10人到恩巴河边（扎那诺尔-KC13天然气管道50号桩处）进行连头焊接作业。

施工前机组长吕某进行班前安全讲话，并布置下午的施工任务。随后，机组长吕某指挥单斗挖连头作业坑，并安排其他人员进行焊接准备工作。其中，安排宋某一人独自在河边看守水泵抽水。连头作业现场距水泵抽水处约50m左右，两地之间有挖管沟形成的土堆，且水泵抽水处在恩巴河的底部，从而造成连头作业现场看不见水泵抽水处的情况。大约在13时30分左右，机组长派电焊工钟某到水泵抽水处的二弧焊电焊车旁取电焊帽时，发现宋某卧倒在电焊车履带旁边，头部、脸部左侧受伤，已处于昏迷状态，便立即通知了机组长吕某。吕某马上组织人员将伤者送往工地附近的恩巴镇医院进行抢救。

事故发生后，阿克纠宾项目分部（以下简称项目分部）立即与阿克纠宾市医院的有关脑外科专家取得联系，专家认为伤者属于脑颅受伤，不能随意搬动。于是，项目分部立即邀请脑外科专家前往恩巴市医院对伤者进行会诊治疗。经过手术后，宋某一直处于昏迷状态，而且病情一直在不断地恶化。6月19日9时30分(北京时间11时30分)，抢救无效死亡。

2）事故原因

（1）直接原因

由于天气炎热，工作强度大，宋某体质较弱，在紧靠焊接车坐在沙土地上朝管沟方向看水泵时，被滑动的电焊车履带轧中头部。

（2）间接原因

① 施工现场安全管理存在漏洞，宋某未戴安全帽，机组长对此不批评、不纠正。

② 对发电状态下的电焊机在坡度很小的松软沙土上能不能滑动的风险没有识别，因而没有对焊车尾端履带加掩木。

③ 由于工期紧，任务重，员工每天工作12小时左右，再加上天气炎热，致使员工休息不足，身体和精神疲劳(施工单位没有执行休假制度)。

（3）管理原因

① 规章制度上存在着不足和缺陷。在工程施工中，虽然电焊车不要求配备专职的机手，由电焊工来开动，但是项目部没有对电焊工开电焊车进行相应的规章制度的规定。

② 项目部对员工的培训力度不够。由于工作繁重，工期紧，往往以安全讲话代替培训，员工识别危险的能力差，缺乏自我保护意识。

③ 由于单机单人作业，作业面长，现场安全监督不到位，未能及时发现事故现场情况。

④ 项目负责人对安全生产不够重视，存在着麻痹侥幸思想。

3）事故教训及防范措施

（1）加强施工作业现场的安全管理工作

① 加强对施工现场的安全检查监督管理，落实岗巡、巡检制度。在点多线长的情况下，加强现场的安全监督检查频次，发现问题，及时解决，严格执行各种规章制度，把管理防范措施落到实处。

② 项目负责人尤其是各机组长要认真履行职责，每天必须进行班前安全讲话，工作中要负起责任，对不安全行为要坚决纠正制止。

③ 杜绝发生违章指挥、违章操作、违反劳动纪律的现象，把反违章特别是反习惯性违章作为安全生产工作的重点。对严重违章行为从严惩处，绝不姑息。

④ 加强对HSE人员、现场安全监督人员和领导干部的安全培训，对现场施工人员的安全培训和实际工作相结合，使培训落到实处，提高各级管理层的安全管理能力及安全意识，实现从"要我安全"到"我要安全""我会安全"的转变。

⑤ 加强设备安全管理。对现有的设备进行安全、技术状况检查，对影响安全运行的故障设备严禁使用，确保安全。

⑥ 关注员工身心健康。科学合理安排作业时间，施工时尽量避开中午高温段，以充分保证施工人员的休息时间和膳食的营养成分，为在高温作业中的施工人员配备含盐的饮料，确保施工人员体力的不下降，不透支。

（2）修订完善生产规章制度

① 修订完善《HSE作业指导书》，增加设备在土质松软施工地停靠时要加防滑垫木的要求；对电焊工开电焊车从资格、安全培训、操作规程等三方面提出详细要求，并认真执行。

② 健全完善设备使用规定。施工前，机手必须检查施工设备的技术状况，不准带故障

施工作业。设备在坡度作业时，若设备的滑动惯性超过设备车身的制动性能时，应采取相应的防护措施(如钢丝绳牵引、修缓坡、打桩等)。施工设备停放在有坡度的场所时，必须用掩木堰住和制动好车辆，防止车辆滑行。

6. "10·28"在建原油储罐特大爆炸事故

2006年10月28日19时16分，在中国石油新疆某石化分公司在建的10万立方米原油储罐内浮顶隔舱刷漆防腐作业时，发生爆炸。该工程是由安徽省防腐工程总公司承包施工，造成13人死亡、6人轻伤。

1) 事故经过

发生爆炸事故的原油储罐为浮顶罐，全高21.8m，全钢材质结构。储罐的浮顶为圆盘状，内径为80m，高约0.9m，从圆盘中心向外被径向分隔成1个圆盘舱(半径为9.6m)和5个间距相等、完全独立的环状舱，每个环状舱又被隔板分隔成个数不等的相对独立的隔舱，每个隔舱均开设人孔。事故发生前，储罐在进行水压测试，储罐内水位高度约13m。2006年10月28日，安徽省防腐工程总公司在原油储罐浮顶隔舱内进行刷漆作业的施工人员有27人，其中施工队长、小队长及配料工各1人，其他24人被平均分为4个作业组。防腐所使用的防锈漆为环氧云铁中间漆，稀料主要成分为苯、甲苯。当日19时16分，在作业接近结束时，隔舱突然发生爆炸，造成13人死亡、6人轻伤，损毁储罐浮顶面积达850m²。

2) 事故原因

(1) 直接原因

在施工过程中，安徽省防腐工程总公司违规私自更换防锈漆稀料，用含苯及甲苯等挥发性更大的有机溶剂替代原施工方案确定的主要成分为二甲苯、丁醇和乙二醇乙醚醋酸酯的稀料，在没有采取任何强制通风措施的情况下组织施工，使储罐隔舱内防锈漆和稀料中的有机溶剂挥发、积累达到爆炸极限；施工现场电气线路不符合安全规范要求，使用的行灯和手持照明灯具都没有防爆功能。初步判定是电气火花引爆了达到爆炸极限的可燃气体，导致这起特大爆炸事故的发生。

(2) 间接原因

一是负责建设工程施工单位安全管理存在严重问题。安全管理制度不健全，没有制定受限空间安全作业规程，没有按规定配备专职安全员，没有对施工人员进行安全培训；作业现场管理混乱，在可能形成爆炸性气体的作业场所火种管理不严，使用非防爆照明灯具等电器设备，施工现场还发现有手机、香烟和打火机等物品；且施工组织极不合理，多人同时在一个狭小空间内作业。二是负责建设工程监理的克拉玛依市独山子众恒建设项目管理有限公司监理责任落实不到位。该公司内部管理混乱，监理人员数量、素质与承揽项目不相适应，监理水平低；对施工作业现场缺乏有效的监督和检查措施，安全监理不规范，不能及时纠正施工现场长期存在的违章现象。

3) 事故教训和防范措施

(1) 各地、各单位要迅速组织对在建工程施工的安全检查，切实做好在建工程的安全管理。

(2) 建设单位要加强对建设工程全过程的安全监督管理，通过招投标选择有资质的施工队伍和工程监理。所选单位安全管理制度要健全，具有较丰富的工程经验，人员安全素质较高。加强施工过程中对施工单位、监理单位安全生产的协调与管理，持续对施工单位和监理单位的安全管理和施工作业现场安全状况进行监督检查。发现施工现场安全管理混乱的要立即停产整顿，对不符合施工安全要求和严重违反施工安全管理规定的，要坚决依法处理。建设单位要切实加强对承包方的监管，不能"以包代管"，要安排专人监督承包方安全制度执行情况，及时发现纠正承包方的违章行为。要发挥建设单位安全管理、人才、技术优势，共同做好在建工程的安全工作。

（3）施工单位要增强安全意识，完善安全管理制度，强化施工现场的安全监管，大力开展反"三违"活动。针对施工单位从业人员安全意识不强、人员流动性大等情况，要加大安全培训力度，提高从业人员安全素质。要加强施工现场安全监管力度，及时发现、消除事故隐患，及时纠正"三违"现象，切实做到安全施工。

（4）监理单位要严格执行建设部有关要求，认真落实建设工程安全生产监理责任。

（5）高度重视受限空间作业安全问题，加强对进入容器等受限空间作业的安全管理。

（6）继续深化建设施工安全专项整治工作。

二、输气管道事故案例

1. "1·20"天然气管道爆炸着火事故

2006年1月20日12时17分，某油气田分公司输气管理处仁寿运销部富加输气站发生天然气管道爆炸着火事故，造成10人死亡、3人重伤、47人轻伤。

1）富加站基本情况

富加站位于四川省眉山市仁寿县富加镇马鞍村4组，是集过滤分离、调压、计量、配气等为一体的综合性输气站场。输气管理处两条干线威青线和威成线通过富加站，设计日输气量为 $950 \times 10^4 m^3/d$，设计压力为4.0MPa，其中威青线（管线直径 $\phi720mm$）建成投产于1976年，威成线（管线直径 $\phi630mm$）建成投产于1967年。事故前威青线的日输气量为 $50 \times 10^4 m^3$，运行压力为1.5～2.5MPa。事故发生时，该管段的日输气量为 $26 \times 10^4 m^3$，压力为1.07MPa，气流方向为文宫至汪洋。

威青、威成线建成投产30多年来，由于城乡经济建设发展，该地区已由一二类地区上升为三四类地区，管道两侧5m范围内形成了大量违章建筑物等安全隐患。2005年该油气田分公司组织实施威成线三、四类地区（钢铁-汪洋段）安全隐患整改和威青、威成线场站适应性大修改造。工程由某工程公司设计、某输气分公司承建、某监理公司负责监理。于2005年9月1日正式动工，原计划12月15日主体工程结束。因从意大利进口的球阀推迟到货（原计划2005年11月30日到货，实际到货时间为2006年1月10日），变更计划为2006年1月19日进行威青线的碰口作业。

2）事故经过

1月19日7时30分，开始施工，18时30分施工完毕。

1月20日8时30分，组织从富加至文官方向置换空气。

1月20日10时30分，完成置换空气作业，开始缓慢升压。

1月20日10时40分、11时40分，作业人员先后两次巡检无异常。压力缓慢升至1.07MPa，恢复正常流程。

12时17分，富加站至文宫站方向距工艺装置区约60m处，因 $\phi720mm$ 输气管线泄漏的天然气携带硫化亚铁粉末从裂缝中喷射出来遇空气氧化自燃，引发泄漏天然气管外爆炸（第一爆炸），因第一次爆炸后的猛烈燃烧，使管内天然气产生相对负压，造成部分高热空气迅速回流管内与天然气混合，引发第二次爆炸。当班工人立即向输气处调度室报告了事故情况，同时向富加镇政府和派出所报告。12时20分左右，富加站至汪洋站段方向距工艺装置区约63m处，又发生了与第二次爆炸机理相同的第三次爆炸。当第一次爆炸发生后，富加集输站值班宿舍内的员工和家属，在逃生过程中恰遇第三爆炸点爆炸，导致多人伤亡。

输气管理处在接到报告后，输气调度室立即通知文宫、汪洋两站紧急关断干线截断球阀并进行放空。13时11分，文宫站至汪洋站段放空完毕。13时30分，事故现场大火扑灭。17时40分，临近建(构)筑物余火被扑灭。

此次事故共造成10人死亡、3人重伤，损坏房屋21户计3040m²，输气管道爆炸段长69.05m，直接经济损失995万元。

3) 事故原因

事故调查组通过现场勘察、询问有关当事人及查阅大量资料，并按照国家、石油行业有关技术规范和标准，经过反复核实、研究、分析，认为富加站输气站天然气管道"1·20"特大爆炸事故的原因是：

(1) 直接原因

ϕ720mm管材螺旋焊缝存在缺陷，在一定内压作用下管道出现裂纹，导致天然气大量泄漏。泄漏点上方刚好有一颗白杨树(树干直径400mm，约高17m，主根部径向展开直径1.8m左右)，由于根系发育使土质变得较为疏松，泄漏的天然气在根系发育的树兜下聚集，加之泄漏的天然气携带硫化亚铁粉末从裂缝中喷射出来遇空气氧化自燃，引发泄漏天然气爆炸(系管外爆炸)，同时造成管道撕裂。因第一次爆炸后的猛烈燃烧，使管内天然气产生相对负压，造成部分高热空气迅速回流管内与天然气混合，引发第二次爆炸，约3分钟后引发第三次爆炸(爆炸机理与第二次爆炸相同)。

(2) 间接原因

① 管道运行时间长，管材疲劳受损。威远–青白江输气管线(威青线)建于1975年，1976年投产，由于管材生产和抬运布管时产生的缺陷以及当时检测手段落后等条件的限制，导致管线先天存在较大缺陷。加之该管道已建成投运30年，运行时间较长，且90年代流向调配、管输压力频繁变化，导致管道局部产生金属疲劳。

② 管道建设时期，防腐工艺落后。因为当时防腐绝缘材料及防腐绝缘手段、施工工艺的限制，管道未能得到有效保护，管道外层腐蚀严重。

③ 管道内壁也受到腐蚀。该管道投产以来，曾在相当长时期内输送低含硫湿气，管线处于较强内腐蚀环境，导致管内发生腐蚀，伴有硫化亚铁粉末产生。

④ 第一爆点上方白杨树根系发育使土质变得较为疏松，为天然气泄漏并在管外聚集爆炸提供了条件。同时管道附近还有其他根深植物。

⑤ 富加输气站场及进、出管道两侧存在较多建(构)筑物，且场站周围建(构)筑物过密，以致逃生通道狭窄，人员不能及时安全撤离。

⑥ 员工、家属和附近居民在逃生过程中恰遇第三爆炸点爆炸。

⑦ 油气田分公司对基层单位的安全生产管理工作存在不足，特别是输气管理处对役龄较长的输气管线存在的安全隐患重视不够，管道巡查保护不力，对仁寿富加输气站周围建筑密集的问题未能及时发现并予以整改。

⑧ 仁寿县人民政府没有充分认识到天然气管线周围民用建(构)筑物过多已经对管线的安全运行造成隐患，对小集镇规划、建设审批的指导和督促检查不力，仁寿县规划和建设局对小城镇建设管理工作重视不够，对有关规划和建设项目的审批把关不严，致使富加输气站周边民用建(构)筑物过多。

（3）管理原因

事故分析会经过认真分析认为，除报告分析的事故原因外，也暴露出管理上存在问题。

① 本次威青线大修工程投产方案采用天然气直接置换空气方式，严重违反了《天然气管道运行管理规范》标准的规定，并且没有按规定在置换结束后对排放口排出气体进行检测。

② 施工组织方案不落实。虽然按照威青线施工组织方案成立了由输气管理处及运销部两级领导和技术人员组成的现场领导组、技术组、保镖组、后勤保障组等组织，但是在投产作业过程中，没有到现场对工程技术质量和安全环保检查把关。

③ 西南油气田修建富加站值班宿舍时，未严格执行《石油天然气管道保护条例》及有关规范的规定，在管线、场站的安全距离内建房，并将场站逃生通道选择在管道上方。而且，违反有关规定允许员工家属住在场站值班宿舍。

④ 管道巡护责任不落实，管理人员对巡线工执行管道巡护操作规程的情况监督检查不力，致使管道上方和管道附近深根植物长期存在，没有及时处置。

4）事故教训

（1）各级领导"安全第一"的意识还不强，科学发展观的树立还不牢固。

（2）基层领导班子建设存在薄弱环节。

（3）一些基层单位领导对现场不熟悉，作风飘浮，心浮气躁。

（4）员工队伍技术素质较差、工作责任心不强。

5）防范措施

（1）以提高执行力为重点，切实加强领导班子和干部队伍建设。努力提高干部队伍的综合素质，加强能力建设，下大力气解决好该作为而不作为的问题，解决好不该作为而乱作为的问题；强化责任意识，建立责任体系和责任追究体系，大力加强干部队伍作风建设，大力倡导求真务实、埋头苦干，力戒心浮气躁，努力提高执行力。

（2）以强"三基"为重点，切实加强基层建设和员工队伍建设。要针对目前基层建设工作中存在的薄弱环节，采取有力措施切实加强。对操作员工要抓好以增强责任心、提高执行力和操作技能为主要内容的基层队伍建设。要抓好专业培训基地的建设，进一步提高一线操作员工的专业知识和业务技能。要充分发挥思想政治工作的优势，不断创新方式方法，既坚持正面教育为主，又注意发挥纪律、制度的约束作用，推进基层建设上新水平。

（3）严格执行管道运行管理的标准规范。在天然气管道运行管理方面，要把推荐性行业标准《天然气管道运行管理规范》（SY/T 5922）当作强制性标准来执行，对所有停气碰头置换作业实行标准化和格式化管理，所有置换作业必须使用氮气置换。加快基地建设步伐，对达不到安全要求的房屋、值班室及逃生通道进行全面排查，并组织认真整改。

（4）举一反三，查找问题，堵塞漏洞，严格隐患整改。

① 认真组织开展地面集输系统全面评估工作。从本质安全、隐患和违章占压、适应能力、操作规程和制度、安全风险评估等五个方面，对从气井井口至天然气销售门站的整个地面集输工程系统进行全面清理、分析和评估。对通过智能清管检测和常规检测中发现的本质安全隐患以及4646处现存管道违章占压隐患，按照"3年完成安全隐患整改"的要求完成管网安全隐患整改项目规划，并统一纳入管网调整改造规划，确保管线的本质安全运行。

② 积极推广以在役集输管线的检测与评价技术为代表的新技术，提高决策的科学性。除继续对天然气管线进行常规检测外，还应不断引入和采用管线智能检测技术、国外管道安全评估技术、场站及进出站工艺管线检测技术等，摸清管线及场站设施现状，指导管线运行

与维修。

③ 加强管线测绘，推进管线保护工作。要对现有集输气管线两侧 100m 范围内的地形、地貌、建构筑物等进行测绘，摸清管线沿线现状，将管线及沿线两侧 100m 范围内的重要信息植入数据管理系统。同时，为地方规划提供以当地坐标系为基准的管道走向图纸，供地方规划、建设时考虑，以推进管道保护工作。

（5）加强管道安全保护工作的监督和管理。各单位及所属防腐办公室和巡线工必须切实有效履行巡线职责，严格按照操作规程定时、定线、定点巡检。加强与地方政府之间的联系，建立警企及地企联建、联治、联防的天然气管道合作长效保护机制。

（6）狠抓安全环保基础工作，努力提升安全环保基础管理水平。基础不牢，地动山摇。一是要做好各级应急预案的修订工作，完善四级应急预案体系，扎实做好预案的演练工作。二是结合岗位特点，对现有操作规程和技术规范进行清理、修订和完善，抓好生产一线员工岗位应知应会培训，严格执行操作规程。三是要认真吸取事故教训，进一步查找工作和管理上的薄弱环节，制订有针对性的整改措施。

2. "1·1" 天然气管道重大爆炸事故

2002 年 1 月 1 日凌晨 3 时 20 分，黑龙江省大庆市萨尔图区三因洗浴中心发生天然气管道泄漏引起重大爆炸事故，死亡 6 人，重伤 2 人，轻伤 2 人。

造成这次爆炸的直接原因是洗浴中心违章修建在大庆油田公司采油一厂的地下油气管线上，该洗浴中心每天排出大量含碱的污水，渗入地下，长期以来对地下管线造成了严重腐蚀。致使管线出现穿孔，造成天然气泄漏进入室内，使室内的可燃气体浓度达到爆炸极限，遇电冰箱继电器打火而引起爆炸。

事故调查表明，各级安全管理部门和企业安全管理人员的疏忽大意，是造成这起事故的主要原因。首先，大庆油田公司对地下油气管线的安全管理和巡查不彻底，缺乏必要的技术手段，事故管线 2001 年全年无巡查记录；对有人员居住并从事经营活动的建筑物占压油气管线构成的重大事故隐患，未采取得力措施，缺乏必要的防范手段；对油气管线生产用地监管不力，情况掌握不清，缺乏应有的调查了解和相应的防范措施。其次，行业安全管理部门对所属行政区域内和所管理的企业安全状况了解不清，管理不到位；土地、城管、规划等部门在油气管线上的规划、土地使用、房屋建设上，把关不严，擅办审批手续，在查处违章建筑工作中力度不够，拆除工作不彻底。

3. "12·18" 天然气管道爆炸事故

1999 年 12 月 18 日 15 时 54 分，某油田天然气调压站与天然气管线接口处突然爆裂。由于爆炸产生的巨大能量和冲击波，将爆管西侧约 4m 长的管线扭断，东侧 16m 长的管线撕裂扭断，北侧管线连同调压站阀门一起扭断并向北飞出 70 多米远，爆炸的碎片向南飞出 70 多米远，并将调压站院墙外的杂草引燃起火，外泄的天然气发生着火。事故造成了巨大的经济损失。

事故主要原因为：

（1）天然气中含有部分 H_2S、CO、CO_2 气体及部分水份等杂质，导致了管线的严重腐蚀。

（2）三通管线的选材没有按设计要求取材，管线不符合 20# 钢的要求和标准，焊接质量差，加速了材质的腐蚀和减薄。

（3）塑性变形使金属内部产生大量的位错和空位，位错沿滑移面移动，在交叉处形成位错塞积，造成很大的应力集中，当材料达到屈服极限后，应力不能得到松弛，形成初裂纹，随着时间的延迟，裂纹不断扩展。

（4）该管线从未进行过专业的技术检测，使用状况不明，也是造成事故的原因之一。长期使用13年的天然气管线遭受严重腐蚀之后，造成强度大大降低，实际壁厚小于计算厚度，远远不能满足使用条件，在微裂纹的诱导下，不能满足强度要求，发生了爆炸事故。

4. "9·6"天然气管道泄漏着火事故

2005年9月6日，重庆某输气管线发生管道断裂天然气泄漏着火事故，事故造成16名当地村民不同程度的烧、灼伤和部分民房房体受损。

此次事故系地方施工单位违章野蛮施工造成。地方施工单位违章施工，在管道上堆土达9m高，造成管道受力位移而断裂。

5. "6·18"机械伤害事故

2004年6月18日，某石油勘探局油建一公司陕京二线输气管道工程项目部作业一机组，在进行管道布管作业时发生吊管机碾压事故，造成1人死亡。

1）事故经过

陕京二线工程项目部作业一机组是油建一公司二分公司所属整建制基层施工队（以下简称一机组），该施工队成立于1993年，主要从事油田地面建设、油气集输工艺安装等工程施工。陕京二线输气管道工程8标B段，是该公司2003年底以投标方式从北京华油天然气有限责任公司中标的工程项目，该项目2004年3月1日开工，计划2005年7月竣工。

2004年6月13日，陕京二线项目部作业一机组开始进行位于山西省孟县孙家庄镇土塔村紫牛庄附近的输气管道安装作业。该地区属于山区地段，其中BF173～BF174桩号间为山地断沟带，起伏坡度在22°左右，坡长190m。作业带一侧为管沟，一侧为山丘，作业带宽度为4.6～4.7m。布管作业采用70t吊管机进行，因吊管机自身重心在后，再加上侧面吊管后重心下移，正行容易倾翻且爬行困难，操作手观察视线处于盲区。因此，施工前经研究决定，吊管机倒行吊管，并分4人一组进行。

6月18日，布管班组在机组长的安排下，进行BF173～BF174桩间布管作业。下午13时40分，操作工人高某、黄某、监护人李某带领吊管机操作手叶某继续进行上午的布管作业任务。作业工人在吊起的管线两端各捆绑牵引绳，以防止吊管晃动撞击吊臂及一侧的山体，破坏管壁的防腐层。操作工人黄某手持牵引绳走在吊管机后侧，即在倒进方向上，由于吊管机上坡倒行马力加大，发动机噪声强烈，加之后侧油箱吊架支撑等物体的阻挡影响，操作手叶某在操作中回头观望倒行方向的视角及听觉受到障碍。担任监护的李某因吊管机行进的通道非常狭窄，使得他不能全部时间观察到吊管机后侧的操作者，导致在吊管机行进至坡底70m处时，黄某滑倒未被及时发现而被吊管机履带碾压致死。

2）事故原因

经对现场的实地勘测与分析，该吊管机从堆管场吊起钢管后已行走200m左右，在上坡行走（一直为倒行）70m左右时，黄某手拉牵引绳一边观察钢管的摇动一边侧行中，被山地起伏的履带压痕土包或石块绊倒，驾驶员此时正好把观察视线转到了机车头方向，未发现已跌入后面视线盲区的黄某，当他发现前方有人挥手示意停车时，机车已从黄某身上碾过，造成黄某被碾压致死。

（1）直接原因

因作业带狭窄，黄某在靠近吊管机履带边行走中，被山地起伏的履带压痕土包或石块绊倒，随即被行进的吊管机履带碾压。

（2）间接原因

① 环境因素　BF173～BF174桩为山地段，BF173+45m～BF174桩接点间均为山地断沟带，起伏坡度在20°左右(坡长约260m)，作业带通道非常狭窄(宽度约4.6～4.7m)，一侧为管沟，一侧为山丘。这样造成操作工人行走中与管线侧的左右安全距离不足1m以上，而且是吊管机正好行走至最窄处，安全监护人不能全部时间观察到操作者。

② 施工因素　吊管机上坡自身重心在后，再加上侧面吊管后重心下移，正行容易倾翻且爬行困难，视线盲区大。采取吊管机倒行，使吊管重心上移，同时视线可及前、后道路。因是倒行，操作手在操作中回头观望视角受后侧油箱吊架支撑等物体所挡影响，形成与车体2～3m的视线盲区，再加之操作手不间断前后观察，未能及时发现跌入后面视线盲区的操作工人。

③ 操作因素　一是操作工人对特殊管线8m长短管(唯一一根)没有考虑增长牵引绳。二是两人以上作业，操作者之间相互监护及危险提示不够。三是操作手在回头观望视角与听觉处于障碍的情况下，没有依照操作规程采取必要的安全防范措施加以预防控制。四是监护人员在不能全部时间观察到操作者作业的情况下，没有采取有效措施对作业安全环境进行监护。

（3）管理原因

① 在风险管理上出现工作漏洞，在特殊施工作业环境下，对制订的安全防范措施考虑不周全、不细致，未进行全面审查和检查。

② 对安全生产部署和管理要求不到位，在重大风险条件下施工，未能对风险削减措施落实情况进行有效检查和监督。

③ 对特殊区域、特定的地理环境下施工时产生的新风险虽然进行了识别、评价，但是采取的预防措施未能对产生的风险进行有效控制，安全监控工作组织安排不到位。

④ 对员工安全意识和自我保护意识教育上还不够，危害提示和风险意识培训教育不到位。

3）事故教训及防范措施

这起事故反映出在安全生产管理、监督上还存在薄弱环节和疏漏；暴露出岗位员工安全意识与自我保护意识不强，存在侥幸心里；揭示出在动态风险评估、控制上存在着漏洞、盲点；在员工培训教育、交底工作上缺乏深度和广度。

（1）从规章制度和设备设施本质安全系数上进一步加强现场安全管理。

① 进一步完善有关规定，明确牵引绳种类与长度、操作人员行走标准、安全监护人的设置、作息时间管理与控制、两人以上作业时的相互监护等内容。

② 进一步提高本质安全性，配置对讲机、口哨、扩音器等警示信号联络设施，完善符合现场作业要求的吊管机后视镜、鸣示喇叭、履带安全卡锁、钢制楔子等设施，结合实际确定作业带宽度。

③ 进一步完善风险点源周期识别制度，加强危险点源排查工作，重点是容易忽视、不被注意的环节或部位，以及风险发生可能性与后果严重性的动态变化。

（2）加强对职工的安全教育，提高安全意识，认真落实各级领导干部、岗位工人安全生产职责。

① 牢固树立"安全第一，预防为主"的安全生产工作方针，本着"管生产必须管安全"

"谁主管、谁负责"的原则，层层落实安全生产责任制。广泛开展安全知识教育培训和岗位练兵活动。

② 对作业机操作手进行集中培训，以掌握本岗位安全操作规程、职业危害特点、预防措施，培训考试合格方可上岗，对不合格者取消上岗资格。

③ 结合施工特点及作业实际，深层次开展全员性的 HSE 培训教育活动。根据岗位员工实际经验、技术水平和岗位的不同，本着缺啥补啥的原则，有针对性地对员工进行安全教育。把作业中具有的潜在的危险、可能发生的事故及危害、应急防护常识和避险措施告知员工，增强员工自我保护意识和防范意识。

（3）进一步完善风险辩识与评价机制，落实风险控制措施。

① 将危害识别与评价工作分解为任务清单，实行施工班组每天、作业机组每周、项目部月度三级风险识别例会制，增强风险识别评价的实用性。对关键作业、特殊地段（时段）实行作业前重点分析和事故成因论证制度，增强风险识别评价的针对性。

② 岗位人员每天上岗前对岗位风险及其控制措施交底、变更所带来的新的或扩大的危害及其风险控制措施，实行确认制，增强风险识别评价的主动性。

③ 针对每一具体施工段，从作业条件、设备安全、防护设施、施工方案、监督管理、人员操作等各环节上，不断修订、完善防范技术措施，作业前进行严肃认真地教育与交底，保证每一个环节都能安全有序地正常运转。

（4）进一步抓好施工安全重点的控制。

① 对关键施工段、险段，制订切合实际的控制措施和应急预案，施工前必须进行事前检查，切实把好安全防范措施关、交底关、教育关、防护关、检查关、改进关。

② 作业中设专人全过程监控，确保万无一失。认真组织对施工现场的安全检查，把违章当作事故处理。对"三违"现象，发现一起，严处一起。对查出的隐患及时采取措施，责任落实到人，整改落实到位，提高警惕，促进安全生产。

第五章　油气管道安全与风险评价方法

第一节　安全评价方法

一、安全评价方法分类

安全评价方法的分类方法很多，常用的有按照评价结果的量化程度分类法、按评价的推理过程分类法、按针对的系统性质分类法、按安全评价要达到的目的分类法。

1. 按照工程、系统生命周期和安全评价目的分类

根据工程、系统生命周期和安全评价的目的分为安全预评价、安全验收评价、安全现状评价、专项安全评价等 4 类。这种分类方法是目前国内普遍接受的安全评价分类法，本书第一章已有详述。

2. 按评价结果的量化程度分类法

按照安全评价结果的量化程度可分为定性安全评价方法和定量安全评价方法。

1）定性安全评价方法

定性安全评价方法主要是根据经验和直观判断能力对生产系统的工艺、设备、设施、环境、人员和管理等方面的状况进行定性地分析，安全评价的结果是一些定性的指标，如是否达到了某项安全指标、事故类别和导致事故发生的因素等。

属于定性的安全评价方法有安全检查表法、专家现场询问观察法、事故引发和发展分析法、作业条件危险性评价法、故障类型和影响性分析、危险可操作性研究等。

2）定量安全评价方法

定量安全评价方法是运用基于大量的实验结果和广泛的事故资料统计分析获得的指标或规律（数学模型），对生产系统的工艺、设备、设施、环境、人员和管理等方面的状况进行定量地计算，安全评价的结果是一些定量的指标，如事故发生的概率、事故的伤害（或破坏）范围、定量的危险性、事故致因因素的事故关联度或重要度等。

按照安全评价给出的定量结果的类别不同，定量安全评价方法还可以分为概率风险评价法、伤害（或破坏）范围评价法和危险指数评价法。

（1）概率风险评价法　概率风险评价法是根据事故的基本致因因素的事故发生概率，应用数理统计中的概率分析方法，求取事故基本致因因素的关联度（或重要度）或整个评价系统的事故发生概率的安全评价方法。故障类型及影响分析、故障树分析、逻辑树、概率理论分析、马尔可夫模型分析、模糊矩阵法、统计图表分析法等都可以用基本致因因素的事故发生概率来计算整个评价系统的事故发生概率。

（2）伤害（或破坏）范围评价法　伤害（或破坏）范围评价法是根据事故的数学模型，应用计算数学方法，求取事故对人员的伤害模型范围或对物体的破坏范围的安全评价方法。液体泄漏模型、气体泄漏模型、气体绝热扩散模型、池火火焰与辐射强度评价模型、火球爆炸伤害模型、爆炸冲击波超压伤害模型、蒸汽爆炸超压破坏模型、毒物泄漏扩散模型和锅炉爆炸伤害 TNT 当量法都属于伤害 (或破坏) 范围评价法。

(3) 危险指数评价法　危险指数评价法是应用系统的事故危险指数模型，根据系统及其物质、设备 (设施) 和工艺的基本性质和状态，采用推算的办法逐步给出事故的可能损失、引起事故发生或使事故扩大的设备、事故的危险性以及采取安全措施的有效性的安全评价方法。常用的危险指数评价法有道化学公司火灾爆炸危险指数评价法，蒙德火灾爆炸毒性指数评价法，易燃、易爆、有毒重大危险源评价法。

3. 其他安全评价分类法

按照安全评价的逻辑推理过程，安全评价方法可分为归纳推理评价法和演绎推理评价法。归纳推理评价法是从事故原因推论结果的评价方法，即从最基本的危险有害因素开始，逐渐分析导致事故发生的直接因素，最终分析到可能的事故。演绎推理评价法是从结果推论原因的评价方法，即从事故开始，推论导致事故发生的直接因素，再分析与直接因素相关的间接因素，最终分析和查找出致使事故发生的最基本危险有害因素。

按照安全评价要达到的目的，安全评价方法可分为事故致因因素安全评价方法、危险性分级安全评价方法和事故后果安全评价方法。事故致因因素评价方法是采用逻辑推理的方法，由事故推论最基本危险有害因素或由最基本的危险有害因素推论事故的评价法，该类方法适用于识别系统的危险有害因素和分析事故，这类方法一般属于定性安全评价法。危险性分级安全评价法是通过定性或定量分析给出系统危险性的安全评价方法，这类方法适用于系统的危险性分级，该类方法可以是定性安全评价法，也可以是定量安全评价法。事故后果安全评价方法可以直接给出定量的事故后果，给出的事故后果可以是系统事故发生的概率、事故的伤害 (或破坏) 范围、事故的损失或定量的系统危险性等。

此外，按照评价对象的不同，安全评价方法可分为设备 (设施或工艺) 故障率评价法、人员失误率评价法、物质系数评价法、系统危险性评价法等。

二、常用的安全评价方法

目前常用的安全评价方法主要有安全检查表法、危险指数法、预先危险分析法、故障假设分析法、故障假设分析/检查表法、危险与可操作性研究、故障类型和影响分析、故障树分析、事件树分析、人员可靠性分析、作业条件危险性评价法等。

1. 安全检查表法

为了查找工程、系统中各种设备设施、物料、工件、操作、管理和组织措施中的危险有害因素，事先把检查对象加以分解，将大系统分割成若干小的子系统，以提问或打分的形式，将检查项目列表逐项检查，避免遗漏，这种方法称为安全检查表法 (Safety Checklist Analysis，简称 SCA)。

1) 编制安全检查表的主要依据

(1) 有关标准、规程、规范及规定；

(2) 同类企业安全管理经验及国内外事故案例；

(3) 通过系统安全分析确定的危险部位及防范措施；

(4) 有关技术资料。

2) 安全检查表的优点

(1) 能够事先编制，故可有充分的时间组织有经验的人员来编写，做到系统化、完整化，不致于漏掉能导致危险的关键因素。

(2) 可以根据规定的标准、规范和法规检查遵守的情况，提出准确的评价。

（3）表的应用方式是有问有答，给人的印象深刻，能起到安全教育的作用。表内还可注明改进措施的要求，隔一段时间后重新检查改进情况。

（4）简明易懂，容易掌握。

3）安全检查表的分类

安全检查表的分类方法有很多种，如可按基本类型分类，可按检查内容分类，也可按使用场合分类。

目前，安全检查表有 3 种类型：定性检查表、半定量检查表和否决型检查表。定性安全捡查表是列出检查要点逐项检查，检查结果以"对""否"表示，检查结果不能量化。半定量检查表是给每个检查要点赋以分值，检查结果以总分表示，有了量的概念，这样，不同的检查对象也可以相互比较；但缺点是检查要点的准确赋值比较困难。否决型检查表是给一些特别重要的检查要点作出标记，这些检查要点如不满足，检查结果视为不合格，这样可以做到重点突出。

在检查表的每个提问后面也可以设备注栏，说明存在的问题及拟采取的改进措施等。每个检查表应注明检查时间、检查者、直接负责人等，以便分清责任。

由于安全检查的目的、对象不同，检查的内容也有所区别，因而应根据需要制定不同的检查表。

安全检查表可适用于工程、系统的各个阶段。安全检查表可以评价物质、设备和工艺等，常用于专门设计的评价。安全检查表法也能用在新工艺（装置）的早期开发阶段，判定和估测危险，还可以对已经运行多年的在役（装置）的危险进行检查。此外，还可用于安全验收价、安全现状评价、专项安全评价。

4）应用示例

某原油长输管道管道安全预评价安全检查表见表 5-1。

本安全检查表编制主要内容根据《输油管道工程设计规范》（GB 50253—2014）、《油气输送管道穿越工程设计规范》（GB 50423—2013）等国家现行标准的有关内容。

表 5-1 原油长输管道线路工程安全检查表

序号	检 查 内 容	参考依据	检查结果	情况说明
一	线路选择			
1	管道线路的选择，应根据该工程建设的目的和资源、市场分布，结合沿线城镇、交通、水利、矿产资源和环境敏感区的现状与规划，以及沿途地区的地形、地貌、地质、水文、气象、地震自然条件，通过综合分析和多方案技术经济比较确定线路总体走向	GB 50253—2014/4.1.1		
2	中间站场和大、中型穿跨越工程位置选择应符合线路总体走向；局部线路走向应根据中间站场和大、中型穿跨越位置进行调整	GB 50253—2014/4.1.2		
3	管道不应通过饮用水水源一级保护区、飞机场、火车站、海（河）港码头、军事禁区、国家重点文物保护范围、自然保护区的核心区	GB 50253—2014/4.1.3		
4	输油管道应避开滑坡、崩塌、塌陷、泥石流、洪水严重侵蚀等地质灾害地段，宜避开矿山采空区、全新世活动断层。当受到条件限制必须通过上述区域时，应选择其危害程度较小的位置通过，并采取相应的防护措施	GB 50253—2014/4.1.4		

序号	检查内容	参考依据	检查结果	情况说明
5	埋地输油管道同地面建(构)筑物的最小间距应符合下列规定: (1)原油、成品油管道与城镇居民点或重要公共建筑的距离不应小于5m (2)原油、成品油管道临近飞机场、海(河)港码头、大中型水库和水工建(构)筑物敷设时,间距不宜小于20m (3)输油管道与公路并行敷设时,管道应敷设在公路用地范围边线以外,距用地边线不应小于3m	GB 50253—2014/4.1.6		
6	在管道线路中心线两侧各5m地域范围内,禁止下列危害管道安全的行为: (1)种植乔木、灌木、藤类、芦苇、竹子或者其他根系深达管道埋设部位可能损坏管道防腐层的深根植物 (2)取土、采石、用火、堆放重物、排放腐蚀性物质、使用机械工具进行挖掘施工 (3)挖塘、修渠、修晒场、修建水产养殖场、建温室、建家畜棚圈、建房以及修建其他建筑物、构筑物	《中华人民共和国石油天然气管道保护法》第三十条		
7	管道与架空输电线路平行敷设时,其距离应符合现行国家标准《66kV及以下架空电力线路设计规范》(GB 50061)及《110kV~750kV架空输电线路设计规范》(GB 50545)的有关规定	GB 50253—2014/4.1.7		
二	管道敷设			
1	输油管道应采用地下埋设方式,当受自然条件限制时,局部地段可采用土堤埋设或地上敷设	GB 50253—2014/4.2.1		
2	当埋地输油管道同其他埋地管道或金属构筑物交叉时,其垂直净距不应小于0.3m,两条管道的交叉角不宜小于30°;管道与电力、通信电缆交叉时,其垂直净距不应小于0.5m	GB 50253—2014/4.2.11		
三	线路截断阀室			
1	输油管道沿线应设置线路截断阀	GB 50253—2014/4.4.1		
2	原油、成品油管道线路截断阀的间距不宜超过32km,人烟稀少地区可适当加大间距	GB 50253—2014/4.4.2		
3	埋地输油管道沿线在河流的大型穿跨越及饮用水水源保护区两端应设置线路截断阀。在人口密集区管段或根据地形条件认为需要截断的,宜设置线路截断阀	GB 50253—2014/4.4.4		
4	截断阀应设置在交通便利、地形开阔、地势较高、检修方便且不易受地质灾害及洪水影响的地方	GB 50253—2014/4.4.5		
四	管道标识			
1	管道沿线应设置里程桩、标志桩、转角桩、阴极保护测试桩和警示牌等永久性标志,管道标志的标识、制作和安装应符合现行行业标准《油气管道线路标识设置技术规范》(SY/T 6064)的有关规定	GB 50253—2014/4.6.1		
2	里程桩应沿管道从起点至终点,每隔1km至少设置1个。阴极保护测试桩可同里程桩合并设置	GB 50253—2014/4.6.2		
3	管道穿跨越人工或天然障碍物时,应在穿跨越处两侧及地下建(构)筑物附近设置标志桩	GB 50253—2014/4.6.4		

序号	检查内容	参考依据	检查结果	情况说明
4	埋地管道通过人口密集区、有工程建设活动可能和易遭受挖掘等第三方破坏的地段应设置警示牌，并宜在埋地管道上方埋设管道警示带	GB 50253—2014/4.6.5		
五	管材			
1	输油管道所采用的钢管、管道附件的材质选择应根据设计压力、温度和所输液体的物理性质，经技术经济比较后确定。采用的钢管和钢材应具有良好的韧性和可焊性	GB 50253—2014/5.3.1		
2	输油管道线路用钢管应采用管线钢，钢管应符合现行国家标准《石油天然气工业管线输送系统用钢管》(GB/T 9711)的有关规定；输油站内的工艺管道应优先采用管线钢，也可采用符合现行国家标准《输送流体用无缝钢管》(GB/T 8163)规定的钢管	GB 50253—2014/5.3.2		
六	管道穿越			
1	穿越工程设计前，应根据有关部门对管道工程的环境影响评估报告、灾害性地质评估报告、地震安全评估报告及其他涉及工程的有关法律法规，合理地选定穿越位置。穿越有防洪要求的重要河段，应根据水务部门的防洪评价报告，选定穿越位置及穿越方案	GB 50423—2013/3.1.2		
2	选择的穿越位置应符合线路总走向。对于大、中型穿越工程，线路局部走向应按所选穿越位置调整	GB 50423—2013/3.3.3		
3	水域穿越管段可采用挖沟埋设、水平定向钻敷设、隧道敷设等形式。大、中型穿越工程宜作方案比选	GB 50423—2013/3.3.5		
4	水域穿越位置应选在岸坡稳定地段。若需在岸坡不稳定地段穿越，则两岸应做护坡、丁坝等调治工程，保证岸坡稳定	GB 50423—2013/3.3.13		
5	管道穿越铁路(公路)应保持铁路或公路排水沟的通畅。穿越处应设置标志桩	GB 50423—2013/3.5.3		
6	在穿越铁路、公路的管段上，不应设置水平或竖向曲线及弯管	GB 50423—2013/3.5.5		
7	穿越铁路或二级及二级以上公路时，应采用在套管或涵洞之内敷设穿越管段。穿越三级及三级以下公路时，管段可采用挖沟直接埋设	GB 50423—2013/3.5.6		

2. 预先危险分析法

预先危险分析方法(Preliminary Hazard Analysis，简称 PHA)是一种起源于美国军用标准安全计划的方法。主要用于对危险物质和重要装置的主要区域等进行分析，包括设计、施工和生产前对系统中存在的危险性类别、出现条件、导致事故的后果进行分析，其目的是识别系统中的潜在危险，确定其危险等级，防止危险发展成事故。

通过预先危险性分析，力求达到 4 项基本目标：

(1) 大体识别与系统有关的一切主要危险、危害。在初始识别中暂不考虑事故发生的概率。

(2) 鉴别产生危害的原因。

(3) 假设危害确实出现，估计和鉴别对人体及系统的影响。

(4) 将已经识别的危险、危害分级，并提出消除或控制危险性的措施。

分级标准如下：

Ⅰ级——安全的，不至于造成人员伤害和系统损坏；

Ⅱ级——临界的，不会造成人员伤害和主要系统的损坏，并且可能排除和控制；

Ⅲ级——危险的，会造成人员伤害和主要系统损坏，为了人员和系统安全，需立即采取措施；

Ⅳ级——破坏性的，会造成人员死亡或众多伤残，以及系统报废。

1）分析步骤

预先危险性分析步骤如图 5-1 所示。

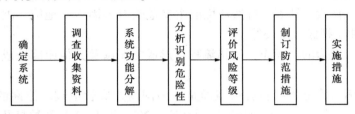

图 5-1　预先危险性分析步骤

2）基本危害的确定

在石油天然气管道安全评价中可能遇到的一些基本危害有火灾、爆炸、凝管、机械伤害、触电、噪声等。

3）预先危险性分析表基本格式

预先危险性分析的结果一般采用表格的形式。表格的格式和内容可根据实际情况确定。

4）应用示例

（1）火灾爆炸事故

发生火灾爆炸危险主要是指管道正常输送的原油发生了泄漏，或其挥发的可燃气体浓度达到爆炸极限，遇到了点火源，发生火灾、爆炸事故。

① 原油泄漏原因分析

a. 管道腐蚀　对于埋地管道来说，腐蚀是威胁其长期安全运行的主要因素，腐蚀会缩短管道的使用寿命，降低管道输送能力，引起意外事故的发生。因此应选择有效的防腐措施，来减缓、削弱腐蚀对管线的损坏和影响。

内壁腐蚀是介质中的水在管道内壁生成一层亲水膜并形成原电池所发生的电化学腐蚀，或者其他有害介质直接与金属作用引起的化学腐蚀。特别是在管道的弯头处、低洼积水处、气液交界面，电化学腐蚀异常强烈，管壁大面积腐蚀减薄或形成一系列腐蚀深坑及沟槽，这些就是管线易于起爆和穿孔的地点。输送的原油中含有硫及硫化物时，在管线内氧气（活化剂）的作用下，也会产生内腐蚀。另外若管线中存在硫酸盐还原菌，由于其一般附着于管线表面的水膜中，在此作用下，利用硫酸盐类进行繁殖。在硫和细菌的作用下，管线的腐蚀将会不断加剧。

外壁腐蚀需从管道所处环境分析，土壤或水中管道易受土壤腐蚀、细菌腐蚀和杂散电流腐蚀。土壤对管线的腐蚀以电化学腐蚀为主。电化学腐蚀是因为土壤是一种导电介质，含水土壤具有电解溶液的特性，从而在不均匀的土壤中构成原电池，产生电化学腐蚀。

另外，施工过程中的现场防腐处理未达到质量要求，或在管线运输、储存、搬运、施工中破坏了防腐层，都能够加速对管材的腐蚀。比如现场补口作业，由于补口在现场进行，施工条件差，必须重视该工序，确保施工质量。

b. 施工质量及管材缺陷　在施工中，由于各种原因使施工质量较差，可能导致管道泄漏。进行焊接施工时，由于操作人员的技术问题、所用焊接方法不恰当、选用的焊接材料不合适、在焊接时由于存在温度差使材质被破坏等原因，造成焊接处开裂，从而导致原油的泄漏；在现场施工时，使管材受到了机械损伤；对管道进行敷设的管沟质量差；管线进行安装时质量不过关等原因。

管道本身存在质量的问题如管材加工质量差，管材本身存在缺陷(如晶粒粗大、管材中含杂质超标、管材的金相组织不均匀)等，可能导致管道在今后运行中发生泄漏。

c. 地质作用、自然条件等　自然环境的主要危险有害因素有地震、洪水等造成管道的位移、变形、弯曲、裸露、断裂等。

d. 人为因素　人为的误操作，倒错流程，形成憋压以及其他原因造成管道破裂，导致原油泄漏。

e. 第三方破坏　管道沿线打孔、盗油是目前国内造成管道破坏泄漏的主要原因之一。据有关部门统计，仅中国石化原油长输管道而言，2007年1~2月就被打孔盗油165次，造成管道停输311h。

另外输油管道因占压会导致管道变形甚至泄漏，一旦泄漏，就可能引起火灾事故。第三方的违章施工、作业挖断管道等也会造成原油泄漏。

f. 穿越段管段断裂　由于河床演变的平面摆动或形态变化和纵向冲刷，将导致岸坡和埋设于河床下的管道裸露、悬空，可能造成管道断裂、毁坏。穿越段河流上的采沙活动可能会造成管道的破坏。

g. 其他可能造成泄漏的原因　管道的螺旋焊口与直焊口处易发生应力集中处，管线较短的地方对接(如站场内管线焊接)时产生对接应力处，管线弯头处，管线接口处的防腐层破损等，是容易发生泄漏的薄弱环节，造成管道内流体的泄漏。

由于阀门、法兰、垫片等选择不当或老化损坏造成的原油泄漏；泵、阀门、流量计等设备仪表的连接处泄漏等。

② 火源分析

a. 明火火源　在原油泄漏场所等处违章动火、携带火种等违禁品、违章吸烟以及在维修、施工中未严格执行动火方案或防范措施不得当等原因产生明火。

b. 电气火源　在火灾爆炸危险场所使用的电器防爆等级不够或未采用防爆电器；防爆电器设备和线路的安装不符合标准、规范的要求。

c. 静电火源　操作人员防护用品穿戴不符合要求，产生静电；设备的防静电设计不合理；已有的防静电措施失效等原因。

d. 雷电火源　设备的防雷设施失效；防雷设施安装不符合要求；防雷设施已经损坏；未设防雷设施等原因。

e. 其他原因火源　管道沿线经过当地农田、果园、树林等，其中农民烧荒、林区火灾等可能会造成管道火灾事故。

(2) 凝管事故

管道正常运行情况下，原油在管路系统内流动时不会发生凝固现象，但由于各种原因(包括事故停输和计划停输)，导致管路内油流处于停滞状态，在停输过程中沿线油温不断下降，因油流携带的热量中断，原油温度有可能降至接近或低于凝点，这样管路内原油的凝固现象就容易发生了，若进一步恶化将造成凝管事故。凝管严重的情况下容易形成憋压，甚至导致管线爆裂。

可能造成管路凝管的原因主要有：①原油输送设备故障检修，导致停输时间过长；②未有效检测化验原油的凝固点和黏度；③输送温度过低或流速过低、输量过小；④自然灾害影响等。

（3）水击事故

在密闭的管道系统中，由于液体流速的急剧改变，引起大幅度压力波动的水击现象。水击现象是由于介质流动状态忽然改变，管道内流体动量发生变化而产生的压力瞬变过程，是管道内不稳定流动所引起的一种特殊振荡现象。当水击发生时，会对管道及其相连的设备安全产生危害；轻微水击会使管道固定件松动，管道震动扭曲，使用寿命缩短；水击严重时甚至会造成管道、阀门等设备的破裂损坏。如作业过程中，由于开关阀门过快或电路故障而突然停泵、截断阀突然关闭等，都会使液流速度急剧变化而产生水击，使管道中的压力发生剧变。在泵站或管道的设计中，尤其是采用"从泵到泵"的输送方式的长输管道，若不考虑这一点，会发生严重后果，严重时会导致管线爆裂。水击压力波容易引起管道压力升高，造成局部管道、设备损坏或超压爆管事故。

水击的危害主要表现在：对管系及附件的破坏，造成管道内液压增大，造成管道某些地段局部超压，使管道破裂、设备及管道附件受损坏；产生噪声危害，发生水击时产生的液体增压，将使管道发生微弱变形，同时管道内部增压产生的作用力将使管道发生力的变化以消耗液压能量，其能量释放形式表现为管道震颤，发出啸叫声，并可通过管道传至很远的地方，严重影响工作环境；对原油计量仪表的破坏，主要是表现为仪表指针来回摆动，加上管道震颤和啸叫，影响流量计的使用寿命，甚至损坏流量计。

（4）截断阀失效

① 若截断阀选型不正确，或其调节参数不合适，导致出现泄漏事故时无法及时自动关断，就可能引发更大危险。

② 当长输管道出现意外事故需要手动紧急关断时，若截断阀位置不合适，使工作人员无法及时靠近操作，导致无法及时关断，将会使损失加剧。

③ 若截断阀质量不合格或使用时间长后没有及时检修更换，使其关闭不严而发生原油继续内泄，在管线更换动火时，由于截断阀的内泄，就可能引发火灾事故。

（5）其他伤害

除以上危险外，作业人员在进行线路巡检及检修过程中如果设备、工具等本身存在缺陷，或操作使用工具不规范等，有发生摔、扭、挫、擦、刺、割伤等伤害的可能。管线检修、巡线过程还可能发生交通事故。

通过预先危险性分析(见表 5-2)可以看出，管道存在的主要危险危害因素有火灾、爆炸、凝管事故、水击事故，截断阀失效事故等。其中火灾、爆炸主要是因为原油泄漏遇火源引起的，其危险等级为Ⅳ级；凝管事故则是由于输送介质发生凝固堵塞管道所致，其最终结果是导致停输甚至发生超压爆炸，因此其危险等级一般也划分为Ⅳ级；另外水击事故的危险等级划分为Ⅲ级或Ⅳ级；截断阀失效事故的危险等级划分为Ⅲ级。但需要说明的是，危险等级的划分不是绝对的，有些危险等级划分较低的事故在特定条件下也可能演变为高等级的危险事故。

表5-2 管道预先危险分析汇总表

危险因素	设想事故模式	可能的事故类别	可能的事故后果	事故等级	安全技术措施
1. 管道、阀门、法兰、绝缘接头连接处等因力破坏，材质、或因加工、焊接等导致管道破损造成泄漏 2. 自然灾害（如雷击、地震、地质灾害）造成管道破裂泄漏 3. 存在点火源，如违章动火、外部火灾蔓延、电气火花、雷击、烧荒等	原油泄漏遇点火源引发火灾、爆炸	火灾爆炸	原油跑损、人员伤亡、停产、造成严重经济损失	IV级	1. 从设计上充分考虑可能发生的事故状态，对于能发生的自然灾害，地质灾害应给予充分考虑 2. 严格控制设备及其安装质量： ①保证管道、阀门、法兰制造检验、检测 ②对管道及其仪表要定期检验 ③加强管理，严格执行工艺，防止原油跑、冒、滴、漏 ④保持安全设施齐全、完好 ⑤严格执行接地防静电、防雷电措施 ⑥按时巡查，发现隐患及时维修
1. 低于安全起输量 2. 停输时间过长 3. 设计时未有效检测化验油的凝固点和粘度 4. 输送温度过低或输送流速过低、输量过小 5. 自然灾害影响 6. 发生原油初凝时处理不及时	原油凝固凝验导致管道停输	凝管事故	停产、设备损坏，造成严重经济损失	IV级	1. 根据实际设计合理的出站温度 2. 严格执行操作规程 3. 确保安全起输量和安全停输时间 4. 制订科学的防凝措施
1. 突发事故（如突然停电） 2. 工作人员操作失误 3. 截断阀误动作 4. 水击保护失效	振动引起管道、设施破坏	水击事故	管线破裂导致原油跑损、停产，设备损坏，造成严重经济损失	III级或IV级	1. 泄放保护 2. 超前保护 3. 管道增强保护 4. 严格工艺操作 5. 保障可靠供电
1. 截断阀选型不正确，或其调节参数不合适 2. 截断阀位置不合适，使工作人员无法及时关闭有效，等致原油泄漏 3. 截断阀质量不合格，或使用时间过长后没有及时检修更换	截断阀无法及时有效关闭，导致原油泄漏	截断阀失效事故	原油跑损，造成经济损失	III级	1. 选择正确型号的截断阀，严格控制截断阀制造和安装质量 2. 从设计上充分考虑，发生事故时，人员能够及时关阀并关闭截断阀 3. 对截断阀要定期检验、检测

从危险等级的划分可以看出，防范的重点是火灾爆炸事故、凝管事故、截断阀失效事故等。因此，在管道设计、施工和投产运行中，应严格按照各项标准、规范等要求进行。如管材、防腐材料、焊接材料等必须保证合格；管线在运输过程中避免损伤管线，使管线接口变形、防腐层损坏等；管线焊接时严格按照标准规范进行；根据要求对管线进行探伤；管线内杂物、水要清理干净；按要求进行防腐等。

另外对于其他危险，在实际生产中，也必须建立、健全各项规章制度，并严格遵守。同时还需制订严格的防范措施及应急预案，防止事故的发生。

3. 事故树分析法

事故树分析技术是美国贝尔电话实验室于 1962 年开发的，它采用逻辑的方法，形象地进行危险的分析工作，可以作定性分析，也可以作定量分析。

事故树分析是系统安全工程中一种常用的有效的危险分析方法，是把可能发生或已发生的事故，与导致其发生的层层原因之间的逻辑关系，用一种称为"事故树"的树形图表示出来，它构成一种逻辑树图。然后，对这种模型进行定性和定量分析，从而可以把事故与原因之间的关系直观地表示出来，而且可以找出导致事故发生的主要原因和计算出事故发生的概率。它的主要功能有：

（1）对导致事故的各种因素及其逻辑关系作出全面的阐述；

（2）便于发现和查明系统内固有的或潜在的危险因素，为安全设计、制订技术措施及采取管理对策提供依据；

（3）使作业人员全面了解和掌握各项防灾要点；

（4）对已发生的事故进行原因分析；

（5）便于进行逻辑运算。

1）事故树的分析步骤

事故树分析过程大致可分为 7 个步骤：

（1）确定顶上事件　所谓顶上事件，就是我们所要分析的对象事件。分析系统发生事故的损失和频率大小，从中找出后果严重，且较容易发生的事故，作为分析的顶上事件。

（2）确定目标　根据以往的事故记录和同类系统的事故资料，进行统计分析，求出事故发生的概率(或频率)，然后根据这一事故的严重程度，确定我们要控制的事故发生概率的目标值。

（3）调查原因事件　调查与事故有关的所有原因事件和各种因素，包括设备故障、机械故障、操作者的失误、管理和指挥错误、环境因素等，尽量详细查清原因和影响。

（4）画出事故树　根据上述资料，从顶上事件起进行演绎分析，一级一级地找出所有直接原因事件，直到所要分析的深度，按照其逻辑关系，画出事故树。

（5）定性分析　根据事故树结构进行化简，求出最小割集和最小径集，确定各基本事件的结构重要度排序。计算顶上事件发生概率：首先根据所调查的情况和资料，确定所有原因事件的发生概率，并标在事故树上，根据这些基本数据，求出顶上事件(事故)发生概率。

（6）进行比较　要根据可维修系统和不可维修系统分别考虑。对可维修系统，把求出的概率与通过统计分析得出的概率进行比较，如果二者不符，则必须重新研究，看原因事件是否齐全，事故树逻辑关系是否清楚，基本原因事件的数值是否设定得过高或过低等。对不可维修系统，求出顶上事件发生概率即可。

（7）定量分析 定量分析包括下列三个方面的内容：当事故发生概率超过预定的目标值时，要研究降低事故发生概率的所有可能途径，可从最小割集着手，从中选出最佳方案；利用最小径集，找出根除事故的可能性，从中选出最佳方案；求各基本原因事件的临界重要度系数，从而对需要治理的原因事件按临界重要度系数大小进行排队，或编出安全检查表，以求加强人为控制。

2）应用示例

某管线发生泄漏事故，导致管道泄漏的原因主要有以下几个方面：

（1）自然灾害的破坏 主要包括管道上方路面的塌方、洪水和地震等非人力所能制约的灾害因素。

（2）第三方的破坏 主要包括管道上方的违章施工作业以及打破管道偷窃油气资源等。

（3）安装问题 主要指在管道安装施工过程中的工程质量、管道埋深、焊接等问题。

（4）设备故障 主要指管道选材质量不过关、管道附件质量以及由于疲劳工作所造成的设备损耗等问题。

（5）腐蚀及土壤等自然因素问题 主要指阴极保护和防腐层自身失效、土壤成分等问题。

该管道泄漏事故树如图 5-2 所示，图中字母 T 为管道泄漏（顶上事件），图中各字母代表的基本事件见表 5-3。

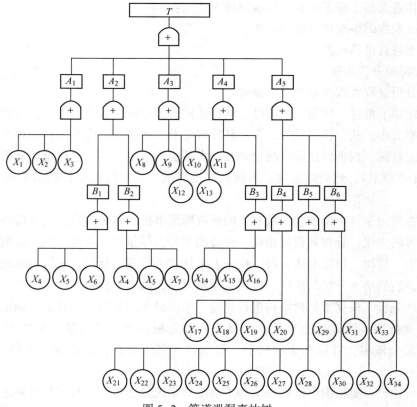

图 5-2 管道泄漏事故树

表 5-3　管道泄漏事故树基本事件表

序号	基本事件	序号	基本事件	序号	基本事件
A_1	自然灾害	X_5	报警系统故障	X_{20}	杂散电流
A_2	第三方破坏	X_6	巡线工作不严格	X_{21}	防腐层因外力受损
A_3	安装质量	X_7	道德因素	X_{22}	防腐层黏结力降低
A_4	设备故障	X_8	焊接问题	X_{23}	防腐层老化
A_5	腐蚀及土壤因素	X_9	管道埋深不够	X_{24}	防腐层内部积水
B_1	管道上方施工	X_{10}	穿跨越不符合要求	X_{25}	防腐涂层过薄
B_2	偷油、气	X_{11}	检测控制失效	X_{26}	防腐涂层脆性过大
B_3	设备质量	X_{12}	补口质量问题	X_{27}	防腐涂层破损
B_4	阴极保护失效	X_{13}	密封问题	X_{28}	防腐涂层脱落
B_5	防腐层失效	X_{14}	选材不符合要求	X_{29}	土壤含细菌量过大
B_6	土壤自然因素	X_{15}	安全附件质量问题	X_{30}	土壤 pH 值低
X_1	洪水	X_{16}	疲劳工作损耗	X_{31}	土壤含水率高
X_2	路面塌方	X_{17}	阴极保护距离不够	X_{32}	土壤含硫化物
X_3	地震	X_{18}	阴极保护电位高	X_{33}	土壤氧化还原电位高
X_4	法律因素	X_{19}	阳极材料失效	X_{34}	土壤含盐高

（1）定性分析　即根据事故树结构图（见图 5-2）进行布尔代数化简，求出最小径集，确定各基本事件的结构重要度排序，基本事件的结构重要度越大，它对顶上事件的影响程度就越大。最小径集的求法是将事故树转化为对偶的成功树，根据事故树结构图可得出事故树的成功树机构函数为：

$$T' = A_1'A_2'A_3'A_4'A_5' = X_1'X_2'X_3'B_1'B_2'X_8'X_9'X_{10}'X_{11}'X_{12}'X_{13}'B_3'(B_4'+B_5'+B_6')$$

经计算得出 27 个最小径集如下：

$$P_1 = \{X_1 X_2 X_3 X_4 X_5 X_8 X_9 X_{10} X_{11} X_{12} X_{13} X_{14} X_{15} X_{16} X_{17} X_{18} X_{19} X_{20}\}$$

$$P_2 = \{X_1 X_2 X_3 X_4 X_5 X_8 X_9 X_{10} X_{11} X_{12} X_{13} X_{14} X_{15} X_{16} X_{21} X_{22} X_{23} X_{24} X_{25} X_{26} X_{27} X_{28}\}$$

$$P_3 = \{X_1 X_2 X_3 X_4 X_5 X_8 X_9 X_{10} X_{11} X_{12} X_{13} X_{14} X_{15} X_{16} X_{29} X_{30} X_{31} X_{32} X_{33} X_{34}\}$$

$$P_4 = \{X_1 X_2 X_3 X_4 X_5 X_8 X_9 X_{10} X_{11} X_{12} X_{13} X_{14} X_{15} X_{16} X_{17} X_{18} X_{19} X_{20}\}$$

$$P_5 = \{X_1 X_2 X_3 X_4 X_5 X_8 X_9 X_{10} X_{11} X_{12} X_{13} X_{14} X_{15} X_{16} X_{21} X_{22} X_{23} X_{24} X_{25} X_{26} X_{27} X_{28}\}$$

$$P_6 = \{X_1 X_2 X_3 X_4 X_5 X_8 X_9 X_{10} X_{11} X_{12} X_{13} X_{14} X_{15} X_{16} X_{29} X_{30} X_{31} X_{32} X_{33} X_{34}\}$$

$$P_7 = \{X_1 X_2 X_3 X_4 X_5 X_8 X_9 X_{10} X_{11} X_{12} X_{13} X_{14} X_{15} X_{16} X_{17} X_{18} X_{19} X_{20}\}$$

$$P_8 = \{X_1 X_2 X_3 X_4 X_5 X_8 X_9 X_{10} X_{11} X_{12} X_{13} X_{14} X_{15} X_{16} X_{21} X_{22} X_{23} X_{24} X_{25} X_{26} X_{27} X_{28}\}$$

$$P_9 = \{X_1 X_2 X_3 X_4 X_5 X_8 X_9 X_{10} X_{11} X_{12} X_{13} X_{14} X_{15} X_{16} X_{29} X_{30} X_{31} X_{32} X_{33} X_{34}\}$$

$$P_{10} = \{X_1 X_2 X_3 X_4 X_5 X_8 X_9 X_{10} X_{11} X_{12} X_{13} X_{14} X_{15} X_{16} X_{17} X_{18} X_{19} X_{20}\}$$

$$P_{11} = \{X_1 X_2 X_3 X_4 X_5 X_8 X_9 X_{10} X_{11} X_{12} X_{13} X_{14} X_{15} X_{16} X_{21} X_{22} X_{23} X_{24} X_{25} X_{26} X_{27} X_{28}\}$$

$$P_{12} = \{X_1 X_2 X_3 X_4 X_5 X_8 X_9 X_{10} X_{11} X_{12} X_{13} X_{14} X_{15} X_{16} X_{29} X_{30} X_{31} X_{32} X_{33} X_{34}\}$$

$$P_{13} = \{X_1 X_2 X_3 X_4 X_5 X_8 X_9 X_{10} X_{11} X_{12} X_{13} X_{14} X_{15} X_{16} X_{17} X_{18} X_{19} X_{20}\}$$

$$P_{14} = \{X_1 X_2 X_3 X_4 X_5 X_8 X_9 X_{10} X_{11} X_{12} X_{13} X_{14} X_{15} X_{16} X_{21} X_{22} X_{23} X_{24} X_{25} X_{26} X_{27} X_{28}\}$$

$$P_{15} = \{X_1 X_2 X_3 X_4 X_5 X_8 X_9 X_{10} X_{11} X_{12} X_{13} X_{14} X_{15} X_{16} X_{29} X_{30} X_{31} X_{32} X_{33} X_{34}\}$$

$$P_{16} = \{X_1 X_2 X_3 X_4 X_5 X_8 X_9 X_{10} X_{11} X_{12} X_{13} X_{14} X_{15} X_{16} X_{17} X_{18} X_{19} X_{20}\}$$

$$P_{17} = \{X_1 X_2 X_3 X_4 X_5 X_8 X_9 X_{10} X_{11} X_{12} X_{13} X_{14} X_{15} X_{16} X_{21} X_{22} X_{23} X_{24} X_{25} X_{26} X_{27} X_{28}\}$$

$$P_{18} = \{X_1 X_2 X_3 X_4 X_5 X_8 X_9 X_{10} X_{11} X_{12} X_{13} X_{14} X_{15} X_{16} X_{29} X_{30} X_{31} X_{32} X_{33} X_{34}\}$$

$$P_{19} = \{X_1 X_2 X_3 X_4 X_5 X_8 X_9 X_{10} X_{11} X_{12} X_{13} X_{14} X_{15} X_{16} X_{17} X_{18} X_{19} X_{20}\}$$

$$P_{20} = \{X_1 X_2 X_3 X_4 X_5 X_8 X_9 X_{10} X_{11} X_{12} X_{13} X_{14} X_{15} X_{16} X_{21} X_{22} X_{23} X_{24} X_{25} X_{26} X_{27} X_{28}\}$$

$$P_{21} = \{X_1 X_2 X_3 X_4 X_5 X_8 X_9 X_{10} X_{11} X_{12} X_{13} X_{14} X_{15} X_{16} X_{29} X_{30} X_{31} X_{32} X_{33} X_{34}\}$$

$$P_{22} = \{X_1 X_2 X_3 X_4 X_5 X_8 X_9 X_{10} X_{11} X_{12} X_{13} X_{14} X_{15} X_{16} X_{17} X_{18} X_{19} X_{20}\}$$

$$P_{23} = \{X_1 X_2 X_3 X_4 X_5 X_8 X_9 X_{10} X_{11} X_{12} X_{13} X_{14} X_{15} X_{16} X_{21} X_{22} X_{23} X_{24} X_{25} X_{26} X_{27} X_{28}\}$$

$$P_{24} = \{X_1 X_2 X_3 X_4 X_5 X_8 X_9 X_{10} X_{11} X_{12} X_{13} X_{14} X_{15} X_{16} X_{29} X_{30} X_{31} X_{32} X_{33} X_{34}\}$$

$$P_{25} = \{X_1 X_2 X_3 X_4 X_5 X_8 X_9 X_{10} X_{11} X_{12} X_{13} X_{14} X_{15} X_{16} X_{17} X_{18} X_{19} X_{20}\}$$

$$P_{26} = \{X_1 X_2 X_3 X_4 X_5 X_8 X_9 X_{10} X_{11} X_{12} X_{13} X_{14} X_{15} X_{16} X_{21} X_{22} X_{23} X_{24} X_{25} X_{26} X_{27} X_{28}\}$$

$$P_{27} = \{X_1 X_2 X_3 X_4 X_5 X_8 X_9 X_{10} X_{11} X_{12} X_{13} X_{14} X_{15} X_{16} X_{29} X_{30} X_{31} X_{32} X_{33} X_{34}\}$$

（2）结构重要度分析　即在不考虑基本事件的发生概率或者假定基本事件的发生概率都相等的情况下，仅从事故树结构上分析各基本事件的发生对顶上事件发生的影响程度。结构重要度系数的判别式为：

$$I_i = \sum_{X_i = P_j} (1/2)^{N-1} \tag{5-1}$$

式中：I_i 为基本事件 X_i 的结构重要度系数的近似判断；N 为 X_i 所在最小径集 P_j 中基本事件的个数。

根据事故树的最小径集，可以判断出各个基本事件的结构重要度：X_1、X_2、X_3 存在于 27 个径集中；X_4 存在于 15 个径集中；X_5 存在于 9 个径集中；X_6 存在于 15 个径集中；X_7 存在于 9 个径集中；X_8、X_9、X_{10}、X_{11}、X_{12}、X_{13}、X_{14}、X_{15}、X_{16} 存在于 27 个径集中；X_{17}、X_{18}、X_{19}、X_{20} 及 X_{21}、X_{22}、X_{23}、X_{24}、X_{25}、X_{26}、X_{27}、X_{28} 及 X_{29}、X_{30}、X_{31}、X_{32}、X_{33}、X_{34} 都分别存在于 9 个径集中，因此需要计算的结构重要度为：I_1、I_4、I_5、I_6、I_7、I_8、I_{17}、I_{21}、I_{29}。

$$I_1 = I_8 = 2/2^{16} + 2/2^{20} + 2/2^{18} + 7/2^{17} + 7/2^{21} + 7/2^{19}$$

$$I_4 = I_6 = 1/2^{16} + 1/2^{20} + 1/2^{18} + 4/2^{17} + 4/2^{21} + 47/2^{19}$$

$$I_5 = I_7 = 3/2^{17} + 3/2^{21} + 3/2^{19}$$

$$I_{17} = 2/2^{16} + 7/2^{17}$$

$$I_{21} = 2/2^{20} + 7/2^{21}$$

$$I_{29} = 2/2^{18} + 7/2^{19}$$

经计算得出重要度排序：

$$I_1 = I_8 > I_4 = I_6 > I_{17} > I_5 = I_7 > I_{29} > I_{20}$$

根据上述结构重要度排序得出，引起管道泄漏的因素主要为：自然灾害（主要为地壳运动）、腐蚀、管道材质、施工原因和第三方破坏。

（3）定量分析　即依据各基本事件的发生概率，求解顶上事件的发生概率，在求解顶上事件发生概率的基础上，求解各基本事件的概率重要度及临界重要度，而基本事件的发生概率采用统计法或专家主观判断法估算。

如果已知基本事件 X_i 的发生概率 Q_i（$i = 1，2，3，\cdots，34$），顶上事件的发生概率公式为：

$$P(T) = 1 - \sum_{j=1}^{k} \prod_{i=1} (1 - Q_i) + \sum_{1 \leq j \leq k} \prod (1 - Q_i) + \cdots + (-1)^k \prod (1 - Q_i) \quad (5-2)$$

式中：$P(T)$为顶上事件概率；k为最小径集个数。求出顶上事件概率即可求出概率重要度，概率重要度是顶事件发生概率对某个基本事件发生概率的偏导数。即若已知$P(T) = g(Q) = g(Q_1, Q_2, \cdots, Q_n)$，则基本事件的概率重要度为：

$$\Delta g_i = \frac{\Delta g(Q)}{\Delta Q_i} \quad (5-3)$$

由上可知，计算概率重要度必须先知道基本事件的发生概率，而概率重要度却不能从本质上反映各个基本事件在事故树中的重要程度，而临界重要度则是从敏感度和概率双重角度衡量各基本事件的重要度标准。

4. 危险指数方法

危险指数方法是通过评价人员对几种工艺现状及运行的固有属性(以作业现场危险度、事故概率和事故严重度为基础，对不同作业现场的危险性进行鉴别)进行比较计算，确定工艺危险特性、重要性大小，并根据评价结果，确定进一步评价的对象或进行危险性的排序。危险指数方法可以运用在工程项目的可行性研究、设计、运行、报废等各个阶段，作为确定工艺及操作危险性的依据。

5. 故障假设分析方法

故障假设分析方法(What…If，简称 WI)是一种对系统工艺过程或操作过程的创造性分析方法。使用该方法的人员应对工艺熟悉，通过故障假设提问的方式来发现可能潜在的事故隐患，即假想系统中一旦发生严重的事故，找出促成事故的潜在因素，分析在最坏的条件下潜在因素导致事故的可能性。与其他方法不同的是，该方法要求评价人员了解基本概念并用于具体的问题中，有关故障假设分析方法及应用的资料甚少，但是它在工程项目发展的各个阶段都可能经常采用。

6. 故障假设分析/检查表分析方法

故障假设分析/检查表分析方法(What…If/Checklist Analysis，简称 WI/CA)是由具有创造性的假设分析方法与安全检查表法组合而成的，它弥补了单独使用时各自的不足。例如，安全检查表法是一种以经验为主的方法，用它进行安全评价时，成功与否很大程度上取决于检查表编制人员的经验水平。如果检查表编制的不完整，评价人员就很难对危险性状况进行有效地分析。而故障假设分析方法鼓励评价人员思考潜在的事故和后果，它弥补了安全检查表编制时可能存在的经验不足。相反，安全检查表可以把故障假设分析方法更系统化。

故障假设分析/检查表分析方法可用于项目的任何阶段。与其他大多数的评价方法相类似，这种方法同样需要具有熟悉工艺的人员完成，常用于分析工艺中存在的最普遍的危险。虽然它也能够用来评价所有层次的事故隐患，但该方法一般主要用于对生产过程危险进行初步分析，然后可用其他方法进行更详细的评价。

7. 危险与可操作性研究

危险与可操作性研究(Hazard and Operability Study，简称 HAZOP)是一种定性的安全评价方法。其基本过程是按照引导词，找出过程中工艺状态的变化，即可能出现的偏差，然后分析找出偏差的原因、后果及应该采取的安全对策措施。

危险与可操作性研究是基于这样一种原理，即背景各异的专家们若在一起工作，就能够在创造性、系统性和风格上相互影响和启发，能够发现和鉴别更多的问题，要比他们独立工作并分别提供工作结果更为有效。虽然危险与可操作性研究起初是专门为评价新设计和新工艺而开发的，但是该方法同样可以用于整个工程、系统项目生命周期的各个阶段。另外，危险与可操作性分析与其他安全评价方法的明显不同之处是，其他方法可由某人单独去做，而危险与可操作性研究则必须由一个多方面的、专业的、熟练的人员组成的小组来完成。

8. 故障类型和影响分析

故障类型和影响分析（Failure Mode Effects Analysis，简称 FMEA）是系统安全工程的一种分析方法，根据系统可以划分为子系统、设备和元件的特点，按实际需要将系统进行分割，然后分析各自可能发生的故障类型及产生的影响，以便采取相应的对策，提高系统的安全可靠性。

9. 事件树分析

事件树分析法（Event Tree Analysis，简称 ETA）是用来分析普通设备故障或过程波动导致事故发生的可能性的安全评价方法。事故是设备故障或工艺异常引发的结果。与故障树分析不同，事件树分析是使用归纳法，而不是演绎法，事件树分析可提供记录事故后果的系统性方法，并能确定导致事故后果事件与初始事件的关系。

事件树分析适用于分析那些产生不同后果的初始事件（设备故障和过程波动称为初始事件）。事件树强调的是事故可能发生的初始原因以及初始事件对事件后果的影响，事件树的每一个分支都表示一个独立的事故序列，对一个初始事件而言，每一独立事故序列清楚地界定了安全功能之间的功能关系。

10. 人员可靠性分析

人员可靠性行为是人机系统成功的必要条件。人的行为受很多因素影响，这些"行为成因要素"（Performance Shoping Factors，简称 PSFs）与人的内在因素有关，也与外在因素有关。内在因素如紧张、情绪、修养和经验等。外在因素如工作空间和时间、环境、监督者的举动、工艺规程和硬件界面等。影响人员行为 PSFs 数不胜数，尽管有些 PSFs 是不能控制的，但许多却是可以控制的，可以对一个过程或一项操作的成功或失败产生明显的影响。在众多评价方法中，也有些评价方法（如故障假设分析/检查表分析、危险与可操作性研究等）能够把人为失误考虑进去，但它们还是主要集中于引发事故的硬件方面。当工艺过程中手工操作很多时，或者当人机界面很复杂，难以用标准的安全评价方法评价人为失误时，就需要特定的方法去评估这些人为因素。一种常用的方法叫做"作业安全分析法"（Job Safety Analysis，简称 JSA），但该方法的重点是作业人员的个人安全。JSA 是一个良好的开端，但就工艺安全分析而言，人员可靠性分析（Human Reliability Analysis，简称 HRA）方法更为有用。人员可靠性分析方法可用来识别和辨识 PSFs，从而减少人为失误的机会。该方法分析的是系统、工艺过程和操作人员的特性，识别失误的源头。不与整个系统的分析相组合而单独使用 HRA，就会突出人的行为，而忽视设备特性的影响。如果上述系统已知是一个易于由人为失误引起事故的系统，这种方法就不适用了。所以，在大多数情况下，建议将 HRA 方法与其他安全评价方法结合使用。一般来说，HRA 应该在其他评价方法（如 HAZOP）之后使用，识别出具体的、有严重后果的人为失误。

11. 作业条件危险性评价法

美国的 K. J. 格雷厄姆（Keneth. J. Graham）和 G. F. 金尼（Gilbert. F. Kinney）研究了人们在具有潜在危险环境中作业的危险性，提出了以所评价的环境与某些作为参考环境的对比为基础的作业条件危险性评价法（Job Risk Analysis，LEC）。该方法是将作业条件的危险性（D）作为因变量，事故或危险事件发生的可能性(L)、暴露于危险环境的频率(E)及危险严重程度(C)作为自变量，确定它们之间的函数式。根据实际经验，他们给出了三个自变量在各种不同情况的分数值，采取对所评价的对象根据情况进行打分的办法，然后根据公式计算出其危险性分数值，再在按经验将危险性分数值划分的危险程度等级表或图上查出其危险程度的一种评价方法。该方法是简单易行的一种评价方法。

三、安全评价方法选择

在安全评价过程中，选择合适的评价方法是安全评价人员所关心的主要同题之一，而熟练掌握各种安全评价方法的内容、适用条件和范围是做好安全评价工作的基础。

目前常用的安全评价方法有很多，每种评价方法都有其适用的范围和应用条件，有其自身的优缺点，对具体的的评价对象，必须选用合适的方法才能取得良好的评价效果。如果使用了不适用的安全评价方法，不仅浪费工作时间，影响评价工作正常开展而且可能导致评价结果严重失真，使安全评价失败。因此，在安全评价中，合理选择安全评价方法是十分重要的。

1. 安全评价方法的选择原则

在进行安全评价时，应该在认真分析并熟悉被评价系统的前提下，选择安全评价方法。选择安全评价方法应遵循充分性、适应性、系统性、针对性和合理性原则。

(1) 充分性原则　充分性是指在选择安全评价方法之前，应该充分分析评价的系统，掌握足够多的安全评价方法，并充分了解各种安全评价方法的优缺点、适应条件和范围，同时为安全评价工作准备充分的资料。也就是说在选择安全评价方法之前，应准备好充分的资料，供选择时参考和使用。

(2) 适应性原则　适应性是指选择的安全评价方法应该适应被评价的系统。被评价的系统可能是由多个子系统构成的复杂系统，各子系统的评价重点可能有所不同，各种安全评价方法都有其适应的条件和范围，应该根据系统和子系统、工艺的性质和状态，选择适应的安全评价方法。

(3) 系统性原则　系统性是指安全评价方法与被评价的系统所能提供的安全评价初值和边值条件应形成一个和谐的整体。也就是说，安全评价方法获得的可信的安全评价结果，是必须建立在真实、合理和系统的基础数据之上的，被评价的系统应该能够提供所需的系统化数据和资料。

(4) 针对性原则　针对性是指所选择的安全评价方法应该能够提供所需的结果。由于评价的目的不同，需要安全评价提供的结果可能是危险有害因素识别、事故发生的原因、事故发生概率、事故后果、系统的危险性等，安全评价方法能够给出所要求的结果才能被选用。

(5) 合理性原则　在满足安全评价目的、能够提供所需的安全评价结果前提下，应该选择计算过程最简单、所需基础数据最少和最容易获取的安全评价方法，使安全评价工作量和要获得的评价结果都是合理的，不要使安全评价出现无用的工作和不必要的麻烦。

2. 选择安全评价方法应注意的问题

选择安全评价方法时应根据安全评价的特点、具体条件和需要，针对被评价系统的实际情况、特点和评价目标，认真地分析、比较。必要时，要根据评价目标的要求，选择几种安全评价方法进行安全评价，相互补充、分析综合和相互验证，以提高评价结果的可靠性。在选择安全评价方法时应该特别注意以下4方面的问题：

(1) 充分考虑被评价系统的特点　根据被评价系统的规模、组成、复杂程度、工艺类型、工艺过程、工艺参数以及原料、中间产品、产品、作业环境等，选择安全评价方法。

（2）评价的具体目标和要求的最终结果　在安全评价中，由于评价目标不同，要求的评价最终结果是不同的，如查找引起事故的基本危险有害因素、由危险有害因素分析可能发生的事故、评价系统的事故发生可能性、评价系统的事故严重程度、评价系统的事故危险性、评价某危险有害因素对发生事故的影响程度等，因此需要根据被评价目标选择适用的安全评价方法。

（3）评价资料的占有情况　如果被评价系统技术资料、数据齐全，可进行定性、定量评价并选择合适的定性、定量评价方法。反之，如果是一个正在设计的系统，缺乏足够的数据资料或工艺参数不全，则只能选择较简单的、需要数据较少的安全评价方法。

（4）安全评价的人员　安全评价人员的知识、经验、习惯，对安全评价方法的选择是十分重要的。

第二节　风险评价方法

国外对石油和天然气长输管道风险分析已有 30 多年的研究历史，由定性分析向定量分析发展。如 1985 年美国 Batelle Columbus 研究院发表了《风险调查指南》，国内潘家华教授将该方法引入我国，并在管道风险分析方面得到了应用和推广。1992 年，W. Kent. Muhlbauer 撰写的《管道风险管理手册》，现已被世界各国广泛接受并作为开发管道风险评估软件的依据；1996 年在第三版增加了不同条件下的管道风险评估修正模型，并补充了成本–风险关系，成为世界各国开展油气管道风险评估的标准。1995 年对开发管道风险评估准则、开发管道数据库、建立可接受的风险水平、开发风险评估工具包和开展风险评估教育等研究，在加拿大召开的管道寿命专题研讨会上达成共识。英国 HSE 委员会研制出 MISHAP 软件包，用于计算管线的失效风险，并取得了工程实际应用。1995 年，我国的一些管道工程技术专家也将国外相关管线风险技术逐步介绍到国内。

廖柯熹等运用故障树分析方法对长输管道失效进行了初步分析，确定了长输管道的主要失效形式。阎凤霞等采用故障树分析方法建立了油气管线故障树，并详细进行了定性和定量分析，找出了失效原因，并提出了相应的改进措施。董玉华等在传统的 FTA 方法基础上，采用模糊集理论和专家评判相结合的方法评价故障树的底事件发生概率，为处理故障树模糊性提供了新思路。陈利琼等从评价方法本身所存在的困难和现行方法的局限性两方面阐述了管道风险的模糊综合评价方法，较好地应用了管道风险评价技术。

管道失效概率分析应针对目标管道识别出所有风险因素，分析这些风险因素导致管道事故发生的可能性大小。管道失效概率分析方法主要包括数学模型、历史数据分析（统计分析）、事件树和故障树等。管道失效后果分析内容应包括估算管道失效后对人员、财产和环境等产生不利影响的严重程序，其分析方法的选择应考虑评价目的、对象以及所分析的危害类型，并充分考虑管输介质的危险性、介质的泄漏速度和/或泄漏量、泄漏点周围环境等。

一、管道泄漏、火灾爆炸后果定量分析

1. 方法介绍

主要采用 DNV/GL 公司的 PHAST 进行定量计算。PHAST 全称是工艺危险源分析工具（Process Hazard Analysis Software Tool）。其主要功能是通过软件中的数学模型模拟和预测油

气所产生的安全事故的危险后果和影响，其中包括闪火、喷射火、池火、火球、爆炸、有毒气体扩散等。目前最新版本为 8.0 版。

根据文献介绍和多家外国公司的试验观察，地下高压管线爆裂时会冲起回填土层，在破坏点形成一个坑口。泄漏气体开始时形成一短暂的气团，后逐渐缩小。泄漏气体引燃后在管线的邻近区域产生高温热辐射区域。管道的破坏加上引燃后的燃烧过程，使压力管道中产生超压。如果破裂后泄漏的气体在非常短暂的瞬态期引燃就会产生火球。在火球燃尽之后（一般为 20~30s），将会出现准静态火焰（喷射火），并随燃气泄漏量的减小而逐渐减缩。如未立即引燃，则天然气会形成气团，在大气中进一步扩散，在天然气浓度达到爆炸极限的条件下，如遇火源会引起破坏性更大的蒸气云爆炸事故。由于火球持续的时间很短，并且远处延时点燃使发生闪火的概率很低，因此对于高压天然气泄漏后产生的后果主要为喷射火热辐射和蒸气云爆炸产生的冲击波超压。对于站外埋地长输管线考虑到近年来第三方破坏的迅速上升，其破坏后泄漏较大。

2. 事故模型

管道评价主要采用以下几种模型：

1）气体释放模型

采用 PHAST 的 Long Pipeline 模型计算站外埋地管道断裂后天然气的释放。采用 LEAK 模型计算站内工艺管道腐蚀穿孔后的天然气的释放，如图 5-3 所示。

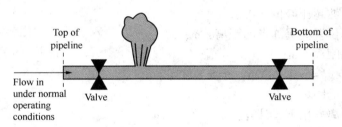

图 5-3　Long Pipeline 场景

2）气云扩散模型 UDM

采用 UDM 扩散模型进行扩散模拟。对气云扩散分为 5 个阶段进行分段模拟。UDM 模型考虑了气象条件、介质密度、表面粗糙度、湍流扩散等多种因素的影响。图 5-4 演示了天然气泄漏后气云扩散的过程。

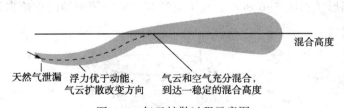

图 5-4　气云扩散过程示意图

3）喷射火模型

喷射火焰采用 Shell 喷射火焰模型。Shell 模型将火焰模拟为一倾斜的平截头圆锥体，如图 5-5 所示。

4）蒸气云爆炸模型

爆炸模型采用 TNT 爆炸模型。

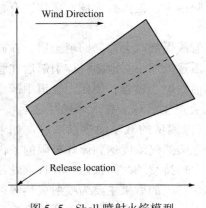

图 5-5　Shell 喷射火焰模型

（1）TNT 当量计算

$$m_{\text{TNT}} = \left(\frac{H_{\text{combustion}}}{H_{\text{TNT}}}\right) m_{\text{eff}}$$

$$m_{\text{eff}} = mX'f_{\text{e}} \tag{5-4}$$

式中　m_{TNT}——爆炸时气云中的物质 TNT 当量，kg；

　　　$H_{\text{combustion}}$——物质的燃烧热，J/kg；

　　　H_{TNT}——TNT 的爆炸热，取值为 4.5×10^6 J/kg；

　　　m——爆炸时气云中物质的量，kg；

　　　X'——爆炸效率因子，一般取 10%；

　　　f_{e}——地面反射因子，空中爆炸取 1，地面爆炸取 2。

（2）超压和超压半径的计算

冲击波产生的超压峰值 P_0 采用 the Kingery and Bulmash 曲线（Less，1996 年发表）近似计算，如下式：

$$\log_{10}P_0 = a(\log_{10}z)^2 + b\log_{10}z + c$$

$$z = \frac{R'}{m_{\text{TNT}}^{1/3}} \tag{5-5}$$

式中　P_0——冲击波超压峰值，Pa；

　　　R'——计算位置离爆炸点的距离，m；

　　　z——比拟距离，m；

　　　$a = 0.2518$，$b = -2.20225$，$c = 5.8095$。

（3）离释放点的距离计算

离释放点的距离采用下式计算：

$$d_{\text{i}}^{\text{output}} = R^1 + d_{\text{explosion}} \tag{5-6}$$

式中　$d_{\text{i}}^{\text{output}}$——离释放点的距离，m；

　　　R'——计算位置离爆炸点的距离，m；

　　　$d_{\text{explosion}}$——爆炸中心离释放点的距离，m。

5）池火灾模型

池火灾的火焰形状如图 5-6 所示。对于柴油和苯将使用带烟的火焰来计算辐射热：

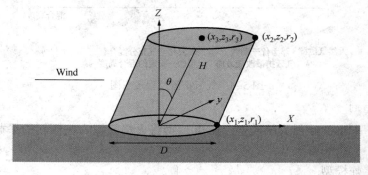

图 5-6　液池火灾模型

（1）辐射热计算公式

$$E_f = E_m \left[e^{-\frac{D}{L_s}} \right] + E_s \left[1 - e^{-\frac{D}{L_s}} \right] \tag{5-7}$$

式中　E_f——火灾辐射热能，W/m^2；

　　　E_m——液体最大表面辐射能，W/m^2；

　　　D——火焰直径，m；

　　　L_s——液体辐射能特性比例长度，m；

　　　E_s——烟表面辐射能，取 $20kW/m^2$。

（2）伤害阈值

火灾热辐射的不同入射通量可造成的损失见表5-4。根据火灾热辐射对人、物辐射的损害，可以确定热辐射危害区域。一般认为，人员在 $12.5kW/m^2$ 的热辐射下可以安全逃生，$37.5kW/m^2$ 是死亡辐射热强度。

冲击波超压造成人员伤亡情况见表5-5，对建筑物损坏情况见表5-6。根据超压对人和建筑物的破坏作用，可以作出不同危害区域图。

表5-4　火灾热辐射的不同入射通量造成损失表

入射通量/（kW/m^2）	对设备的损害	对人的损害
37.5	操作设备全部破坏	10s，1%死亡 1min，100%死亡
25	在无火焰、长时间的辐射下木材燃烧的最小能量	10s，重大损伤 1min，100%死亡
12.5	有火焰时，木材燃烧、塑料熔化的最小能量	10s，1度烧伤 1min，1%烧伤
4.0		20s以上感觉痛

表5-5　冲击波超压造成人员伤亡情况表

超压/MPa	对人的损害	超压/MPa	对人的损害
0.02~0.03	人员轻微伤害	0.05~0.10	内脏严重损伤或死亡
0.03~0.05	人员严重伤害	>0.10	大部分人员死亡

一般可认为冲击波超压0.01MPa对人是较为安全的，而0.05MPa属于人的耐受极限。

表5-6　冲击波超压对建筑物损坏情况表

超压/MPa	破坏作用	超压/MPa	破坏作用
0.005~0.006	门、窗玻璃部分破碎	0.06~0.07	木建筑厂房房柱折断，房架松动
0.006~0.015	受压面门窗玻璃大部分破碎	0.07~0.10	砖墙倒塌
0.015~0.02	窗框损坏	0.10~0.20	防震钢筋混凝土破坏，小房屋倒塌
0.02~0.03	墙出现裂纹	0.20~0.30	大型钢架结构破坏
0.04~0.05	墙出现大裂纹，屋瓦掉下		

3. 应用示例

假设了3个油气管道火灾爆炸事故，明细见表5-7，天气情况见表5-8，模拟物质为天然气。

表 5-7　事故示例表

序号	假设事故	出站流量/ ($10^8 m^3/a$)	出站或上站 压力/MPa	泄漏点与上 站距离/km	钢管参数/ mm	泄漏孔径/ mm	最大泄漏时间/ s
场景 1	××管段发生泄漏，引 发火灾爆炸事故	40.5	9.5	3.5	$DN1016$	200	1800
场景 2	××管段发生泄漏，引 发火灾爆炸事故	40.5	6.3	19	$DN1016$	150	1800
场景 3	××管段发生泄漏，引 发火灾爆炸事故	—	6.3	—	$DN1016$	25	600

表 5-8　天气情况表

序号	天气条件	风速	大气稳定度
1	2/F	2m/s	宁静的夜晚或阴的白天
2	4/D	4m/s	有风的白天
大气温度：28℃			
大气压力：1.013bar			
大气相对湿度：85%			
风速在垂直方面的分布服从 Power 定律			

1）计算采用的主要假设

（1）管道内壁粗糙度取 30μm，气体温度取 10℃。

（2）假设释放方向为水平方向，不考虑线路截断阀门关闭的影响以及沿线高程的影响。

（3）不考虑埋地土层的影响。

（4）延迟蒸气云爆炸的中心位于蒸气云中心浓度为 LFL 处。

2）模拟计算结果表格

模拟计算结果见表 5-9～表 5-11。

表 5-9　喷射火影响计算明细表

场　　　景		2/F	4/D
场景 1	$4kW/m^2$	303.1	301.5
	$12.5kW/m^2$	206.8	207.6
	$37.5kW/m^2$	166.3	164.1
场景 2	$4kW/m^2$	177.1	175.2
	$12.5kW/m^2$	121.7	122.6
	$37.5kW/m^2$	100.9	99.4
场景 3	$4kW/m^2$	28.4	27.5
	$12.5kW/m^2$	22.1	24.5
	$37.5kW/m^2$	9.5	15.2

表 5-10　超压影响计算明细表

场　　　景		2/F	4/D
场景 1	0.002MPa	828.5	992.9
	0.014MPa	422.0	598.0
	0.021MPa	389.9	566.8

场 景		2/F	4/D
	0.002MPa	504.2	588.6
场景2	0.014MPa	249.1	352.5
	0.021MPa	229.0	333.8
	0.002MPa	143.3	94.0
场景3	0.014MPa	74.2	54.0
	0.021MPa	68.7	50.8

表 5-11 爆炸峰值影响范围计算明细表

场景	计算参数					影响范围/m				
	压力/MPa	管道参数/mm	释放孔径/mm	释放时间/s	释放方向	事故类型	事故指标	强度	气象条件	
									1/F	4/D
场景1	9.5	DN1016	200	1800	水平	气云扩散	气云中线浓度	0.25LFL	282.7	1630
								LFL	282.6	461.3
							最远 LFL 处气云中线高度	m	31.5	0
						蒸气云延迟爆炸	可用的可燃物量	kg	4264.8	3911.007
							点火位置	m	280.0	460.0
							爆炸中心	m	280.0	460.0
							超压半径	m	142.0	138.0
							离释放源的距离	m	422.0	598.0
场景2	6.3	DN1016	150	1800	水平	气云扩散	气云中线浓度	0.25LFL	166.4	1145.3
								LFL	169.0	275.8
							最远 LFL 处气云中线高度	m	21.8	0
						蒸气云延迟爆炸	可用的可燃物量	kg	1054.0	836.1
							点火位置	m	160	270
							爆炸中心	m	160	270
							超压半径	m	89.1	82.5
							离释放源的距离	m	249.1	352.5
场景3	9.5	DN1016	25	600	水平	气云扩散	气云中线浓度	0.25LFL	227.2	180.7
								LFL	54.8	48.5
							最远 LFL 处气云中线高度	m	0	0
						蒸气云延迟爆炸	可用的可燃物量	kg	21.0	4.1
							点火位置	m	50	40
							爆炸中心	m	50	40
							超压半径	m	24.2	14.0
							离释放源的距离	m	74.2	54

3）模拟计算结果图形

（1）气云扩散图形

各种场景的气云扩散图形如图 5-7~图 5-9 所示。

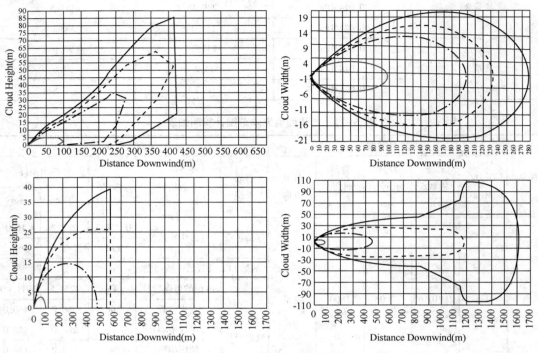

图 5-7　场景 1 气云扩散图

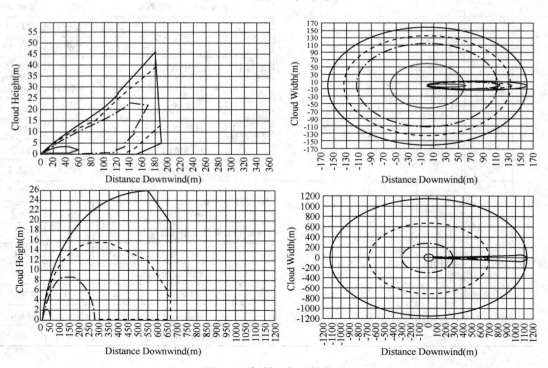

图 5-8　场景 2 气云扩散图

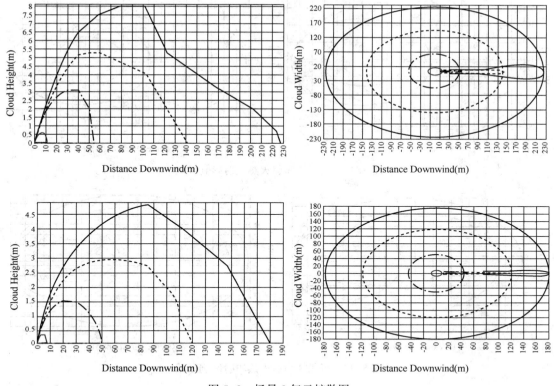

图 5-9　场景 3 气云扩散图

（2）喷射火影响区域

喷射火影响区域如图 5-10~图 5-12 所示。

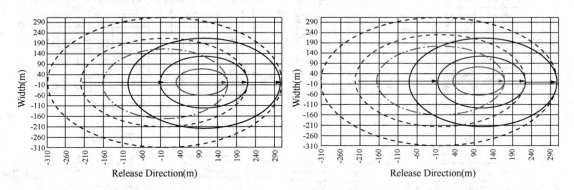

图 5-10　场景 1 喷射火热辐射影响区域

（3）蒸气云爆炸影响区域

喷射火影响区域如图 5-13 和图 5-14 所示。

从事故后果模拟可以看出，一旦管线发生泄漏，孔径相对较大时，其可能的影响范围还是比较大的。因此，为了保证输气管道沿线居民和财产的安全，应加强对管线的维护，特别是需要保证管道应急系统的可靠性。

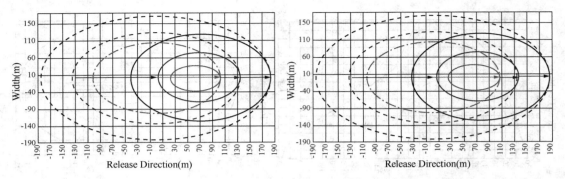

图 5-11 场景 2 喷射火热辐射影响区域

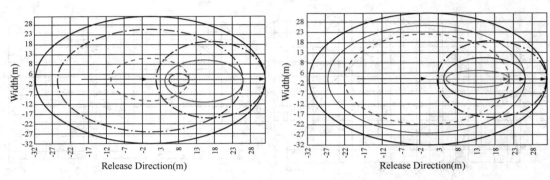

图 5-12 场景 3 喷射火热辐射影响区域

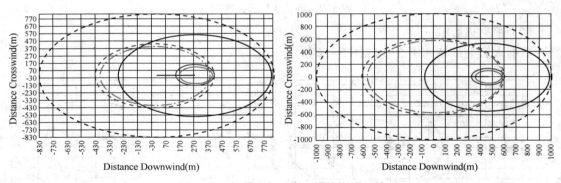

图 5-13 场景 2 气云延迟爆炸影响区域

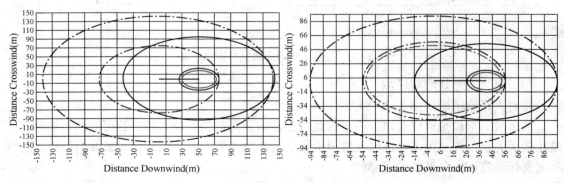

图 5-14 场景 3 气云延迟爆炸影响区域

116

二、油气管道风险评分法

（一）国外油气管道风险评分法

管道风险评分法是 W Kent Muhlbauer 于 1982 年在《管道风险管理手册》中提出的，本方法又称专家评分法（EST）。管道风险评分法是对管道的各种危害因素及事故后果按不同权重分配指标，根据管段情况逐项评分，综合形成一个总的相对风险分，按其值的大小评定管道的相对风险高低。它较全面地考虑了管道实际危害因素，集合了大量事故统计数据和操作者的经验，所得结论可信度较高。

W Kent Muhlbauer 提出的基本模型将管道危害因素分为四个方面：第三方损坏、腐蚀、设计因素、误操作。每方面再细化为若干项，按规定对细化因素逐项评分，其总和为危害因素的指标和。得分越高，表明危险性越小。再综合管道事故泄漏后果的危害程度求得泄漏后果指数。管道事故危害程序越小，泄漏后果指数越小。两者相除求得相对风险数，相对风险数的值大，表示相对风险低，管道安全性好。

$$相对风险数 = 危害因素指标分之和 / 泄漏后果指数 \qquad (5-8)$$
$$泄漏后果指数 = 介质危险分 / 泄漏影响系数 \qquad (5-9)$$
$$泄漏影响系数 = 泄漏分 / 人口状况分 \qquad (5-10)$$

但应注意相对风险数只有相对意义，它不能表示管道风险的绝对值的大小。

管道风险评分法分为四个步骤：按管道事故原因分类评分；介质危险性评定；泄漏后果指数计算；求得系统的相对风险数。

有关 W Kent Muhlbauer 的管道风险评分法的详细内容可参考相关的著作或文献。

（二）国内油气管道风险评价法

2012 年，国内制定了石油标准《油气管道风险评价方法　第 1 部分：半定量评价法》（SY/T 6891.1—2012），调整了风险评分法的指标和权重分配，使其更符合中国管道实际情况。

对于在役油气管道线路部分，管道风险计算以管段为单元进行。可采用关键属性分段或全部属性分段两种方式。

对每个管段计算失效可能性分值和失效后果分值，按下列公示进行风险值计算：

$$风险值 = （第三方损坏分值 + 腐蚀分值 + 制造与施工缺陷分值 +$$
$$误操作分值 + 地质灾害分值）/ 后果分值 \qquad (5-11)$$

按照风险计算结果对管段进行风险等级划分。满足以下条件之一应视为高风险管段，见表 5-12。

表 5-12　高风险管段

序号	失效可能性 P	失效后果 C
1	\multicolumn{2}{} $P<381$ 且 $C>66$	
2	$P<409$ 且 $C>134$	

其规定的指标体系如下。

1. 失效可能性指标（500 分）

A）第三方损坏

（A_1）埋深（15 分）

埋深得分按公式(5-12)计算：

$$V = d \times 13.1 \qquad (5-12)$$

式中　V——埋深评分；

　　　d——该段的埋深，m。

此项最大分值为 15。

在钢管外加设钢筋混凝土涂层或加钢套管及其他保护措施，均对减少第三方损坏有利，可视同增加埋深考虑，保护措施相当于埋深增加值，如下：

——警示带，相当于 0.15m；

——50mm 厚水泥保护层，相当于 0.2m；

——100mm 厚水泥保护层，相当于 0.3m；

——加强水泥盖板，相当于 0.6m；

——钢套管，相当于 0.6m。

（A_2）巡线（15 分）

巡线得分为巡线频率得分与巡线效果得分之积。

巡线频率按以下评分：

——每日巡查，15 分；

——每周 4 次巡查，12 分；

——每周 3 次巡查，10 分；

——每周 2 次巡查，8 分；

——每周 1 次巡查，6 分；

——每月少于 4 次，而多于 1 次巡查，4 分；

——每月少于 1 次巡查，2 分；

——从不巡查，0 分。

巡线效果根据是否对巡线工进行了培训与考核及其执行记录情况综合考虑，按以下评分：

——优，1 分；

——良，0.8 分；

——中，0.5 分；

——差，0 分。

（A_3）公众宣传（5 分）

根据实施效果进行评分，无效果不得分，最大分值为 5，为以下评分之和：

——定期公众宣传，2 分；

——与地方沟通，2 分；

——走访附近居民，2 分；

——无，0 分。

（A_4）管道通行带与标识（5 分）

根据标志是否清楚，以便第三方能明确知道管道的具体位置，使之注意，防止破坏管道，同时使巡线或检查人员能有效地检查，按以下评分：

——优，5 分；

——良，3 分；

——中，2分；

——差，0分。

（A₅）打孔盗油（15分）

根据发生历史、当地社会治安状况和周边环境等因素，按以下评分：

——可能性低，15分；

——可能性中等，8分；

——可能性高，0分。

（A₆）管道上方活动水平（15分）

根据管道周围或上方开挖施工活动的频繁程度，按以下评分：

——基本无活动，15分；

——低活动水平，12分；

——中等活动水平，8分；

——高活动水平，0分。

（A₇）管道定位与开挖响应（12分）

最大分值为12分，为以下各项评分之和：

——安装了安全预警系统，2分；

——管道准确定位，3分；

——开挖响应，5分；

——有地图和信息系统，4分；

——有经证实的有效记录，2分；

——无，0分。

（A₈）管道地面设施（8分）

按以下评分：

——无，8分；

——有效防护，5分；

——直接暴露，0分。

（A₉）公众保护态度（5分）

根据管道沿线的公众对管道的保护态度，按以下评分：

——积极保护，5分；

——一般，2分；

——不积极，0分。

（A₁₀）政府态度（5分）

根据沿线政府机关积极配合打击盗油（气）工作的积极性，按以下评分：

——积极保护，5分；

——无所谓，2分；

——抵触，0分。

B）腐蚀（100分）

（B₁）介质腐蚀性（12分）

按以下评分：

——无腐蚀性（管输产品基本不存在对管道造成腐蚀的可能性），12分；

——中等腐蚀性(管输产品腐蚀性不明可归为此类)，5分；

——强腐蚀性(管输产品含有大量的杂质，如水、盐溶液、硫化氢等杂质，对管道会造成严重的腐蚀)，0分；

——特定情况下具有腐蚀性(产品没有腐蚀性，但其中有可能引入腐蚀性组分，如甲烷中的二氧化碳和水等)，8分。

(B_2)内腐蚀防护

多选，最大分值为8，为以下各项评分之和：

——本质安全，8分；

——处理措施，4分；

——内涂层，4分；

——内腐蚀监测，3分；

——清管，2.5分；

——注入缓蚀剂，2分；

——无防护，0分。

(B_3)土壤腐蚀性(12分)

按以下评分：

——低腐蚀性(土壤电阻率>500Ω·m，一般为山区、干旱、沙漠戈壁)，12分；

——中等腐蚀性(200Ω·m<土壤电阻率<50Ω·m，一般为平原庄稼地)，8分；

——高腐蚀性(土壤电阻率<20Ω·m，pH值、含水率、微生物的综合考量的指标，一般为盐碱地、湿地等)，0分。

(B_4)阴极保护电位(8分)

按以下评分：

——0.85~-1.2V，8分；

——1.2~-1.5V，6分；

——不在规定范围，2分；

——无，0分。

(B_5)阴保电位检测(6分)

按以下评分：

——都按期进行检测，6分；

——每月1次通电电位检测，4分；

——每年1次断电电位检测，3分；

——都没有检测，0分。

(B_6)恒电位仪(5分)

按以下评分：

——运行正常，5分；

——运行不正常，0分。

(B_7)杂散电流干扰(10分)

按以下评分：

——无，10分；

——交流干扰已防护，10分；

——直流干扰已防护，8分；

——屏蔽，1分；

——交流干扰未防护，4分；

——直流干扰未防护，0分。

（B_8）防腐层质量（15分）

指钢管防腐层及补口处防腐层的质量，根据经验进行判定，按以下评分：

——好，15分；

——一般，10分；

——差，5分；

——无防腐层，0分。

（B_9）防腐层检漏（4分）

按以下评分：

——按期进行，4分；

——没有按期进行，2分；

——没有进行，0分。

（B_{10}）保护工——人员（3分）

按以下评分：

——人员充足，3分；

——人员严重不足，0分。

（B_{11}）保护工——培训（2分）

按以下评分：

——每1年1次，2分；

——每2年1次，1.5分；

——每3年1次，1分；

——无培训，0分。

（B_{12}）外检测（10分）

根据系统的外检测与直接评价情况，按以下评分：

——距今<5年，10分；

——距今5~8年，6分；

——距今>8年，2分；

——未进行，0分。

（B_{13}）阴保电流（5分）

根据防腐层类型和电流密度进行评分：

① 三层PE防腐层按以下评分：

——电流密度<$10\mu A/m^2$，5分；

——电流密度为$10~40\mu A/m^2$，3分；

——电流密度>$40\mu A/m^2$，0分。

② 石油沥青及其他类防腐层按以下评分：

——电流密度<$40\mu A/m^2$，5分；

——电流密度为$40~200\mu A/m^2$，3分；

——电流密度>200μA/m², 0分。

(B₁₄)管道内检测修正系数(100%)

管道内检测修正系数根据内检测精度和内检测距今时间来评分。

① 高清按以下评分：

——未进行，100%；

——距今>8年，100%；

——距今3~8年，75%；

——距今<3年，50%。

② 标清按以下评分：

——未进行，100%；

——距今>8年，100%；

——距今3~8年，85%；

——距今<3年，70%。

③ 普通按以下评分：

——未进行，100%；

——距今>8年，100%；

——距今3~8年，95%；

——距今<3年，90%。

C)制造与施工缺陷(100分)

(C₁)运行安全裕量(15分)

此项评分时可按公式(5-13)计算：

$$运行安全裕量评分 = (设计压力 / 最大正常运行压力 - 1) \times 30 \qquad (5-13)$$

此项最大分值为15。

(C₂)设计系数(10分)

根据与地区等级对应管道的设计系数，按以下评分：

——0.4，10分；

——0.5，9分；

——0.6，8分；

——0.72，7分；

——0.8，1分。

(C₃)疲劳(10分)

根据比较大的压力波动次数，如泵/压缩机的启停，按以下评分：

——≤1次/周，10分；

——≥1次/周且≤13次/周，8分；

——>13次/周且≤26次/周，6分；

——>26次/周且≤52次/周，4分；

——>52次/周，0分。

(C₄)水击危害(10分)

根据保护装置、防水击规程、员工熟练操作程度，按以下评分：

——不可能，10分；

——可能性小，5分；

——可能性大，0分。

（C_5）压力试验系数（5分）

指水压试验/打压的压力与设计压力的比值，按以下评分：

——>1.40，5分；

——>1.25且≤1.40，3分；

——>1.11且≤1.25，2分；

——<1.11，1分；

——未进行压力试验，0分。

（C_6）轴向焊缝缺陷（20分）

钢管在制管厂产生的缺陷，根据运营历史经验和内检测结果，按以下评分：

——无，20分；

——轴向焊缝缺陷，15分；

——严重轴向焊缝缺陷，0分。

（C_7）环向焊缝缺陷（20分）

根据运营历史经验和内检测结果，按以下评分：

——无，20分；

——环向焊缝缺陷，15分；

——严重环向焊缝缺陷，0分。

（C_8）管体缺陷修复（10分）

按以下评分：

——及时修复，10分；

——不需要修复，10分；

——未及时修复，0分。

（C_9）管道内检测修正系数（100%）

管道内检测修正系数根据内检测精度和内检测距今时间来评分。

① 高清按以下评分：

——未进行，100%；

——距今>8年，100%；

——距今3~8年，75%；

——距今<3年，50%。

② 标清按以下评分：

——未进行，100%；

——距今>8年，100%；

——距今3~8年，85%；

——距今<3年，70%。

③ 普通按以下评分：

——未进行，100%；

——距今>8年，100%；

——距今3~8年，95%；

——距今<3 年，90%。

D）误操作（100 分）

（D_1）危害识别（6 分）

根据站队的危险源辨识、风险评价、风险控制等风险管理情况，按以下评分：

——全面，6 分；

——一般，3 分；

——无，0 分。

（D_2）达到最大许用操作压力（MAOP）的可能性（15 分）

根据管道运行过程中运行压力达到 MAOP 的可能性情况，按以下评分：

——不可能，15 分；

——极小可能，12 分；

——可能性小，5 分；

——可能性大，0 分。

（D_3）安全保护系统（10 分）

按以下评分：

——本质安全，10 分；

——两级或两级以上就地保护，8 分；

——远程监控，7 分；

——仅有单级就地保护，6 分；

——远程监测或超压报警，5 分；

——他方拥有，证明有效，3 分；

——他方拥有，无联系，1 分；

——无，0 分。

（D_4）规程与作业指导（15 分）

根据操作规程、作业指导书及执行情况，按以下评分：

——受控（工艺规程保持最新，执行良好），15 分；

——未受控（有工艺规程，但没有及时更新，或多版本共存，或没有认真执行），6 分；

——无相关记录，0 分。

（D_5）SCADA 通信与控制（5 分）

根据现场与调控中心间的沟通核对工作方式，按以下评分：

——有沟通核对，5 分；

——无沟通核对，0 分。

（D_6）健康检查（2 分）

按以下评分：

——有，2 分；

——无，0 分。

（D_7）员工培训（10 分）

多选，最大分值为 10，为以下各项评分之和：

——通用科目——产品特性，3 分；

——通用科目——维修维护，1 分；

——岗位操作规程，2分；

——应急演练，1分；

——通用科目——控制和操作，1分；

——通用科目——管道腐蚀，1分；

——通用科目——管材应力，1分；

——定期再培训，1分；

——测验考核，2分；

——无，0分。

（D_8）数据与资料管理（12分）

根据保存管道和设备设施的资料数据管理系统情况，按以下评分：

——完善，12分；

——有，6分；

——无，0分。

（D_9）维护计划执行（10分）

按以下评分：

——好，10分；

——一般，5分；

——差，0分。

（D_{10}）机械失误的防护（15分）

多选，最大分值为15，为以下各项评分之和：

——关键操作的计算机远程控制，10分；

——联锁旁通阀，6分；

——锁定装置，5分；

——关键操作的硬件逻辑控制，5分；

——关键设备操作的醒目标志，4分；

——无，0分。

E）地质灾害（100分）

（E_1）已识别灾害点（100分）

已识别灾害点评分为以下三项得分的乘积。

① 已识别灾害点——易发性。

潜在点发生地质灾害的可能性，如滑坡，应考虑发生滑动的可能性，按以下评分：

——低，10分；

——较低，9分；

——中，8分；

——较高，7分；

——高，6分。

② 已识别灾害点——管道失效可能性。

灾害发生后造成管道泄漏的可能性，按以下评分：

——低，10分；

——较低，9分；

——中，8分；

——较高，7分；

——高，6分。

③ 已识别灾害点——治理情况。

按以下评分：

——没有必要，100%；

——防治工程合理有效，95%；

——防治工程轻微破损，90%；

——已有工程受损，但仍能正常起到保护作用，80%；

——已有工程严重受损，或者存在设计缺陷，无法满足管道保护要求，60%；

——无防治工程(包括保护措施)或防治工程完全毁损，50%。

(E_2)地形地貌(25分)

按以下评分：

——平原，25分；

——沙漠，20分；

——中低山、丘陵，15分；

——黄土区、台田地，15分；

——高山，10分。

(E_3)降雨敏感性(10分)

根据降水导致的地质灾害的可能性，按以下评分：

——低，10分；

——中，6分；

——高，2分。

(E_4)土体类型(20分)

按以下评分：

——完整基岩，20分；

——薄覆盖层(土层厚度大于或等于2m)，18分；

——薄覆盖层(土层厚度小于2m)，12分；

——破碎基岩，10分。

(E_5)管道敷设方式(25分)

按以下评分：

——无特殊敷设，25分；

——沿山脊敷设，22分；

——爬坡纵坡敷设，18分；

——在山前倾斜平原敷设，18分；

——在台田地敷设，18分；

——在湿陷性黄土区敷设，15分；

——切坡敷设，与伴行路平行，15分；

——穿越或短距离在季节性河床内敷设，15分；

——在季节性河流河床内敷设，10分。

（E_6）人类工程活动（15分）

根据人类工程对地质灾害的诱发性，按以下评分：

——无，15分；

——堆渣，12分；

——农田，12分；

——水利工程、挖砂活动，8分；

——取土采矿，8分；

——线路工程建设，8分。

（E_7）管道保护状况（5分）

按以下评分：

——有硬覆盖、稳管等保护措施，5分；

——无额外保护措施，0分。

2. 后果指标（500分）

1）介质危害性（10分）

介质危害性得分为介质危害得分与介质危害修正得分之和，最大分值为10。

（1）介质危害按以下评分：

——天然气，9分；

——汽油，9分；

——原油，8分；

——煤油，8分；

——柴油，7分。

（2）介质危害修正：

输气管道按以下评分：

——内压大于13MPa，2分；

——内压大于3.5MPa且小于13MPa，1分；

——内压大于0MPa且小于3.5MPa，0分。

输油管道按以下评分：

——内压大于7MPa，1分；

——内压大于0MPa且小于7MPa，0分。

2）影响对象（10分）

按输气管道和输油管道两种类型进行评分，最大分值为10。

（1）输气管道的影响对象得分为以下两项评分之和。

① 人口密度按以下评分：

——城市，7分；

——特定场所，6分；

——城镇，5分；

——村屯，4分；

——零星住户，3分；

——其他，2分；

——荒芜人烟，1分。

② 其他影响按以下评分：

——码头、机场，2分；

——易燃易爆仓库，2分；

——铁路、高速公路，2分；

——军事设施，1.5分；

——省道、国道，1.5分；

——国家文物，1分；

——其他油气管道，1分；

——其他，1分；

——保护区，0.5分；

——无，0分。

（2）输油管道得分分为以下三项评分之和。

① 人口密度按以下评分：

——城市，5分；

——特定场所，4.5分；

——城镇，4分；

——村屯，3分；

——零星住户，2分；

——其他，1.5分；

——荒芜人烟，1分。

② 环境污染按以下评分：

——饮用水源，5分；

——常年有水河流，4分；

——湿地，3分；

——季节性河流，3分；

——池塘、水渠，2.5分；

——无，1分。

③ 其他影响按以下评分：

——易燃易爆仓库，2分；

——码头、机场，2分；

——铁路、高速公路，2分；

——军事设施，1.5分；

——国家文物，1分；

——其他，1分；

——无，0分。

3）泄漏扩散影响系数

泄漏扩散影响系数评分可根据表5-13进行插值计算获得。

表 5-13　泄漏扩散影响系数评分表

泄漏值	分值	泄漏值	分值
24370	6	7762	3.2
13357	5.5	7057	2.9
12412	5.1	6756	2.8
12143	5	5431	2.2
11746	4.8	4789	2
11349	4.7	4481	1.8
10747	4.4	1288	0.5
10018	4.1	949	0.4
8966	3.7		

泄漏值根据直接不同，选择公式(5-14)或公式(5-15)进行计算：

$$气体泄漏分值 = \sqrt{d^2 P} MW \times 0.474 \tag{5-14}$$

$$液体泄漏分值 = \frac{\lg(m \times 1.1023)}{\sqrt{T \times 9/5 + 32}} \times 20000 \tag{5-15}$$

3. 计算公式

第三方损坏按公式(5-16)计算：

$$第三方损坏得分 = A_1 + A_2 + A_3 + A_4 + A_5 + A_6 + A_7 + A_8 + A_9 + A_{10} \tag{5-16}$$

腐蚀按公式(5-17)计算：

$$腐蚀得分 = 100 - [100 - (B_1 + B_2 + B_3 + B_4 + B_5 + B_6 + B_7 + B_8 + B_9 + B_{10} + B_{11} + B_{12} + B_{13})] \times B_{14}$$

$$\tag{5-17}$$

制造与施工缺陷按公式(5-18)计算：

$$制造与施工缺陷得分 = 100 - [100 - (C_1 + C_2 + C_3 + C_4 + C_5 + C_6 + C_7 + C_8)] \times C_9 \tag{5-18}$$

误操作按公式(5-19)计算：

$$误操作得分 = D_1 + D_2 + D_3 + D_4 + D_5 + D_6 + D_7 + D_8 + D_9 + D_{10} \tag{5-19}$$

地质灾害按公式(5-20)计算：

$$地质灾害得分 = \text{MIN}[E_1, (E_2 + E_3 + E_4 + E_5 + E_6 + E_7)] \tag{5-20}$$

第六章　油气管道安全对策措施

第一节　管道线路及附属设施

一、管道线路

（一）线路用管

1. 材质

1）原则

管道材质的合理选择是保证管道安全运行的基础，是保证管道本质安全的前提条件，在保证安全性的前提下还需兼顾其经济性。

2）基本要求

输油、输气管道所采用的钢管及其附件的材质选择应根据设计压力、设计温度、介质特性、使用地区等因素，经技术经济比较后确定。采用的钢管和钢材应具有良好的韧性和可焊性。钢管及其附件应符合现行国家标准《石油天然气工业　管线输送系统用钢管》（GB/T 9711）的有关规定及《输送流体用无缝钢管》（GB/T 8163）的有关规定。钢管的力学性能应满足最低设计温度的使用要求。

2. 管径

管径的选择与管道的安全运行无直接相关性，而是从建设投资及运行费用等角度综合考虑，确定"经济管径"。所谓"经济管径"，是指使管径要满足一定流量和一定黏度条件下的压力降要求，管道投资（贷款）在偿还期内的年分摊额与运行经营费用之和最低。同时还需考虑管道与机泵的有机结合。

3. 设计压力

管道的设计压力一般应略高于由外压与温度构成的最苛刻条件下的最高工作压力，即在相应工作压力的基础上增加一个裕度系数。

4. 管道壁厚

1）计算公式

管道直管段的钢管管壁厚度应按下式计算：

$$\delta = \frac{PD}{2[\sigma]} \qquad (6-1)$$

式中　δ——直管段钢管计算壁厚，mm；

　　　P——设计压力，MPa；

　　　D——钢管外径，mm；

　　　σ——钢管许用应力，MPa。

对于输油管道：

130

$$[\sigma] = F\phi\sigma_S \qquad\qquad (6-2)$$

对于输气管道：

$$[\sigma] = F\phi\sigma_S t \qquad\qquad (6-3)$$

式中　F——强度设计系数，输油、输气管道分别按表 6-1 和表 6-2 选取；

　　　ϕ——焊缝系数；

　　　σ_S——标准规定的钢管的最小屈服强度，MPa；

　　　t——温度折减系数，当温度小于 120℃ 时，应取 1。

2）强度设计系数 F

输油、输气管道强度设计系数见表 6-1 和表 6-2。

表 6-1　输油、输气管道强度设计系数 F（主管道）

类　别	强度设计系数 F
输油管道	
输油站外一般地段	0.72
城镇中心区、市郊居住区、商业区、工业区、规划区等人口稠密地区	0.6
输油站内与清管器收发筒相连接的干线管道	0.6
输气管道	
一级一类地区	0.8/0.72
一级二类地区	0.72
二级地区	0.6
三级地区	0.5
四级地区	0.4

表 6-2　输气管道强度设计系数 F（穿越管段、输气站及阀室内管道）

管 段 或 管 道	输气管道地区等级					输油管道
	一级		二级	三级	四级	
	一类地区	二类地区				
	强度设计系数					
Ⅲ、Ⅳ级公路有套管穿越	0.72	0.72	0.6	0.5	0.4	0.72
Ⅲ、Ⅳ级公路无套管穿越	0.6	0.6	0.6	0.5	0.4	0.6
Ⅰ、Ⅱ级公路、高速公路、铁路有套管或涵洞穿越	0.6	0.6	0.6	0.5	0.4	
长、中长山岭隧道、多管敷设的短山岭隧道	0.6	0.6	0.5	0.5	0.4	
水域小型穿越、短山岭隧道	0.72	0.72	0.6	0.5	0.4	0.72
水域大、中型穿越	0.6	0.6	0.5	0.4	0.4	0.5
冲沟穿越	0.6	0.6	0.5	0.5	0.4	0.6
输气站内管道及截断阀室内管道	0.5		0.5	0.5	0.4	

穿越渡槽、桥梁、古迹可视其重要性按水域穿越选用设计系数；

输气管道地区等级划分应符合现行国家标准《输气管道工程设计规范》（GB 50251）的有

关规定。

　　3）地区等级划分原则

　　对输气管道的强度设计系数 F 进行取值时，需按管道所处的地区等级选取，根据《输气管道工程设计规范》(GB 50251)的规定，地区等级划分应遵循以下原则：

　　(1) 沿管道中心线两侧各 200m 范围内，任意划分成长度为 2km 并能包括最大聚居户数的若干地段，按划定地段内的户数应划分为四个等级。在乡村人口聚集的村庄、大院及住宅楼，应以每一独立户作为一个供人居住的建筑物计算。地区等级应按下列原则划分：

　　① 一级一类地区：不经常有人活动及无永久性人员居住的区段；

　　② 一级二类地区：户数在 15 户或以下的区段；

　　③ 二级地区：户数在 15 户以上 100 户以下的区段；

　　④ 三级地区：户数在 100 户或以上的区段，包括市郊居住区、商业区、工业区、规划发展区以及不够四级地区条件的人口稠密区；

　　⑤ 四级地区：四层及四层以上楼房(不计地下室层数)普遍集中、交通频繁、地下设施多的区段。

　　(2) 当划分地区等级边界线时，边界线距最近一幢建筑物外边缘不应小于 200m。

　　(3) 在一、二级地区内的学校、医院以及其他公共场所等人群聚集的地方，应按三级地区选取设计系数。

　　(4) 当一个地区的发展规划足以改变该地区的现有等级时，应按发展规划划分地区等级。

5. 管道强度校核

　　(1) 埋地管道的直管段和轴向变形受限制的地上管段的轴向应力校核公式为：

$$\sigma_a = \alpha E(t_1 - t_2) + \mu \sigma_h \tag{6-4}$$

$$\sigma_h = \frac{Pd}{2\delta} \tag{6-5}$$

式中　σ_a——由内压和温度变化产生的轴向应力，拉应力为正，压应力为负，MPa；

　　　　E——钢材的弹性模量，可取 2.05×10^5 MPa；

　　　　α——钢材线膨胀系数，可取 $1.2 \times 10^{-5} ℃^{-1}$；

　　　　t_1——管道安装闭合时的环境温度，℃；

　　　　t_2——管道内被输送原油的温度，℃；

　　　　μ——泊桑比，宜取 0.3；

　　　　σ_h——由内压产生的环向应力，应小于或等于许用应力$[\sigma]$，MPa；

　　　　P——管道设计内压力，MPa；

　　　　d——管道的内直径，m；

　　　　δ——管道的公称壁厚，m。

　　(2) 埋地管道的弹性敷设管段和轴向受约束的地上架空管道，在轴向应力中均应计入横向弯曲产生的应力，弯曲应力按下式计算：

$$\sigma_d = \pm \frac{ED}{2R} \tag{6-6}$$

式中　σ_d——弹性敷设产生的弯曲应力，负值为轴向压应力，正值为轴向拉应力，MPa；

　　　　D——钢管外直径，m；

R——弹性敷设曲率半径，m。

（3）对于受约束管道应按最大剪应力破坏理论计算当量应力，当 σ_a 为压应力（负值）时，应满足下述条件：

$$\sigma_e = \sigma_h - \sigma_a \leqslant 0.9\sigma_S \tag{6-7}$$

式中　σ_e——当量应力，MPa；

σ_S——钢管的最低屈服强度，MPa。

（4）对于轴向不受约束的架空敷设管道、埋地管道出土端未设固定墩的管段，热胀当量应力应按下列公式计算，且计算值不应大于钢管的许用应力 σ。

$$\sigma_t = \sqrt{\sigma_b^2 + 4\tau^2} \leqslant [\sigma] \tag{6-8}$$

$$\sigma_b = \frac{\sqrt{(i_i M_i)^2 + (i_0 M_0)^2}}{Z} \tag{6-9}$$

$$\tau = \frac{M_t}{2Z} \tag{6-10}$$

式中　σ_t——最大运行温差下热胀当量应力，MPa；

σ_b——最大运行温差下热胀合成弯曲应力，MPa；

M_i——构件平面内的弯曲力矩，对于三通，总管和支管部分的力矩应分别考虑，MN·m；

i_i——构件平面内弯曲时的应力增强系数；

M_0——构件平面外的弯矩，MN·m；

i_0——构件平面外弯曲时的应力增强系数；

τ——扭应力，MPa；

M_t——扭矩，MN·m；

Z——钢管截面系数，m^3。

（二）管道线路

1. 基本原则

输油管道和输气管道线路的选择，应根据工程建设的目的和资源、市场分布，结合沿线城镇、交通、水利、矿产资源和环境敏感区的现状与规划，以及沿途地区的地形、地貌、地质、水文、气象、地震自然条件，通过综合分析和多方案技术经济比较确定线路总体走向。

其选择要求可参考相关的著作或文献。

2. 安全距离

1）输油管道安全距离要求

（1）埋地输油管道—地面建（构）筑物（见表6-3）

表 6-3　埋地输油管道—地面建（构）筑物安全距离

埋地管道	地面建（构）筑物	距离/m
原油、成品油管道	城镇居民点或重要公共建筑	不应小于5m
	飞机场、海（河）港码头、大中型水库和水工建（构）筑物	不宜小于20m
	军工厂、军事设施、炸药库、国家重点文物保护设施	应同有关部门协商解决

注：表中规定的距离，对于城镇居民点，由边缘建筑物的外墙算起；对于单独的学校、医院、军工厂、机场、码头、港口、仓库等，应由划定的区域边界线算起。

（2）埋地输油管道—道路（见表6-4）

表 6-4　埋地输油管道—道路安全距离

埋地管道	道路	距　离	其他要求
原油、成品油管道	铁路	并行敷设时，管道应敷设在铁路用地范围边线 3m 以外，且距铁路线不应小于 25m	如受制于地形或其他条件限制不满足本条要求时，应征得铁路管理部门的同意
	公路	并行敷设时，管道应敷设在公路用地范围边线以外，距用地边线不应小于 3m	如受制于地形或其他条件限制不满足本条要求时，应征得铁路管理部门的同意

（3）埋地输油管道—输电线路

管道与架空输电线路平行敷设时，其距离应符合现行国家标准《66kV 及以下架空电力线路设计规范》（GB 50061）及《110kV～750kV 架空输电线路设计规范》（GB 50545）的有关规定。管道与干扰源接地体的距离应符合现行国家标准《埋地钢质管道交流干扰防护技术标准》（GB/T 50698）的有关规定。埋地输油管道与埋地电力电缆平行敷设的最小距离，应符合现行国家标准《钢质管道外腐蚀控制规范》（GB/T 21447）的有关规定。

（4）埋地输油管道—管道及附属设施（见表 6-5）

表 6-5　埋地输油管道—管道及附属设施安全距离

埋地管道	管道及附属设施	距　离	其他要求
原油、成品油管道	已建管道	并行敷设时，土方地区管道间距不宜小于 6m；如受制于地形或其他条件限制不能保持 6m 间距时，应对已建管道采取保护措施	石方地区与已建管道并行间距小于 20m 时不宜进行爆破施工
	同期建设的管道	同期建设的输油管道，宜采用同沟方式敷设；同期建设的油、气管道，受地形限制时局部地段可采用同沟敷设，管道同沟敷设时其最小净间距不应小于 0.5m	
	通信光缆	同沟并行敷设时，其最小净距（指两断面垂直投影的净距）不应小于 0.3m	

（5）埋地输油管道—交叉物（见表 6-6）

表 6-6　埋地输油管道—交叉物安全距离

埋地管道	交叉物	距　离
原油、成品油管道	其他埋地管道或金属构筑物	垂直净距不应小于 0.3m，两条管道的交叉角不宜小于 30°
	电力通信电缆	垂直净距不应小于 0.5m

2）输气管道安全距离要求

（1）埋地输气管道—地面建（构）筑物（见表 6-7）

表 6-7　埋地输气管道—地面建（构）筑物安全距离

埋地管道	地面建（构）筑物	距　离
输气管道	地面建（构）筑物	间距应满足施工和运行管理需求，且管道中心线与建（构）筑物的最小距离不应小于 5m

（2）埋地输气管道—道路（见表6-8）

表6-8　埋地输气管道—道路安全距离

埋地管道	道路	距离	其他要求
输气管道	铁路	宜在铁路用地界 3m 以外	如地形受限或其他条件限制的局部地段不满足要求时，应征得道路管理部门的同意
	公路	宜在公路用地界 3m 以外	如地形受限或其他条件限制的局部地段不满足要求时，应征得道路管理部门的同意

（3）埋地输气管道—管道及附属设施（见表6-9）

表6-9　埋地输气管道—管道及附属设施安全距离

埋地管道	管道及附属设施	距离	其他要求
输气管道	已建管道	不受地形、地物或规划限制地段的并行管道，最小净距不应小于6m；受地形、地物或规划限制地段的并行管道，采取安全措施后净距可小于6m；石方地段不同期建设的并行管道，后建管道采用爆破开挖；管沟时，并行净距宜大于 20m 且应控制爆破参数	石方地区与已建管道并行间距小于 20m 时不宜进行爆破施工
	同期建设的管道	同期建设时可同沟敷设，同沟敷设的并行管道，间距应满足施工及维护需求且最小净距不应小于 0.5m	
	穿越段	穿越段的并行管道，应根据建设时机和影响因素综合分析确定间距。共用隧道、跨越管桥及涵洞设施的并行管道，净距不应小于 0.5m	
	通信光缆	同沟并行敷设时，其最小净距（指两断面垂直投影的净距）不应小于 0.3m	

（4）埋地输气管道—交叉物（见表6-10）

表6-10　埋地输气管道—交叉物安全距离

埋地管道	交叉物	距离
输气管道	其他埋地管道	垂直净距不应小于 0.3m，当小于 0.3m 时，两管间交叉处应设置坚固的绝缘隔离物，交叉点两侧各延伸 10m 以上的管段，应确保管道防腐层无缺陷
	埋地电力通信电缆	垂直净距不应小于 0.5m，交叉点两侧各延伸 10m 以上的管段，应确保管道防腐层无缺陷

（5）埋地输气管道—架空电力线路

在开阔地区，埋地输气管道与高压交流输电线路杆（塔）基脚间的最小距离不宜小于杆（塔）高；

在路径受限地区，埋地管道与交流输电系统的各种接地装置之间的最小水平距离不宜小于表6-11的规定。在采取故障屏蔽、接地、隔离等防护措施后，表6-11规定的距离可适当减小。

表 6-11 埋地输气管道与交流接地体的最小距离

电压等级/kV	≤220	330	500
铁塔或电杆接地/m	5.0	6.0	7.5

（6）埋地输气管道—民用炸药储存仓库

① 埋地输气管道与民用炸药储存仓库的最小水平距离应按下式计算：

$$R = -267 e^{-Q/8240} + 342 \tag{6-11}$$

式中 R——管道与民用炸药储存仓库的最小水平距离，m；

　　　e——常数，取 2.718；

　　　Q——炸药库容量，kg。1000kg≤Q≤10000kg，无论现状炸药库的库存药量有多少，该值应按政府部门批准的建库规模取值，库存药量不足 1000kg 应按 1000kg 取值计算。

②当炸药库与管道之间存在下列情况之一时，按式（6-11）计算的水平距离值可折减 15%～20%：炸药库地面标高大于管道的管顶标高；炸药库与管道间存在深度大于管沟深度的沟渠；炸药库与管道间存在宽度大于 50m 且高度大于 10m 的山体。

（7）地面输气管道—架空电力线路

地面敷设的输气管道与架空交流输电线路的距离应符合表 6-12 的规定。

表 6-12 地面输气管道—架空电力线路安全距离

项　目		电压等级/kV								
		3~10	35~66	110	220	330	500	750	1000 单回路	1000 双回路（逆相序）
最小垂直距离/m		3.0	4.0	4.0	5.0	6.0	7.5	9.5	18	16
最小水平距离①/m	开阔地区	最高杆（塔）高	最高杆（塔）高	最高杆（塔）高	最高杆（塔）高	最高杆（塔）高	最高杆（塔）高	最高杆（塔）高	最高杆（塔）高	
	路径受限地区	2.0	4.0	4.0	5.0	6.0	7.5	9.5	13	

① 最小水平距离为边导线至管道任何部分的水平距离。

（三）管道敷设

1. 敷设方式

输油、输气管道应采用埋地埋设方式。特殊地段可采用土堤埋设或地上敷设。

2. 埋地敷设

1）输油管道

埋地输油管道的埋设深度，应根据管道所经地段的农田耕作深度、冻土深度、地形和地质条件、地下水深度、地面车辆所施加的载荷及管道稳定性的要求等因素，经综合分析后确定。管顶的覆土层厚度不宜小于 0.8m。

2）输气管道

埋地管道覆土层最小厚度应符合表 6-13 的规定。在不能满足要求的覆土厚度或外荷载过大、外部作业可能危及管道之处，应采取保护措施。

表 6-13　最小覆土厚度

地区等级	土壤类/m		岩石类/m
	旱地	水田	
一级	0.6	0.8	0.5
二级	0.8	0.8	0.5
三级	0.8	0.8	0.5
四级	0.8	0.8	0.5

注：①对需平整的地段应按平整后的标高计算；②覆土层厚度应从管顶算起；③季节性冻土区宜埋设在最大冰冻线以下；④旱地和水田轮种的地区或现有旱地规划需要改为水田的地区应按水田确定埋深；⑤穿越鱼塘或沟渠的管线，应埋设在清游层以下不小于 1.0m 处。

3. 土堤敷设

1）输油管道

当输油管道采取土堤埋设时，土堤设计应符合下列规定：

（1）输油管道在土堤中的径向覆土厚度不应小于 1.0m；土堤顶宽应大于管道直径 2 倍且不得小于 1.0m；

（2）土堤边坡坡度应根据当地自然条件、填土类别和土堤高度确定。对黏性土堤，堤高小于 2.0m 时，土堤边坡坡度可采用 1:0.75～1:1；堤高为 2～5m 时，可采用 1:1.25～1:1.5；

（3）土堤受水浸淹部分的边坡应采用 1:2 的坡度，并应根据水流情况采取保护措施；

（4）在沼泽和低洼地区，土堤的堤肩高度应根据常水位、波浪高度和地基强度确定；

（5）当土堤阻挡水流排泄时，应设置泄水孔或涵洞等构筑物；泄水能力应满足重现期为 25 年一遇的洪水流量；

（6）软弱地基上的土堤，应防止填土后基础的沉陷；

（7）土堤用土的透水性能宜接近原状土，且应满足填方的强度和稳定性的要求。

2）输气管道

当输气管道采用土堤埋设时，土堤高度和顶部宽度应根据地形、工程地质、水文地质、土壤类别及性质确定，并应符合下列规定：

（1）管道在土堤中的覆土厚度不应小于 0.8m，土堤顶部宽度不应小于管道直径的 2 倍且不得小于 1.0m。

（2）土堤的边坡坡度值应根据土壤类别和土堤的高度确定。管底以下为黏性土土堤时压实系数宜为 0.94～0.97，堤高小于 2m 时边坡坡度值宜为 1:1～1:1.25，堤高为 2～5m 时边坡坡度值宜为 1:1.25～1:1.5，土堤受水浸淹没部分的边坡宜采用 1:2 的边坡坡度值。

（3）位于斜坡上的土堤应进行稳定性计算。当自然地面坡度大于 20% 时，应采取防止填土沿坡面滑动的措施。

（4）当土堤阻碍地表水或地下水泄流时，应设置泄水设施。泄水能力应根据地形和汇水量按防洪标准重现期为 25 年一遇的洪水量设计，并应采取防止水流对土堤冲刷的措施。

（5）土堤的回填土，其透水性能宜相近。

（6）沿土堤基底表面的植被应清除干净。

（7）软弱地基上的土堤应采取防止填土后基础沉陷的措施。

（四）管道的锚固

（1）当管道的设计温度同安装温度存在温差时，在管道出入土端、热煨弯管、管径改变处以及管道同清管器收发设施连接处，宜根据计算设置锚固设施或采取其他能够保证管道稳定的措施。

（2）当管道翻越高差较大的长陡坡时，应校核管道的稳定性。

（3）当管道采取锚固墩（件）锚固时，管道同锚固墩（件）之间应有良好的电绝缘。

二、管道附属设施

1. 线路截断阀（室）

1）截断阀（室）间距

截断阀（室）间距应符合表6-14的要求。

表6-14　截断阀（室）间距

原油、成品油 管道/km	（1）不宜超过32km，人烟稀少地区可适当加大间距 （2）河流的大型穿跨越及饮用水水源保护区两端应设置线路截断阀 （3）在人口密集区管段或根据地形条件认为需要截断的，宜设置线路截断阀
输气管道/km	（1）以一级地区为主的管段不宜大于32km （2）以二级地区为主的管段不宜大于24km （3）以三级地区为主的管段不宜大于16km （4）以四级地区为主的管段不宜大于8km （5）第1款至第4款规定的线路截断阀间距，如因地物、土地征用、工程地质或水文地质造成选址受限的可作调增，一、二、三、四级地区调增分别不应超过4km、3km、2km、1km

2）截断阀（室）位置

输油、输气管道截断阀（室）应设置在交通便利、地形开阔、地势较高、检修方便且不易受地质灾害及洪水影响的地方。其中输气管道截断阀（室）周边安全间距应满足下列要求：

（1）与电力、通信线路杆（塔）的间距不应小于杆（塔）的高度再加3m；

（2）距铁路用地界外不应小于3m；

（3）距公路用地界外不应小于3m；

（4）与建筑物的水平距离不应小于12m。

2. 管道标志

（1）管道沿线应设置里程桩、标志桩、转角桩、阴极保护测试桩和警示牌等永久性标志，管道标志的标识、制作和安装应符合现行行业标准《油气管道线路标识设置技术规范》（SY/T 6064）的有关规定。

（2）里程桩应沿管道从起点至终点，每隔1km至少设置1个。阴极保护测试桩可同里程桩合并设置。

（3）在管道平面改变方向时应设置水平转角桩。转角桩宜设置在折转管道中心线上方。

（4）管道穿跨越人工或天然障碍物时，应在穿跨越处两侧及地下建（构）筑物附近设置标志桩。通航河流上的穿跨越工程，应在最高通航水位和常水位两岸岸边明显位置设置警示牌。

（5）当管道采用地上敷设时，应在行人较多和易遭车辆碰撞的地方，设置标志并采取保护措施。标志应采用具有反光功能的涂料涂刷。

（6）埋地管道通过人口密集区、有工程建设活动可能和易遭受挖掘等第三方破坏的地段应设置警示牌，并宜在埋地管道上方埋设管道警示带。

3. 水工保护

（1）管道通过以下地段时应设置水工保护设施：

① 采用开挖方式穿越河流、沟渠段；

② 顺坡敷设和沿横坡敷设段；

③ 通过田坎、地坎段；

④ 通过不稳定边坡和危岩段。

（2）顺坡敷设地段水工保护设计应符合下列规定：

① 应依据管道纵坡坡度和管沟地质条件，设置管沟沟内截水墙，截水墙的间距宜为 10~20m；

② 应依据边坡坡度，在坡角处设置护坡或挡土墙防护措施；

③ 宜依据边坡坡顶汇流流量，在坡顶设置地表截、排水沟。截水沟距坡顶边缘不宜小于 5m，排水沟应利用原始坡面沟道，出水口设置位置不应对管道、耕地或临近建(构)筑物形成冲刷。

（3）横坡敷设地段管沟和作业带切坡面应保持稳定，水工保护设计应根据地形、地质条件，综合布置坡面截、排水系统和支挡防护措施。

（4）管道通过田坎、地坎段时，可采取浆砌石堡坎、干砌石堡坎、加筋土堡坎或袋装土堡坎等结构形式进行防护，堡坎宽度不应小于施工作业带宽度。

（5）管道通过不稳定边坡或危岩地段时，应根据不稳定边坡的下滑力和危岩坠落的冲击力，采取边坡支挡、加大管道埋深或采取覆盖物等措施对管道进行防护。

第二节　站址选择和平面布置

一、石油天然气火灾危险性分类

油气站场的区域布置及平面布置应根据石油天然气的火灾危险性确定。目前，国际上对石油天然气的火灾危险性尚无统一的分类方法，根据我国石油天然气的特性以及生产和储运的特点，《石油天然气工程设计防火规范》（GB 50183）对石油天然气的火灾危险性分类进行了规定，见表 6-15。

表 6-15　石油天然气火灾危险性分类

类　别		特　征
甲	A	37.8℃时蒸气压力>200kPa 的液态烃
	B	1. 闪点<28℃的液体(甲 A 类和液化天然气除外) 2. 爆炸下限<10%(体积分数)的气体
乙	A	1. 闪点≥28℃至<45℃的液体 2. 爆炸下限≥10%的气体
	B	闪点≥45℃至<60℃的液体

类 别		特 征
丙	A	闪点≥60℃至≤120℃的液体
	B	闪点>120℃的液体

注：①操作温度超过其闪点的乙类液体应视为甲$_B$类液体；②操作温度超过其闪点的丙类液体应视为乙$_A$类液体；③在原油储运系统中，闪点等于或大于60℃且初馏点等于或大于180℃的原油，宜划为丙类。

二、石油天然气站场等级划分

因为储罐容量大小不同，发生火灾后，爆炸威力、热辐射强度、波及的范围、动用的消防力量、造成的经济损失大小差别很大，所以，油品站场的等级应根据储存油品储罐容量大小确定。而天然气站场不存在介质的存储，其等级应根据天然气的生产规模确定。当存在两种或两种以上的石油天然气产品时，应按其中等级较高者确定站场等级。《石油天然气工程设计防火规范》（GB 50183）对石油天然气站场等级划分进行了规定，见表6-16。

表6-16 石油天然气站场分级

等级	油品站场储存总容量[①]V_P/m³	天然气站场生产规模/（m³/d）
一级	$V_P \geqslant 100000$	
二级	$30000 \leqslant V_P < 100000$	
三级	$4000 < V_P < 30000$	
四级	$500 < V_P \leqslant 4000$	大于50×10^4m³/d的天然气压气站、注气站
五级	$V_P \leqslant 500$	1. 小于或等于50×10^4m³/d的天然气压气站、注气站 2. 集气、输气工程中任何生产规模的分输站、清管站、线路截断阀室、计量站等

① 油品储存总容量包括油品储罐、泄压罐和事故罐的容量，不包括零位罐、污油罐、自用油罐以及污水沉降罐的容量。

三、站址选择

1. 总体要求

输油、输气站是油气集输的重要环节，它的作用是将石油和天然气进行存储、加工处理以及输送。站场的选址应在满足正常生产工艺的前提下，严格执行当地区域规划及环境保护等的要求，在取得相关规划部门的批准后方可施工，以最大限度地减少和避免各类生产事故的发生，或当事故发生后，能最大限度地减少损失，降低对周围环境的污染与危害。

一般来讲，站场选址应贯彻执行珍惜和合理利用土地的方针，因地制宜，合理布置，节约用地，提高土地利用率，要符合城乡规划的要求，按照国家有关法律法规及工程建设前期工作的规定进行选址工作。站场站址宜选择在道路交通方便、社会依托条件较好、易于排出雨水的位置，宜靠近电源、水源，且应具有满足建设工程需要的工程地质条件和水文地质条件，站场与站外道路连接应短捷、方便。另外，站址应满足站场近期建设所需用地面积，根据远期发展规划，适当留有发展余地。

为了方便油气储运，优化储运流程，输油、输气管道的站场选址一般应遵循：

（1）原油输送管道的首站宜与集中处理站、矿场油库、油库等联合选址，宜毗邻布置，其位置应根据原油管网和外输方向等因素合理确定。原油输送管道的末站宜与炼油厂原油库、铁路转运库、油库等联合选址，宜毗邻布置。

（2）成品油输送管道首站的选址应与炼油厂、港口仓储区等供应源的油库相结合，宜毗邻布置。成品油输送管道的末站、分输站宜与商业油库、港口仓储区、铁路转运站等联合选址，宜毗邻布置。

（3）天然气输送管道的首站宜与液化天然气气化站、天然气净化厂等联合选址，宜毗邻布置。天然气输送管道的末站宜与用户的门站联合选址，宜毗邻设置。天然气输送管道分输站宜与门站、直接用户等联合选址，宜毗邻设置。

（4）线路阀室附近应有方便巡检抢修的道路交通。

2. 选址要求

（1）站场宜远离居民区、学校、医疗区、科研机构和军事区等。

（2）站址宜位于城镇和居住区等人员聚集区的全年最小频率风向的上风侧。在山区或丘陵地区，站址应避免选择在窝风地段。

（3）油品站场应远离水源地并布置在其下游。沿江河岸布置时，宜位于临近江河的重要建(构)筑物的下游。

（4）压气站的位置选择宜远离噪声敏感区。

（5）各类站场不应在下列区域选址：

① 地震断层和设防烈度高于九度的地震区；

② 有山洪、泥石流、滑坡、流沙、溶洞等直接危害的地段；

③ 采矿陷落(错落)区界限内；

④ 爆炸危险范围内；

⑤ 较厚的Ⅲ级自重湿陷性黄土、新近堆积黄土、一级膨胀土等工程地质恶劣地区；

⑥ 低洼地、沼泽和江河的泄洪区等易受洪水和内涝威胁的地带；

⑦ 国家法律法规予以保护的区域。

3. 防火间距

（1）区域布置应根据站场、相邻企业和设施的特点与火灾危险性，结合地形与风向等因素，合理布置。

（2）站场与周围居住区、相邻广矿企业、交通线、电力线、通信线等的防火间距，不应小于表6-17的规定。

表6-17 长输油气管道站场区域布置防火间距   m

序号	名　称		油品站场、天然气站场					可能携带可燃液体的火炬	放空立管	排污池
			一级	二级	三级	四级	五级			
1	100人以上的居住区、村镇、公共福利设施		100	80	60	40	30	120	60	50
2	100人以下的散居房屋		75	60	45	35	30	120	60	45
3	相邻厂矿企业		70	60	50	40	30	120	60	50
4	铁路	国家铁路线	50	45	40	35	30	80	40	40
		工业企业铁路线	40	35	30	25	20	80	40	30
5	公路	高速公路	35	30	25	20	20	80	40	35
		其他公路	25	20	15	15	10	60	30	20

序号	名称		油品站场、天然气站场					可能携带可燃液体的火炬	放空立管	排污池
			一级	二级	三级	四级	五级			
6	35kV 及以上独立变电所		60	50	40	40	30	120	60	50
7	架空电力线	35kV 及以上	1.5 倍杆高且不小于 30m				1.5 倍杆高	80	40	1.5 倍杆高
		35kV 以下	1.5 倍杆高					80	40	1.5 倍杆高
8	架空通信线路	国家 I、II 级	40			1.5 倍杆高		80	40	40
		其他通信线路	1.5 倍杆高					80	40	40
9	爆炸作业场地(如采石场)		300					300	300	300

注：①表中数值是指站场内甲、乙类储罐外壁与周围居住区、相邻厂矿企业、交通线等的防火间距，油气储运设备、装卸区、容器、厂房与序号 1~8 的防火间距可按本表减少 25%。单罐容量小于或等于 50m³ 的直埋卧式罐与序号 1~12 的防火间距可减少 50%，但不得小于 15m(五级油品站场与其他公路的距离除外)。

②当储运介质为丙$_A$或丙$_A$与丙$_B$类油品时，序号 1、2、3 的距离可减少 25%，当储运介质仅为丙$_B$类油品时，可不受本表限制。

③表中 35kV 及以上独立变电所系指变电所内单台变压器容量在 10000kV·A 及以上的变电所，小于 10000kV·A 的 35kV 变电所防火间距可按本表减少 25%。

④站场与自喷油井、气井、注气井的防火间距不小于 40m，与机械采油井的防火间距不小于 20m。

⑤①~③所述折减不得迭加。

⑥站场的放空火炬与周围居住区、相邻厂矿企业、交通线、电力线、通信线等的防火间距应经辐射热计算确定，对可能携带可燃液体的火炬的防火间距，不应小于本表的规定。

⑦防火间距的起算点应执行：公路从路边算起；铁路从中心算起；建(构)筑物从外墙壁算起；油罐及各种容器从外壁算起；管道从管壁外缘算起；各种机泵、变压器等设备从外缘算起；火车、汽车装卸油鹤管从中心线算起；火炬、放空管从中心算起；架空电力线、架空通信线从杆、塔的中心线算起；加热炉、水套炉、锅炉从烧火口或烟囱算起；居住区、村镇、公共福利设施和散居房屋从邻近建筑物的外壁算起；相邻厂矿企业从围墙算起。

四、平面布置

1. 总体要求

(1) 站场内的设施宜根据不同功能和特点分区布置，区内(间)布置应与工艺流程相适应，场区内外物料流向合理，生产管理和维护方便。

(2) 站场的功能分区及各区内的主要建(构)筑物，宜按表 6-18 的规定布置；性质相近、功能相似、联系紧密的建(构)筑物，在符合生产使用和防火要求的条件下，宜合并建设。

表 6-18 站场功能分区及主要建(构)筑物

序号	功能分区	主要建(构)筑物		
		原油站场	成品油站场	天然气站场
1	生产区	输油泵区、加热炉区、换热器区、储罐区、阀组区、计量区、锅炉房、收发球区等	输油泵区、混油处理设施、阀组区、计量区、储罐区、收发球区等	压缩机厂房、阀组区、计量区、收发球区、过滤分离器区、放空区、放空火炬、空压机间、综合设备间、排污池(罐)等

序号	功能分区	主要建(构)筑物		
		原油站场	成品油站场	天然气站场
2	辅助生产区	消防泵房、消防车库、变配电间、阴保间、机修间、器材库、锅炉房、空压机、机柜间、化验室、深井泵房、排涝泵房、供注水泵房、循环水处理、给水处理、污水处理设施等		
3	行政管理区	办公室、站控室、门卫、车库、倒班宿舍、浴室等		

（3）无明确分期建设要求的项目，对可能新（扩）建的工程内容，总平面设计宜预留发展用地；有明确分期建设投产的项目，总平面应一次规划、分期建设。

（4）平面布置应符合下列规定：

① 根据其生产工艺特点、火灾危险性等级、功能要求，结合地形、风向等条件，经技术经济比较确定；

② 根据当地气象资料，宜为建筑物创造良好的自然采光和通风的条件；

③ 可能散发可燃气体的场所和设施应布置在人员集中场所及明火或散发火花地点的全年最小频率风向的上风侧；

④ 甲、乙类液体储罐，宜布置在站场地势较低处。当受条件限制或有特殊工艺要求时，可布置在地势较高处，但应采取有效的防止液体流散的措施；

⑤ 甲、乙类液体储罐（组）不宜紧靠排洪沟布置。

（5）站场内的锅炉房、35kV及以上的变配电所、加热炉、水套炉等有明火或散发火花的地点宜布置在站场或油气生产区的边缘。

（6）空气分离设备应布置在空气清洁地段，并位于散发油气、粉尘等场所全年最小频率风向的下风向。

（7）天然气放空管或火炬应远离人员集中的场所和全站性重要设施，并应位于站场外地势较高处和场区全年最小频率风向的上风侧。

（8）与站场合建的抢（维）修中心（队）应独立成区，宜设置单独的出入口。

2. 防火间距

（1）一、二、三、四级站场内平面布置的防火间距除另有规定外，不应小于表6-19的规定。五级站场平面布置的防火间距，不应小于表6-20的规定。

（2）五级站场内的值班休息室（包括宿舍、厨房、餐厅）距甲、乙类油品储罐不应小于30m，距甲、乙类工艺设备、容器、厂房、装卸设施不应小于22.5m，当值班休息室朝向甲、乙类工艺设备、容器、厂房、装卸设施的墙壁为耐火等级不低于二级的防护墙时，防火间距可减少（储罐除外），但不应小于15m，并应方便人员在紧急情况下安全疏散。

（3）放空立管与站场的防火间距：当放空量等于或小于$1.0×10^4 m^3/h$时，不应小于10m；放空量大于$1.2×10^4 m^3/h$且等于或小于$4.0×10^4 m^3/h$时，不应小于40m。天然气放空管排放口与明火或散发火花地点的防火间距不应小于25m，与非防爆厂房之间的防火间距不应小于12m。

3. 生产设施布置

1）油罐区

油品储罐应为地上式钢罐。稳定原油、甲$_B$、乙$_A$类油品储罐宜采用浮顶油罐。

表 6-19　一、二、三、四级站场总平面布置防火间距

单位：m

名　称	地上油罐单罐容量/m³ 甲B、乙类固定顶 >10000	≤10000	≤1000	浮顶或丙类固定顶 >50000	≤50000	≤10000	≤1000	≤500或卧式罐	天然气储罐 总容量/m³ ≤10000	≤50000	甲、乙类厂房和密闭工艺设备区 a,b	有明火的密闭工艺设备区及加热炉	有明火或散发火花地点（含锅炉房）	敞口容器，除油池、污油池（罐）排污池（罐）/m³ ≤30	>30	全厂重要设施	辅助生产厂房及辅助生产设施	10kV及以下户外变压器
甲、乙类厂房和密闭工艺设备区 a,b	25	20	15	25	20	15	15/12	15/12	25	30								
有明火的密闭工艺设备区及加热炉	40	35	30	35	30	26	22	19	30	35	20							
有明火或散发火花地点（含锅炉房）	45	40	35	40	35	30	26	22	30	35	25/20	20						
敞口容器，除油池、污油池（罐）排污池（罐）/m³　≤30	28	24	20	24	20	18	16	12	25	30	—	25	25					
>30	35	30	25	30	26	22	20	15	25	35	20	30	35					
全厂重要设施	40	35	30	40	30	26	22	20	30	35	25	25	—	25	30			
辅助生产厂房及辅助生产设施	30	25	20	30	26	22	18	15	30	30	15	15	25	20	20	—		
10kV及以下户外变压器	30	25	20	30	26	22	18	15	30	30	15	15	20	25	25	—	—	
库房　甲、乙类物品	35	30	25	40	35	30	25	20	20	25	20	25	30	25	25	25	20	25
丙类物品 c	30	25	20	35	30	25	20	15	20	20	15	20	25	15	20	20	15	20
可能携带可燃液体的高架火炬 e	90	90	90	90	90	90	90	90	90	90	90	60	60	90	90	90	90	90

注：① 全厂性重要设施是指站控室、办公室、化验室、35kV及以上的变配电所、发电间、消防泵房和消防器材间、供水泵房、深井泵房、排涝泵房、仪表控制间、应急发电间、循环水泵房、阴极保护间、空压站和空分设备。

② 辅助生产厂房及辅助生产设施是指辅助生产设施以外的厂房和设施。

③ 表中数字分子表示甲A类，分母表示甲B、乙类厂房和密闭工艺设备区防火间距。

④ 表中"—"表示厂房或设备之间的防火间距应符合现行国家标准《建筑设计防火规范》的规定，不应小于本表的规定。

⑤ 放空火炬与站场的防火间距应经辐射热计算确定，且不应小于本表的规定。

⑥ 站场内邻近厂矿企业的石油天然气站（场）、车、厂等毗邻建设时，其防火间距可按本表的规定执行。

a 两个丙类液体工艺设备区之间的防火间距可按甲类工艺设备区的防火间距减少25%。

b 甲、乙类厂房和密闭工艺设备区对可能携带可燃液体的高架火炬的防火间距可按本表减少25%。

c 缓冲罐、零位罐、污油池、除油池与泵、压缩机与其直接相关的附属设备，泵与密封罐油回收容器的防火间距不限。

d 天然气储罐总量按实体积计算，大于5000m³时，防火间距应按本表增加25%。

e 可能携带可燃液体的高架火炬与相关火炬设施的防火间距不得折减。

表 6-20　五级站场总平面布置防火间距　　　　　　　　　　　　　　　　　　　　m

名　　称		天油气密闭设备及阀组区	可燃气体压缩机区及压缩机房	水套炉c	有明火或散发火花地点(含锅炉房)	10kV及以下户外变压器、配电间b	除油池、污油池(罐)、排污池(罐)a/m³ ≤30	除油池、污油池(罐)、排污池(罐)a/m³ >30	油罐	辅助生产厂房及辅助生产设施
水套炉		5	15							
有明火或散发火花地点(含锅炉房)		10	15							
10kV及以下户外变压器、配电间		10	12							
除油池、污油池(罐)、排污池(罐)/m³	≤30	—	9	15	15	15				
	>30	12	15	22.5	22.5	15				
油罐		10	15	15	20	15	15	15		
辅助生产厂房及辅助生产设施		12	15	—			15	22.5	15	
污水池		5	5	5	5	5	5	5	5	10

注：① 辅助生产厂房是指发电机房及使用非防爆电气的厂房和设施，如站内的维修间、值班室、机柜间、化验间、工具间、供水泵房、仪表间、库房、空压机房、循环水泵房、空冷设备、污水泵房等。

② 站场与相邻厂矿企业的石油天然气站(场)、库、厂等毗邻建设时，其防火间距可按本表的规定执行。

③ 表中"—"表示设施之间的防火间距符合现行国家标准《建筑设计防火规范》的规定。

a 缓冲罐与泵、零位罐与泵、除油池与污油提升泵、压缩机与直接相关的附属设备、泵与密封泄漏回收容器的防火间距不限。

b 35kV及以上的变配电所等全厂性重要设施应按表6-19的规定执行。

c 加热炉与分离器组成的带有直接火加热的设备，应按水套炉确定防火距离。

表 6-21　油罐之间的防火距离　　　　　　　　　　　　　　　　　　　　m

油品类别		固定顶油罐	浮顶油罐	卧式油罐
甲、乙类		1000m³ 以上的罐：0.6D	0.4D	0.8m
		1000m³ 及以下的罐，当采用固定式消防冷却时：0.6D；采用移动式消防冷却时：0.75D		
丙类	A	0.4D	—	0.8m
	B	>1000m³ 的罐：5m	—	
		≤1000m³ 的罐：2m		

注：① 浅盘式和浮舱用易熔材料制作的内浮顶油罐按固定顶油罐确定罐间距。

② 表中 D 为相邻较大罐的直径，单罐容积大于1000m³ 的油罐取直径或高度的较大值。

③ 储存不同油品的油罐、不同型式的油罐之间的防火间距，应采用较大值。

④ 高架(位)罐的防火间距，不应小于0.6m。

⑤ 单罐容量不大于300m³、罐组总容量不大于1500m³ 的立式油罐间距，可按施工和操作要求确定。

⑥ 丙A类油品固定顶油罐之间的防火距离按0.4D 计算大于15m时，最小可取15m。

⑦ 立式油罐排与排之间的防火距离，不应小于5m，卧式油罐的排与排之间的防火距离，不应小于3m。

（1）油罐区布置要求

① 总体要求：

a. 在同一罐组内，宜布置火灾危险性类别相同或相近的储罐。

b. 常压油品储罐不应与液化石油气、天然气凝液储罐同组布置。

c. 沸溢性的油品储罐不应与非沸溢性油品储罐同组布置。

d. 地上立式油罐同高位罐、卧式罐不宜布置在同一罐组内。

e. 油罐不应超过两排，但单罐容量小于 $1000m^3$ 的储存丙$_B$类油品的储罐不应超过 4 排。

② 油罐组内的油罐总容量应符合下列规定：

a. 固定顶油罐组不应大于 $12×10^4m^3$。

b. 浮顶油罐组不应大于 $60×10^4m^3$。

③ 油罐组内的油罐数量应符合下列要求：

a. 当单罐容量不小于 $1000m^3$ 时，不应多于 12 座。

b. 当单罐容量小于 $1000m^3$ 或者仅储存丙$_B$类油品时，数量不限。

（2）防火堤

① 地上立式油罐组应设防火堤，位于丘陵地区的油罐组，当有可利用地形条件设置导油沟和事故存油池时可不设防火堤。卧式油罐组应设防护墙。

② 油罐组防火堤应符合下列规定：

a. 防火堤应是闭合的，能够承受所容纳油品的静压力和地震引起的破坏力，保证其坚固和稳定。

b. 防火堤应使用不燃烧材料建造，首选土堤，当土源有困难时，可用砖石、钢筋混凝土等不燃烧材料砌筑，但内侧应培土或涂抹有效的防火涂料。土筑防火堤的堤顶宽度不小于 0.5m。

c. 立式油罐组防火堤的计算高度应保证堤内的有效容积需要。防火堤实际高度应比计算高度高出 0.2m。防火堤实际高度不应低于 1.0m，且不应高于 2.2m（均以防火堤外侧路面或地坪算起）。卧式油罐组围堰高度不应低于 0.5m。

d. 管道穿越防火堤处，应采用非燃烧材料封实。严禁在防火堤上开孔留洞。

e. 防火堤内场地可不做铺砌，但湿陷性黄土、盐渍土、膨胀土等地区的罐组内场地应有防止雨水和喷淋水浸害罐基础的措施。

f. 油罐组内场地应有不小于 0.5% 的地面设计坡度，排雨水管应从防火堤内设计地面以下通向堤外，并应采取排水阻油措施。年降雨量不小于 200mm 或降雨在 24h 内可以渗完时，油罐组内可不设雨水排除系统。

g. 油罐组防火堤上的人行踏步不应少于两处，且应处于不同方位。隔堤均应设置人行踏步。

③ 地上立式油罐的罐壁至防火堤内坡脚线的距离，不应小于罐壁高度的一半。卧式油罐的罐壁至围堰内坡脚线的距离，不应小于 3m。建在山边的油罐，靠山一面的罐壁至挖坡坡脚线距离不得小于 3m。

④ 防火堤内有效容量，应符合下列规定：

a. 对固定顶油罐组，不应小于储罐组内最大一个储罐有效容量。

b. 对浮顶油罐组，不应小于储罐组内一个最大罐有效容量的一半。

c. 当固定顶和浮顶油罐布置在同一油罐组内，防火堤内有效容量应取上两款规定的较大者。

⑤ 五级站内，小于等于 $500m^3$ 的丙类油罐，可不设防火堤，但应设高度不低于 1.0m 的防护墙。

2）加热炉或锅炉与其供油设施

（1）加热炉、水套炉等有明火或散发火花的地点，宜布置在站场或油气生产区边缘，并应位于散发油气的设备、容器、储罐区的全年最小频率风向的下风侧。

（2）加热炉或锅炉与其供油设施之间布置应符合下列要求：

① 燃料油泵和被加热的油进、出口阀不应布置在烧火间内。

② 燃料油泵不应与加热炉或锅炉同房间布置。当燃料油泵与加热炉或锅炉毗邻布置时，应设防火墙。

③ 燃料油罐宜为容积不大于 30m³ 的卧式罐。

④ 当燃料油罐总容积不大于 20m³ 时，与加热炉的防火间距不应小于 8m；当大于 20m³ 且不大于 30m³ 时，不应小于 15m；大于 30m³ 时，其防火间距按表 6-20 确定。

⑤ 燃料油储罐与燃料油泵的间距不限。

（3）加热炉附属的燃料气分液罐、燃料气加热器与炉体的防火间距不限；燃料气分液包采用开式排放时，排放口距加热炉的防火间距不应小于 15m。

3）收发球装置

（1）收发球筒宜布置在同一区域，且应布置在场区的边缘及其最小频率风向的上风侧。

（2）天然气管道清管器收发筒的快开盲板不应正对距离小于或等于 60m 的建（构）筑物。当受场地条件限制无法满足时，应采取有效的安全措施。

4）事故存液池

（1）设有事故存液池的油罐或罐组四周应设导油沟，使溢漏油品能顺利地流出罐组并自流入事故存液池内。

（2）事故存液池距离储罐不应小于 30m。

（3）事故存液池和导油沟距离明火地点不应小于 30m。

（4）事故存液池应有排水设施。

5）天然气凝液罐

（1）天然气凝液罐应布置在站场的边缘地带，远离人员集中的场所和明火地点，并应位于上述场所全年最小频率风向的上风侧。

（2）天然气凝液罐不得与常压油品储罐同组布置。

6）泄压和放空设施布置

（1）站场围墙外的放空立管或火炬、排污池（罐）宜位于站场、城镇、相邻工业企业和居民区的全年最小频率风向的上风侧，放空立管或火炬宜布置在地势较高处。

（2）站场的放空立管或火炬、排污池（罐）应远离人员集中的场所和全厂性重要设施，且宜布置在其全年最小频率风向的上风侧。

（3）距放空火炬筒 30m 的范围内，不应有可燃气体放空。

（4）连续排放的可燃气体排气筒顶或放空管口，应高出 20m 范围内的平台或建筑物顶 2.0m 以上。对位于 20m 以外的平台或建筑物顶，应满足图 6-1 的要求，并应高出所在地面 5m。

（5）间歇排放的可燃气体排气筒顶或放空管口，应高出 10m 范围内的平台或建筑物顶 2.0m 以上。对位于 10m 以外的平台或建筑物顶，应满足图 6-1 的要求，并应高出所在地面 5m。

（6）排污池（罐）、紧急放空池应布置在站场的边缘地带，远离人员集中的场所和明火地点，并应位于上述场所全年最小频率风向的上风侧。

（7）排污池（罐）、紧急放空池不宜紧靠排水沟布置，排污罐应独立布置。

（8）排污池（罐）、紧急放空池四周应设置不低于 1.5m 的围墙（栏）。

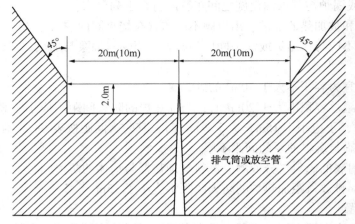

图 6-1　可燃气体排气筒或放空管允许最低高度示意图

（9）站外放空区周边宜设置不低于 2.2m 的围墙（栏），并设置便于紧急疏散的安全门和方便的道路交通。

7）其他工艺设备设施

（1）工艺设备宜棚室或露天布置，受生产工艺或自然条件限制时可布置在建筑物内。

（2）工艺设备区宜靠近站场边缘，方便管线进出站场，保证工艺流程顺畅。

（3）泄压回注泵或转油泵宜棚室或露天布置，且应布置在储罐区防火堤外侧。

（4）燃料油、污油、含油污水、混油、天然气凝液等的装卸设施应布置在场区的边缘和明火或散发火花地点全年最小频率风向的上风侧。

（5）进出各生产区和辅助生产区的管线，其方位宜与全场的管网相协调。在满足工艺流程要求的前提下，宜缩短管线长度。

（6）计量设备需标定车标定时，应设置停车场地，并应方便标定车进出，且不应占用消防通道。

（7）工艺设备区内部设备间距应满足工艺设备的安装、操作及维修要求。

五、管线布置

1. 一般规定

（1）管线综合布置应符合站场的近期建设规划要求，并兼顾中远期发展的需要。

（2）管线综合布置，应与站场的平面布置、竖向布置、道路布置和绿化布置等相结合，协调好管线与管线、建（构）筑物、道路和工艺设备之间在平面及竖向上的关系，紧凑合理、短捷顺畅。

（3）下列情况宜采用地上敷设管线方式：

① 工艺设备区内的工艺管道和热力管道；

② 场区地形复杂、多雨潮湿、地下水位较高且土壤及地下水的腐蚀性较大；

③ 管线数量较多；

④ 管线与道路交叉较多；

⑤ 具有腐蚀性、毒性的液（气）体管道；

⑥ 湿陷型黄土地区和永久性冻结地区的带压液体管道。

（4）下列情况宜采用地下敷设方式：

① 工艺设备区、建筑物等区域间的连接管线；

② 管线数量较少；

③ 要求隐蔽的管线；

④ 无腐蚀性、无毒性、无爆炸危险性的液体管道，电缆和水力输送管道等；

⑤ 泵进口管道等工艺对高度有要求的管道。

（5）各种管线宜按走向集中布置成管带，应避免地上管线包围建（构）筑物和工艺设备，还应减少管线与道路的交叉。若交叉时，宜为正交；需斜交时，其交角不应小于45°。

（6）管线综合布置不应妨碍工艺设备等的检修维护。

（7）在满足安装、生产、安全、检维修的条件下，管线宜共架或共沟、多层或同槽施工方式敷设。

（8）工艺管道、热力管线和各种电缆不应在道路路面下纵向平行道路敷设，直埋管线不应上下平行敷设。在路肩上可设置照明电杆、消火栓和跨越道路管线的支架。

（9）在管线布置发生矛盾时，应按下列原则避让：临时性的让永久性的；管径小的让管径大的；压力管让自流管；易弯曲的让不易弯曲的；工程量小的让工程量大的；新建的让现有的；检修次数少、方便的让检修次数多、不方便的。

（10）在高填方区，管线宜避开土壤沉降差较大的区域。

（11）天然气等易燃易爆气体管道不应布置在人员常出入的通道口。

（12）在湿陷性黄土、盐渍土、膨胀土等特殊工程地质条件下，地下管线综合应执行相关规范的有关规定。

2. 地上管线布置

（1）地上管线的敷设方式主要有管架式、管墩式及建筑物支撑式。敷设方式应根据介质性质、管线安装、生产操作、安全、维修管理、交通运输等因素，综合考虑确定。

（2）在站场边缘或罐区等不影响交通和扩建的地段，宜采用管墩式敷设，且管底距地面净距不应小于0.3m。

（3）工艺管道不应穿过与其无生产联系的建（构）筑物。

（4）管线布置不宜影响建筑物的自然通风和采光，以及门窗的正常开闭。

（5）高压送、配电线路不宜与通信线路接近和交叉。

（6）在管墩、管架上敷设的管线间距应符合下列规定：

① 满足安装、生产操作、安全、维修管理等要求；

② 无隔热层管线之间的净距不宜大于100mm，但法兰外缘与相邻管线之间的净距不得小于25mm；

③ 有隔热层管线之间和有隔热层与无隔热层管线之间的净距不宜小于100mm。

（7）管墩、管架长度的确定还应符合下列规定：

① 管墩或管架上宜预留有10%~30%不可预见的空位；

② 无隔热层管线外壁距管架梁或管墩端部的净距不应小于150mm；

③ 有隔热层的管线外壁距管架梁或管墩端部的净距不应小于120mm。

（8）工艺管道不应采用建筑物支撑的敷设方式。

（9）管架与建（构）筑物之间的最小水平净距，应符合表6-22的规定。

表 6-22　管架与建(构)筑物之间的最小水平净距

建(构)筑物的名称		最小水平净距/m
建筑物墙壁外缘或突出部分外缘	有门窗	3.0
	无门窗	1.5
道路		1.0
人行道路外沿		0.5
围墙(中心线)		1.0
照明或通信杆柱(中心)		1.0

注：本表不适应于地下式及建筑物支撑式管架。

（10）架空管线跨越道路的最小净空高度，应符合表 6-23 的规定。

表 6-23　架空管线跨越道路的最小净空高度[①]

名　称	最小净空高度/m
道路(从路拱算起)	5.0
人行道(从路面算起)	2.2

[①] 最小净空高度：管线自防护设施的外缘算起；管架自最低部位算起。

3. 地下管线布置

（1）工艺管道不宜采用管沟敷设。

（2）输送易燃可燃介质的埋地管道不宜穿越电缆沟。

（3）直埋管线之间、直埋管线与地面管墩式管线之间均不应平行重叠敷设。

（4）直埋管线的埋设深度应以管线不受到损坏为原则，且应考虑最大冻结深度和最高地下水位的影响，管顶距地面不宜小于 0.5m。

（5）地下管线穿越道路时，管顶至道路路面结构层底的垂直净距不应小于 0.5m。当不能满足要求或有特殊要求时，管线应设防护套管(或管沟)，其套管两端应伸出路堤坡脚、城市型道路路面、公路型道路路肩或路堤坡脚以外，且不得小于 1m。当路边有排水沟时，其套管应延伸出排水沟沟边 1m。

（6）地下管线至建(构)筑物之间的最小水平净距应符合表 6-24 的规定。

表 6-24　地下管线至建(构)筑物的最小水平净距[b,c]　　　　　　　　　　　　　　　　m

序号	项　目		压力流给水、排水管		自流给水、排水管线	热力管线	易燃和可燃液(气)体管线	≤10kV 电力电缆	照明、通信、仪表控制电缆[g]
			公称直径[d,f]						
			≤200mm	>200mm					
1	建(构)筑物基础外缘[a,e]		2.5	3.0	2.0	1.5	3.0	0.5	0.5
2	道路	路面或路沿边缘	1.5	1.5	1.5	1.5	1.5	1.5	0.5
		排水沟外壁	1.0	1.0	1.0	1.0	1.0	1.0	0.5
3	管架基础外缘[i]		1.0	1.0	1.0	1.0	1.0	0.5	0.5
4	外墙基础外缘		1.0	1.0	1.0	1.0	1.0	0.5	0.5
5	照明电线杆柱[h]		1.0	1.0	1.0	1.0	1.0	0.5	0.5
6	灌木		不限	不限	不限	1.5	2.0	0.5	0.5

序号	项目	压力流给水、排水管 公称直径[d,f]		自流给水、排水管线	热力管线	易燃和可燃液(气)体管线	≤10kV电力电缆	照明、通信、仪表控制电缆[g]
		≤200mm	>200mm					
7	乔木中心	1.5	1.5	1.5	1.5	2.0	1.5	1.0

a 各种管线与建(构)筑物基础外缘的净距,除按表中规定外,管线埋深超过建(构)筑物基础底面埋深0.5m以上时,应按相关要求计算确定,但不得小于表列数值。

b 表中净距除注明者外,均自管壁、沟壁、防护设施的外缘或最外一根电缆算起。

c 本表不适用于湿陷性黄土地区及膨胀土等特殊地区。

d 对于管径大于等于700mm的压力流给水排水管线,其间距应适当增加。

e 注水管线距建(构)筑物的最小水平净距不应小于5m。否则,应采取相应的安全措施。

f 当排水管线埋深超过建筑物基础埋深时,净距应不小于3.0m,并应布置在基础外缘压力影响范围以外。

g 通信电缆管线与建、构筑物基础外缘的间距,应为1.2m;电缆沟间距要求与电力电缆相同。

h 高压电力杆柱或铁塔(基础外边缘)距本表中各类管线的间距,应按表列照明电线杆柱间距增加50%。

i 当双柱式管架分别设基础时,可在管架基础之间敷设管线,但应满足本表要求。

(7)不同类埋地管线之间的最小水平净距应符合表6-25的规定。两相邻管线埋深高差大于0.5m,净距小于或等于1.0m者,或两相邻管线埋深高差大于1.0m时,净距小于或等于1.5m者,尚应进行验算。

表6-25　地下管线之间的最小水平净距　　　　　　　　　　　　　　　m

序号	项目			消防、给水、排水管线[a,e] 无阀井 公称直径		有阀井	热力管线(沟)[b,c,f]	易燃和可燃液(气)体管线	≤10kV电力电缆(沟)[d,g]	照明、通信、仪表控制电缆
				≤200mm	>200mm					
1	消防、给水、排水管线[d,g]	无阀井	公称直径 ≤200mm	0.5	0.6~1.0	管外壁与阀井外壁 0.2	1.0	1.0	0.8	0.5
			>200mm	0.6~1.0	0.6~1.0		1.5	1.2	1.0	1.0
		有阀井		管外壁与阀井外壁 0.2			1.0	1.5	0.8	0.5
2	热力管线(沟)[c]			1.0	1.5	1.0	—	1.0	1.5/1.0	1.0/0.5
3	易燃和可燃液(气)体管线			1.0	1.2	1.5	1.0	—	1.0	1.0
4	≤10kV电力电缆(沟)[e,f]			0.8	1.0	0.8	1.5/1.0	1.0		0.5
5	照明、通信、仪表控制电缆			0.5	1.0	0.5	1.0/0.5	1.0	0.5	—

注:① 本表不适用于湿陷性黄土地区及膨胀土等特也区。

　　② 热力管线在管沟内敷设时,采用分母数字。

a. 两平行相邻给水排水管线管底标高差大于等于两管中心距时,深埋管线应在浅埋管线外壁或基础底面边缘的45°休止角以外。

b. 当利用热力管道为工艺管道伴热时,间距不限。

c. 当热力管道(沟)与电力电缆间距不能满足表列间距时,可采取隔热措施,以防电缆过热。

d. 局部地段电力电缆穿管保护或加隔板后与给水管道、消防管道、排水管道、压缩空气管道的间距,可减少到0.5m,与穿管通信电缆的间距,可减少到0.1m。

e. 当给水管道、消防管道与排水管道共同埋设在砂土类土壤中,且给水管道、消防管道的材质为非金属或非合成塑料时,给水管道、消防管道与排水管道间距不应小于1.5m。

f. 仅供采暖用的热力管沟与电力电缆、通信电缆及电缆沟之间的间距,可减少20%,但不得小于0.5m。

g.35kV级的电力电缆与本表中各类管线的间距,可按10kV的数值增加20%。

（8）同类埋地管线之间的最小水平净距应符合下列规定：

① 当管线公称直径<200mm 时，净距为 100~200mm；

② 当管线公称直径为 250~00mm 时，净距为 300mm；

③ 当管线公称直径>400mm 时，净距不小于 400mm。

（9）埋地管线交叉时，应符合下列要求：

① 工艺管线应在其他管线上面；

② 给水管线应在排水管线的上面；

③ 电缆应在热力管线下面，在排水管线的上面；

④ 热力管线应在给水排水管线的上面。

（10）地下管线交叉时的最小垂直净距应符合表 6-26 的规定。

表 6-26　地下管线交叉时的最小垂直净距① m

序号	管线名称		给水、消防管线	排水管线②	热力管线	压缩空气管线	易燃可燃液(气)体管线	不大于10kV电力线路③		通信线路		排水明沟(沟底)
								直埋	套管④	直埋	套管	
1	给水、消防管线		0.15	0.15	0.15	0.15	0.15	0.5	0.15	0.5	0.15	0.5
2	排水管线		0.15	0.15	0.15	0.15	0.25	0.5	0.15	0.5	0.15	0.5
3	热力管线		0.15	0.15	0.15	0.15	0.15	0.5	0.25	0.5	0.25	0.5
4	压缩空气管线		0.15	0.15	0.15	0.15	0.25	0.5	0.25	0.5	0.25	0.5
5	易燃可燃液(气)体管线		0.25	0.25	0.15	0.25	0.10	0.5	0.25	0.5	0.25	0.5
6	不大于10kV电力线路	直埋	0.5	0.5	0.5	0.5	0.5			0.5	0.5	0.5
		套管	0.15	0.15	0.15	0.25	0.25			0.5	0.5	0.25
7	通信线路	直埋	0.5	0.5	0.5	0.5	0.5	0.5	0.5			0.5
		套管	0.15	0.15	0.25	0.25	0.15	0.5	0.5			0.25
8	排水明沟(沟底)		0.5	0.5	0.5	0.5	0.5	0.5	0.25	0.5	0.25	

① 垂直净距是指下方管线管顶与上方管线管底或基础底间的净距。

② 排水管线与生活给水管交叉时，排水管应在下方，其垂直净距不应小于 0.4m，否则应加套管或其他加固措施。

③ 电力电缆与通信电缆、仪表电缆交叉时，电力电缆应在下方，如在交叉点前后各 1.0m 范围内用隔板隔开或采用了套管时，净距可为 0.25m。

④ 若各种管线、电缆均加套管，排水明沟的基础经过加强，净距可适当减少，套管应伸出明沟沟壁 1.0m。

六、行政管理区布置

（1）行政管理区应结合站场规模、性质和使用功能等因素合理布置，为生产人员设置必要的生产管理及配套设施。

（2）行政管理区宜远离生产区布置，独立成区。

（3）行政管理区应布置在场区主要人流出入口处，与外部公路衔接方便。

（4）行政管理区宜位于场区全年最小频率风向的下风侧，且环境洁净的地段。

（5）行政管理区宜设置相应的绿化设施，处理好建筑、道路和绿地之间的关系。

（6）行政管理区宜设停车场及活动场所。

（7）行政管理区主要出入口宜设置门卫室。

七、道路、围墙及出入口布置

（1）一、二、三级站场应设置不少于两个通向外部道路的出入口，且出入口宜在不同方向设置，若受周围环境限制，不能满足时，则两个对外出入口的间距不宜小于50m。

（2）站场内消防车道布置应符合下列要求：

① 站场储罐区宜设环形消防车道。受地形条件限制的一、二、三级油气站场内或四、五级油气站场内的油罐组，可设有回车场的尽端式消防车道，回车场的面积应按当地所配有消防车辆车型确定，但不宜小于15m×15m。

② 储罐组消防车道与防火堤的外坡脚线之间的距离不应小于3m。储罐中心与最近的消防车道之间的距离不应大于80m。两组油罐防火堤之间无消防道路时，应设净宽不小于7m的平坦隔离空地。

③ 甲乙类液体厂房及油气密闭工艺设备距消防车道的间距不宜小于5m。

④ 消防车道的净空高度不应小于5m；一、二、三级油气站场内消防车道转弯半径内缘不应小于12m，纵向坡度不宜大于8%。

（3）一级站场内消防车道的路面宽度不应小于6m；二、三级站场内消防车道为单车道时，应有相向车辆错车通行的措施。

（4）当道路高出附近地面2.5m以上，且在距道路边缘15m范围内有工艺设备或可燃气体、可燃液体储罐及管道时，应在该段道路的边缘设护墩、矮墙等防护设施。

（5）站场内道路的布置应与竖向设计及管线布置相协调，并应与厂外道路有顺畅方便的连接。在满足生产、维修、消防等通车要求的情况下，应减少场区内部道路的设置，并应组织好人流和车流。

（6）站场内的道路交叉时，宜采用正交；若需斜交，交叉角不应小于45°。

（7）站场内道路宜采用城市型道路，路缘石宜高出路面80~120mm。

（8）道路的路面应根据生产实际需要确定，采用高级、次高级路面。

（9）人行道的宽度宜为1~2m。人行道边缘至屋面为无组织排水的建筑物外墙不应小于1.5m，至屋面为有组织排水的建筑物外墙净距应根据具体情况确定，但不宜小于1m。

（10）道路纵坡不小于0.3%，不大于8%，人行道纵坡大于6%时，应局部改作台阶式。室外场地纵坡不小于0.3%，不大于10%，最宜0.5%~1%。

（11）道路边缘至相邻建(构)筑物的净距应符合表6-27的规定值。

表6-27 道路边缘至相邻建(构)筑物的距离

建(构)筑物名称		最小距离/m
建筑物外墙面	当建筑物面向道路一侧无出入口时	1.5
	当建筑物面向道路一侧有出入口但不通行车辆时	3.0
	当建筑物面向道路侧有出入口且通行汽车时　连接引道的路面为单车道时	8.0
	连接引道的路面为双车道时	6.0
	连接引道为电瓶搬运车行道时	4.5
围墙		1.5

（12）甲乙类设备、容器及生产建(构)筑物至围墙(栏)的间距不应小于5m。

（13）站场应设置围墙，若所在地区的环境和地形特殊，可酌情确定，应确保站场安全和便于管理。

（14）围墙（栏）高度应从场外自然地面起算，采用不低于 2.2m 的非燃烧体材料砌筑。

（15）生产区与行政管理区之间宜设置围墙（栏）或绿篱等加以分隔。

（16）35kV 及以上变电所外部围墙应与站场围墙统一考虑；应设置高度不低于 1.5m 围栏与其他区域隔离。

（17）远离站场主入口且靠近生产区的外围墙（栏）的适当位置宜设置供人员紧急疏散的安全门，可处常关状态，但站场内应有快速打开的措施。围墙（栏）安全门口外应便于疏散，不应存在阻挡疏散的障碍物、陡坎等。

八、站场绿化

（1）站场绿化应根据平面布置、竖向设计、生产特点、消防安全、环境特征等因素合理布置。

（2）站场绿化布置，应符合下列要求：

① 与平面布置、竖向设计、管线综合相适应，并与周围环境和建（构）筑物相协调；

② 不妨碍工艺设备、储运设施等散发的气体的扩散；

③ 工艺设备区、罐区与周围消防道路之间不宜种植绿篱或茂密的灌木；

④ 不妨碍道路的视距安全；

⑤ 不妨碍生产操作、设备检修、消防作业和物料运输；

⑥ 充分利用通道、零星空地及预留地。

（3）绿化设计根据站场总平面布置的功能分区及其性质，宜分为下列几个绿化区：

① 辅助生产区的装置、建（构）筑物周围的绿化；

② 行政管理区；

③ 站场内道路两侧；

④ 围墙内周边地带。

（4）站场绿化植物的选择，应符合下列要求：

① 选择相应的耐性好、抗污、净化、减噪或滞尘力强的植物；

② 选择有利于安全生产和职业卫生的植物；

③ 不应选择油性植物，宜选择含水分较多的植物。

（5）生产区和行政管理区之间宜种植枝叶茂盛的常绿树，形成隔声及阻尘带。

第三节　站场设备设施

一、输油站安全对策措施

1. 储罐

1）原油管道站场内的储罐

（1）原油储罐宜选用浮顶油罐。

（2）输油站储罐设置应满足管道安全运行的需求，储罐设置应符合下列规定：

① 输油首站、注入站及末站设置的储油罐数量每站不宜少于 3 座，储油罐总容量不应小于按下式计算的储罐总容量：

$$V = \frac{G}{350\rho\varepsilon}k \qquad (6-12)$$

式中　V——输油站原油储罐总容量，m^3；

　　　G——输油站原油年总运转量，t；

　　　ρ——储存温度下原油密度，t/m^3；

　　　ε——油罐装量系数，宜取 0.9；

　　　k——原油储备天数。

② 具有储存、转运功能的分输站宜设置储油罐，罐容应按公式(6-12)计算。直接向用户供油的分输站可不设置储油罐。

③ 设有反输功能的输油站罐容除应满足正常输送需要外，尚应满足反输工艺对储罐容量的需求。反输罐容应按下式计算：

$$V = \frac{24v}{\varepsilon}k \qquad (6-13)$$

式中　V——管道反输运行时，输油站需要的原油储罐总容量，m^3；

　　　v——管道反输运行的输油小时量，m^3/h；

　　　ε——油罐装量系数，宜取 0.9；

　　　k——原油反输运行天数。

（3）站场泄放罐设置及容量应根据瞬态水力分析确定，泄放罐宜采用固定顶储罐。

（4）输油站油品储备天数宜符合下列规定：

① 首站、注入站：

a. 油源来自油田管道时，其储备天数宜为 3~5 天；

b. 油源来自铁路卸油时，其储备天数宜为 4~5 天；

c. 油源来自内河运输时，其储备天数宜为 3~4 天；

d. 油源来自近海运输时，其储备天数宜为 5~7 天；

e. 油源来自远洋运输时，其储备天数按委托设计合同确定；油罐总容量应大于油轮一次卸油量。

② 具有储存、转运功能的分输站、末站：

a. 通过铁路发送油品给用户时，油品储备天数宜为 4~5 天；

b. 通过内河发送给用户时，油品储备天数宜为 3~4 天；

c. 通过近海发送给用户时，油品的储备天数宜为 5~7 天；

d. 通过远洋油轮运送给用户时，油品储备天数按委托设计合同确定；油罐总容量应大于油轮一次装油量；

e. 末站为向用户供油的管道转输站时，油品储备天数宜为 3 天。

③中间(热)泵站采用旁接油罐输油工艺时，其旁接油罐容量宜按 2h 的最大管输量计算。

④ 油罐的加热和保温方式应根据储存原油的物理性质和环境条件，通过技术经济比较后确定。原油储存温度宜高于原油凝点 3~5℃。

2）成品油管道站场内的储罐

（1）储存汽油、石脑油、煤油、溶剂油、航空煤油、喷气燃料油应选用内浮顶罐；闪点低于45℃的柴油宜选用内浮顶罐，闪点高于45℃的柴油、重油等可选用固定顶油罐。

（2）顺序输送管道首站、注入站的储罐容量应满足批次输送的罐容要求，储罐设置应符合下列规定：

① 输油首站、注入站满足批次组织要求的储罐容量宜按下式计算：

$$V = \frac{K_\mathrm{m}m}{\rho \varepsilon N} \tag{6-14}$$

式中　V——每批次、每种油品或每种牌号油品所需的储罐容量，m^3；

　　　m——每种油品或每种牌号油品的年输送量，t；

　　　ρ——储存温度下每种油品或每种牌号油品的密度，$\mathrm{t/m}^3$；

　　　ε——油罐的装量系数，容量小于 $1000\mathrm{m}^3$ 的固定顶罐（含内浮顶）宜取 0.85，容量等于或大于 $1000\mathrm{m}^3$ 的固定顶罐（含内浮顶）、浮顶罐宜取 0.9；

　　　N——循环次数，次；

　　　K_m——月最大不均匀系数。

$$K_\mathrm{m} = \frac{Q_\mathrm{m}}{Q_\mathrm{e}} \tag{6-15}$$

式中　Q_m——最大月下载或输出量，t；

　　　Q_e——年平均月下载或输出量，t。

注：设有水运卸船码头的站场，还应满足一次装船或卸船量要求，取较大值。

② 直接向销售油库供油的分输站或末站可不设置储油罐；具有储存、转运功能的分输站或末站的罐容宜按公式（6-14）计算，且应满足转运方式的要求。

③ 每种油品或每种牌号油品储油罐数量不应少于 2 座。

（3）顺序输送成品油管道站场泄放罐设置及容量应根据瞬态水力分析确定，泄放罐宜采用固定顶罐。

（4）需下载混油的站场宜设置混油罐，顺序输送成品油管道站场混油罐数量应按照混油切割和处理工艺确定，混油罐总容量不宜小于 2 个输送批次混油切割量要求。

2. 输油泵

1）油泵

油泵的选择应符合下列规定：

（1）输油泵泵型应根据所输油品性质合理选择。当在输送温度下油品的动力黏度在 $100\mathrm{mPa \cdot s}$ 以下时，宜选用离心泵。

（2）泵机组不应少于 2 台，但不宜多于 5 台，并应至少备用 1 台。

（3）输油泵轴功率应按下式计算：

$$P = \frac{q_\mathrm{v}\rho H}{102\eta} \tag{6-16}$$

式中　P——输油泵轴功率，kW；

　　　q_v——设计温度下泵的排量，m^3/s；

　　　ρ——设计温度下介质的密度，$\mathrm{kg/m}^3$；

　　　H——输油泵排量为 q_v 时的扬程，m；

　　　η——设计温度下泵排量为 q_v 时的输油效率。

注：泵样本上给出的 η、q_v、H 是以输水为基础的数据。泵用于输油时，应根据输油温度下的油品黏度，对泵的 η、q_v、H 进行修正。

156

2）输油主泵驱动装置

输油主泵驱动装置的选择应符合下列规定：

（1）电力充足地区应采用电动机，无电或缺电地区宜采用内燃机；

（2）经技术经济比较后，可选择调速装置或可调速的驱动装置；

（3）驱动泵的电动机功率应按下式计算：

$$N = K \frac{P}{\eta_e} \qquad (6-17)$$

式中　N——输油泵配电机额定功率，kW；

　　　P——输油泵轴功率，kW；

　　　η_e——传动系数，取值如下：直接传动，$\eta_e = 1.0$；齿轮传动，$\eta_e = 0.9 \sim 0.97$；液力耦合器，$\eta_e = 0.97 \sim 0.98$；

　　　K——电动机额定功率安全系数，取值如下：$3 < P \leqslant 55$kW，$K = 1.15$；$55 < P \leqslant 75$kW，$K = 1.14$；$P > 75$kW，$K = 1.1$。

3. 减压站

减压站内减压系统的设置应符合下列规定：

（1）减压系统应能保证油品通过上游高点时不出现汽化现象，并应控制下游管道压力不超压。

（2）减压系统应设置备用减压阀，减压阀应选择故障关闭型。

（3）减压站不应设置越站管线。

（4）减压阀上、下游应设置远控截断阀，阀门的压力等级应和减压阀压力等级保持一致，应能保证在管道停输时完全隔断静压力。

（5）减压阀组上游应设置过滤器，过滤网孔径尺寸应根据减压阀结构形式确定。

（6）设置伴热保温的减压阀组，每路减压阀组应设置单独的伴热回路。

（7）减压站内的进、出站管线上应设超压保护泄放阀。

4. 清管设施

清管设施的设置应符合下列规定：

（1）输油管道应设置清管设施。

（2）清管器出站端及进站端管线上应设置清管器通过指示器。设置清管器转发设施的站场，应在清管器转发设施的上游和下游管线上设置清管器通过指示器。

（3）清管器接收、发送筒的结构、筒径及长度应能满足通过清管器或检测器的要求。

（4）当输油管道直径大于 DN500，且清管器总重超过 45kg 时，宜配备清管器提升设施。

（5）清管器接收、发送操作场地应根据一次清管作业中使用的清管器（包括检测器）数量及长度确定。

（6）清管作业清出的污物应进行集中收集处理。

5. 阀门

输油管道用阀门的选择应符合下列规定：

（1）安装于通过清管器管道上的阀门应选择全通径型（阀门通道直径与相连接管道的内径相同）；不通清管器的阀门可选用普通型或缩径型。

（2）埋地安装的阀门宜采用全焊接阀体结构，并采用焊接连接。

（3）当阀门与管道焊接连接时，阀体材料的焊接性能应与所连接的钢管的焊接性能相适应。

（4）输油管道不得使用铸铁阀门。

（5）针对成品油管道：顺序输送成品油管道用于油品切换作业的阀门应为快速开启、关闭、密封性能好的阀门，其开启、关闭的时间不宜超过10s，并应采取防止管道内漏、串油的措施。

6. 计量装置

油品交接计量的设置应符合下列规定：

（1）输油管道应在油品交接处设置交接计量系统。

（2）流量计宜选用容积式、速度式或质量式流量计，准确度不应低于0.2级。

（3）计量系统应设置备用计量管路，不应设置旁通管路。计量管路多于4路时，应设置2路备用。

（4）流量计下游应设置具有截止和检漏双功能阀门或严密性好的无泄漏阀门。

（5）流量计出口应保持足够的背压。

（6）计量系统宜设置在线检定装置及配套设施。检定装置应设置清洗流程。

（7）流量计前后的排污设施应分别设置，宜设置密闭流程。

（8）流量计、体积管可露天安装，水标系统宜室内安装。

（9）计量处宜设置取样系统和油品物性化验设施。

（10）计量系统及辅助设备的设置，应满足国家现行标准《石油和液体石油产品动态计量》（GB/T 9109）、《液态烃体积测量　涡轮流量计计量系统》（GB/T 17289）、《液态烃体积测量　容积式流量计计量系统》（GB/T 17288）、《科里奥利质量流量计检定规程》（JJG 1038）、《液态烃动态测量　体积计量流量计检定系统》（GB/T 17286）及《液态烃动态测量　体积计量流量计检定系统的统计控制》（GB/T 17287）的有关规定。

7. 其他

（1）有混油切割的站场应在进站管道上设置混油界面检测设施。

（2）铁路装卸设施应符合《石油化工液体物料铁路装卸车设施设计规范》（SH/T 3107）的相关规定。

二、输气站安全对策措施

1. 调压及计量装置

（1）应满足输气工艺、生产运行及检修需要。

（2）在需控制压力及需要对气体流量进行控制和调节的管段上应设置调压设施，调压应注意节流温降的影响。

（3）具有贸易交接、设备运行流量分配和自耗气的工艺管路上应设置计量设施。

（4）计量流程的设计及设备的选择应满足流量变化的要求。

2. 清管设施

（1）清管设施宜与输气站合并建设，当输气站站间距超过清管器可靠运行距离时，应单独设置清管站。

（2）清管工艺应采用不停气密闭清管工艺流程，进出站的管段上宜设置清管器通过指示器。

（3）清管器收、发筒的结构尺寸应能满足通过清管器或智能检测器的要求。

（4）清管作业清除的污物应进行收集处理，不得随意排放。

3. 污液收集装置

输气站生产的污液宜集中收集，应根据污物源的点位、数量、物性参数等设计排污管道系统，排污管道的终端应设排污池或排污罐。

4. 压缩机组及厂房

（1）压缩机组应根据工作环境及对机组的要求，布置在露天或厂房内。在严寒地区、噪声控制地区或风沙地区宜采用全封闭式厂房，其他地区宜采用敞开式或半敞开式厂房。

（2）厂房内压缩机及其辅助设备的布置，应根据机型、机组功率、外型尺寸、检修方式、运输等因素按单层或双层布置，并应符合下列规定：

① 两台压缩机组的突出部分间距及压缩机组与墙的间距，应能满足操作、检修的场地和通道要求；

② 压缩机组的布置应便于管线和设备安装；

③ 压缩机基础的布置和设计应符合现行国家标准《动力机器基础设计规范》（GB 50040）的有关规定，并应采取相应的减振、隔振措施。

（3）压气站内建（构）筑物的防火、防爆和噪声控制应按国家现行相关标准的有关规定进行设计。

（4）压缩机房的每一操作层及其高出地面3m以上的操作平台（不包括单独的发动机平台），应至少设置两个安全出口及通向地面的梯子。操作平台上的任意点沿通道中心线与安全出口之间的最大距离不得大于25m。安全出口和通往安全地带的通道，必须畅通无阻。压缩机房设置的平开门应朝外开。

（5）压缩机房的建筑平面、空间布置应满足工艺流程、设备布置、设备安装和维修的要求。

（6）压缩机厂房的防火设计应符合现行国家标准《石油天然气工程设计防火规范》（GB 50183）的有关规定。

（7）压缩机房内，应根据压缩机检修的需要配置供检修用的固定起重设备。当压缩机组布置在露天、敞开式厂房内或机组自带起吊设备时，可不设固定起重设备，但应设置移动式起重设备的吊装场地和行驶通道。

5. 压气站工艺及辅助系统

（1）压气站工艺流程设计应根据输气系统工艺要求，满足气体的除尘、分液、增压、冷却、越站、试运作业和机组的启动、停机、正常操作及安全保护等要求。

（2）压气站宜设置分离过滤设备，处理后的天然气应符合压缩机组对固液含量的要求。

（3）压气站内的总压降不宜大于0.25MPa。

（4）当压缩机出口气体温度高于下游设施、管道以及管道敷设环境允许的最高操作温度或为提高气体输送效率时，应设置冷却器。

（5）每一台离心式压缩机组宜设天然气流量计量设施。

（6）压缩机组能耗宜采用单机计量。

（7）压缩机组进、出口管线上应设截断阀，截断阀宜布置在压缩机厂房外，其控制应纳入机组控制系统。

（8）压缩机采用燃机驱动时，燃机的燃料气供给系统设计应符合下列规定：

① 燃料气的气质、压力、流量应满足燃机的运行要求；

② 燃料气管线应从压缩机进口截断阀上游的总管上接出，应设置调压设施和对单台机

组的计量设施；

③ 燃料气管线在进入压缩机厂房前及每台燃机前应装设截断阀；

④ 燃料气安全放空宜在核算放空背压后接入站场相同压力等级的放空系统；

⑤ 燃料气中可能出现凝液时，宜在燃料气系统加装气-液聚结器或其他能去除凝液的设施。

（9）离心式压缩机的润滑油系统的动力应由主润滑油泵、辅助润滑油泵和紧急润滑油泵或高位油箱构成。辅助油泵的出油管应设单向阀。

（10）采用注油润滑的往复式压缩机各级出口均应设气-液分离设备。

（11）冷却系统设计应符合下列规定：

① 气体冷却应根据压气站所处地理位置、气象、水源、排水、供配电等情况比较确定，可采用空冷、水冷或其他冷却方式，气体通过冷却器的压力损失不宜大于 0.07MPa；

② 往复式压缩机和燃气发动机气缸壁冷却水宜采用密闭循环冷却；

③ 冷却系统的布置应注意与相邻散热设施的关系，应避免相互干扰。

（12）压缩空气系统设计应符合下列规定：

① 压缩空气系统的设计应符合现行国家标准《压缩空气站设计规范》（GB 50029）的有关规定；

② 压缩空气系统所提供的压缩空气应满足离心式压缩机、电机正压通风，站内仪表用风及其他设施对气量、气质、压力的要求；

③ 空气储罐容量应满足 15min 干气密封、仪表用风等的气量要求；

④ 空气罐或罐组出口处宜设置止回阀。

（13）燃气轮机的启动宜采用电液马达启动、交流电机启动或气马达启动。当采用气马达启动时，驱动气马达的气体气质及气体参数应符合设备制造厂的要求，应在每台发动机附近的启动用空气管线上设置止回阀。

（14）以燃气为动力的压缩机组应设置空气进气过滤系统，过滤后的气质应符合设备制造厂的要求。

（15）以燃气为动力的压缩机组的废气排放口应高于新鲜空气进气系统的进气口，宜位于进气口当地最小风频上风向，废气排放口与新鲜空气进气口应保持足够的距离，避免废气重新吸入进气口。

6. 压缩机组的选型及配置

（1）压缩机组的选型和台数，应根据压气站的总流量、总压比、出站压力、气质等参数，结合机组备用方式，进行技术经济比较后确定。

（2）压气站宜选用离心式压缩机。在站压比较高、输量较小时，可选用往复式压缩机。

（3）同一压气站内的压缩机组宜采用同一机型。

（4）压缩机的原动机选型应结合当地能源供给情况及环境条件，进行技术经济比较后确定。离心式压缩机宜采用燃气轮机、变频调速电机或机械调速电机，往复式压缩机宜采用燃气发动机或电机。

（5）驱动设备所需的功率应与压缩机相匹配。驱动设备的现场功率应有适当裕量，应能满足不同季节环境温度、不同海拔高度条件下的工况需求，且应能克服由于运行年限增长等原因可能引起的功率下降。

7. 压缩机组的安全保护

（1）往复式压缩机出口与第一个截断阀之间应装设安全阀和放空阀，安全阀的泄放能力不应小于压缩机的最大排量。

（2）每台压缩机组应设置安全保护装置，并应符合下列规定：

① 压缩机气体进口应设置压力高限、低限报警和低限越限停机装置；

② 压缩机气体出口应设置压力高限报警和高限越限停机装置；

③ 压缩机的原动机(除电动机外)应设置转速高限报警和超限停机装置；

④ 启动气和燃料气管线应设置限流及超压保护设施，燃料气管线应设置停机或故障时的自动切断气源及排空设施；

⑤ 压缩机组润滑油系统应有报警和停机装置；

⑥ 压缩机组应设置振动监控装置及振动高限报警、超限自动停机装置；

⑦ 压缩机组应设置轴承温度及燃气轮机透平进口气体温度监控装置，以及温度高限报警、超限自动停机装置；

⑧ 离心式压缩机应设置喘振检测及控制设施；

⑨ 压缩机组的冷却系统应设置振动检测及超限自动停车装置；

⑩ 压缩机组应设轴位移检测、报警及超限自动停机装置；

⑪ 压缩机的干气密封系统应有泄放超限报警装置。

（3）事故紧急停机时，压缩机进、出口阀应自动关闭，防喘振阀应自动开启，压缩机及其配管应自动泄压。

8. 站内管线

（1）站内所有工艺管道均应采用钢管及钢质管件。

（2）机组的仪表、控制、取样、润滑油及离心式压缩机用密封气、燃料气、压缩空气等系统的阀门、管道及管件等宜采用不锈钢材质。

（3）站内管线安装设计应采取减小振动和热应力的措施。压缩机进、出口配管对压缩机连接法兰所产生的应力应小于压缩机技术条件的允许值。

（4）管线的连接方式除因安装需要采用螺纹、卡套或法兰连接外，均应采用焊接。

（5）输气站内管线应采用地上或埋地敷设，不宜采用管沟敷设。当采用管沟敷设时，应采取防止天然气泄漏积聚的措施。

（6）管道穿越车行道路和围墙基础时，宜采取保护措施。

（7）从站内分离设备至压缩机入口的管段宜进行内壁清洗。

（8）与分离器、清管收发筒、压缩机组等设备相连的地面和埋地管道应采取防止管道沉降或位移的措施。

第四节　防腐保温与阴极保护

一、防腐与保温

1. 站外管道的腐蚀控制和保温

1）管道外防腐

（1）输油、输气管道应进行外防腐。

（2）管道外防腐层类型的选择应考虑以下因素：环境类型；输送介质的运行温度；地理位置和自然场所；防腐层在施工、运输、装卸、储存、安装以及试压时的环境温度；原有防腐层的类型以及阴极保护的运行要求；防腐层对钢铁表面的处理要求；经济性。

（3）埋地管道外防腐层应具备良好的电绝缘性、良好的防潮防水性、较强的机械强度、对钢铁表面有良好的黏接性、较好的耐化学性和抗老化性、损伤后易于修补等。

（4）地面管道外防腐层应具备良好的耐候性能、抗日光照射、抗风化性能、良好的抗介质渗透性能、较强的机械强度、对钢铁表面有良好的黏接性、损伤后易于修补等。

2）管道保温

输油、输气管道如需保温，应满足下列要求：

（1）保温层应符合现行国家标准《埋地钢质管道防腐保温层技术标准》（GB/T 50538）的有关规定。

（2）保温材料应具有一定机械强度，耐热性能好，不易燃烧和具有自熄性，且对管道无腐蚀作用。

（3）保温层外部宜有保护层，保护层材料应具有足够的机械强度和韧性，化学性能稳定，且具有耐老化、防水和电绝缘的性能。

2. 站内管道及设备的防腐与保温

（1）站内地面钢质管道和金属设施应采用防腐层进行腐蚀防护。

（2）站内地下钢质管道的防腐层应为加强级或特加强级，也可采取外防腐层和阴极保护联合防护方式。

（3）地面储罐的防腐设计应符合现行国家标准《钢质石油储罐防腐蚀工程技术标准》（GB/T 50393）的有关规定。

（4）保温管道的钢管外壁及钢制设备外壁均应进行防腐，保温层外应设防护层。埋地管道及钢制设备的保温设计应符合现行国家标准《埋地钢质管道防腐保温层技术标准》（GB/T 50538）的有关规定。地面钢质管道和设备的保温设计应符合现行国家标准《工业设备及管道绝热工程设计规范》（GB 50264）的有关规定。

二、阴极保护

（1）输油、输气管道应进行阴极保护，阴极保护设计应根据工程规模、土壤环境、管道防腐层质量等因素，经济合理地选用保护方式，保护方式分为强制电流和牺牲阳极两种。阴极保护应符合《埋地钢质管道阴极保护技术规范》（GB/T 21448）的有关规定。

（2）对于新建埋地管道，阴极保护工程的勘查、设计和施工应与主体工程同步进行，并应在管道埋地后六个月内投入运行。在强腐蚀性土壤环境中，管道在埋入地下时就应施加临时阴极保护措施，直至正常阴极保护投产。临时性阴极保护措施可采用牺牲阳极阴极保护，设计寿命一般为两年。

（3）在交、直流干扰源影响区域内的管道，应按照国家现行标准《埋地钢质管道交流干扰防护技术标准》（GB/T 50698）和《埋地钢质管道直流排流保护技术标准》（SY/T 0017）的相关规定，采取有效的排流保护或防护措施。

（4）采用强制电流保护方式时，应避免或抑制对邻近金属构筑物的干扰影响。阴极保护管道应与非保护构筑物电绝缘。在绝缘接头或绝缘法兰的连接设施上应设置防高压电涌冲击的保护设施。

（5）阴极保护管道应设置阴极保护参数测试设施，宜设置阴极保护参数监测装置。

（6）非同沟敷设的并行管道宜分别实施阴极保护，阳极地床方式和位置的选择应能避免相互之间的干扰，需要进行联合保护的，应在并行段两端受干扰的管道上采取绝缘隔离措施。同沟敷设且阴极保护站合建的管段可采用联合保护。

（7）在管道的下列部位，根据工程的具体情况设置绝缘法兰、绝缘接头或其他绝缘措施：

① 应设置的部位：管道与其他设施所有权的分界处；有阴极保护和无阴极保护的分界处；有防腐层的管道与裸管道的连接处；有接地的阀门；大型穿、跨越段管道有接地时，穿跨越段的两侧。

② 可设置的部位：管道与井、站、库的连接处；支线管道与干线管道的连接处；在同一条管道采取两种以上阴极保护方式时，不同阴极保护方式的分界处；直流干扰段的两侧；两种不同材质管道的分界处。

（8）设计安装绝缘法兰或绝缘接头时，应注意下列事项：

① 根据管道的介质种类、温度、压力、绝缘性能要求和绝缘装置机械强度的大小、位置和方向、外部环境条件等因素，选择适宜的电绝缘装置及其安装方法；

② 绝缘法兰不应安装在可燃性气体聚积的部位和封闭的场所；

③ 严禁安装在管道热补偿器附近；

④ 绝缘法兰和绝缘接头两侧各 10m 内的管道外防腐宜适当增加防腐层涂敷厚度或提高防腐层等级；

⑤ 在绝缘连接设施上应装有防强电电涌电流保护设施。

（9）管道设有金属套管时，管道与套管间应设有可靠的绝缘支撑块。安装的绝缘支撑块不得在管道上滑动，应具备长期稳定的抗压强度和绝缘性能及适应周围条件的能力。套管两端应采取良好的密封封口，避免外来物质进入套管中。

（10）当管道采用导电的金属支撑架时，管道与导电的支撑之间应有可靠的绝缘。应根据管道的运行和环境条件选取合适的绝缘衬垫，如玻璃纤维增强塑料、氯丁橡胶、陶瓷等。

（11）管道穿越江河时，对为固定管道而加设的稳管设施而言，如该设施有导电金属，则该金属应与管道绝缘，且不得损坏管道的防腐层。

第五节　仪表控制系统及通信

一、仪表控制系统设计

1. 输油管道工程仪表控制系统

1) 一般规定

（1）工艺设备、动力设备及其他辅助设备应满足自动控制功能要求。

（2）输油工艺过程平稳运行及确保安全生产的重要参数，应连续监测或记录。

（3）管道系统的控制水平与控制方式应满足输油工艺过程的安全、操作和运行要求。

（4）输油管道应设置监视、控制和调度管理系统，宜采用监控与数据采集（SCADA）系统。

（5）输油管道的监控与数据采集（SCADA）系统应包括控制中心的计算机系统、输油站站控制系统、远控截断阀的控制系统及数据传输系统。

（6）输油管道的控制方式宜采用控制中心控制、站控制系统控制和设备就地控制。

2）控制中心及计算机系统

（1）控制中心宜具有下列功能：

① 监视各站及工艺设备的运行状态；

② 对监控阀室的监视、控制；

③ 实时采集和处理主要工艺变量数据；

④ 通过站控制系统进行远程控制；

⑤ 水击控制；

⑥ 管道的泄漏检测与定位；

⑦ 全线紧急停运；

⑧ 通信信道监测及自动切换；

⑨ 数据分析及运行管理决策指导；

⑩ 向管理系统和其他应用系统提供数据。

（2）顺序输送多种油品时，控制中心配置的软件可具备状态预测、批次计划、工艺运行优化、界面跟踪、管道存量计算、模拟培训等功能。

（3）控制中心控制室的设计应满足运行操作条件的要求，除应符合现行国家标准《电子信息系统机房设计规定》（GB 50174）的规定外，尚应满足计算机设备的安装要求。

（4）计算机系统应采用双机热备配置，系统应具备故障自动切换功能。

（5）当设置备用控制中心时，主、备控制中心之间应具备控制权限切换功能。

3）站控制系统

（1）站控制系统宜具有下列功能：

① 接受和执行控制中心的控制命令，进行控制和调整设定值，并能独立工作；

② 过程变量的检测和数据处理；

③ 向控制中心传送必要的工艺过程数据和报警信息；

④ 显示输油站的工艺流程、动态数据的画面；

⑤ 采集并显示设备的运行状态、工艺参数；

⑥ 主要工艺过程参数的控制；

⑦ 故障自诊断，并把信息传送至控制中心；

⑧ 通信信道监测及自动切换；

⑨ 顺序输送多种油品管道的油品切割及混油量控制。

（2）站控制系统配置宜符合下列要求：

① 站控制系统宜由基本过程控制系统、安全仪表系统和消防控制系统组成；

② 站控制系统应选用开放式结构；

③ 基本过程控制系统应由过程控制单元、操作员工作站、网络设备和辅助设备组成；

④ 基本过程控制单元和消防控制系统的处理器、I/O 网络、局域网、通信接口、电源等应按冗余配置；

⑤ 安全仪表系统应由处理器、I/O 卡件、网络设备和辅助设备组成，各部分应符合安全完整性等级要求；

⑥ 第三方智能仪表或设备与站控制系统之间宜采用通信接口连接；

⑦ 安全仪表系统的控制信号应采用硬线连接；

⑧ 监控阀室的控制设备应满足所处环境条件。

（3）信号类型及模拟量输入、输出精确度应符合下列规定：

① 信号类型宜采用下列类型：4～20mADC 或 1～5VDC；热电阻（RTD）；无源接点（24VDC）；脉冲；标准数据通信接口。

② 模件转换精确度应符合下列规定：模/数（A/D）转换器宜大于 16 位；数/模（D/A）转换器宜大于 12 位。

（4）安全仪表系统的设置应符合下列规定：

① 输油站的安全仪表系统可独立配置，其控制应分为紧急停车和安全保护两个部分，并应进行分级设计。输油站紧急停车系统应设计为故障安全型。

② 输油站紧急停车系统应符合下列规定：应具有就地、站控制室操作的功能，站控制室应设置 ESD 按钮，站场的工艺设备区通道旁适当位置应设置 ESD 按钮；输油站发生火灾时，应能够切断除消防系统和应急电源以外的供电电源或动力；应具有使设备或全站安全停运并与管道隔离的功能；系统应根据故障的性质和输油工艺要求进行分级，高级别的关断应自动触发低级别的关断；应具有触发全线联锁动作的输出信号。

③ 紧急关断阀（ESDV）的设置应符合下列要求：输油管道进、出站管线应设置紧急关断阀（ESDV）；输油管道储油罐区的进、出汇管宜设置紧急关断阀（ESDV）；输油管道燃料油（气）的入口管线应设置紧急关断阀（ESDV）。

④ 输油站的安全保护应根据管道全线及输油站的工艺过程的安全、操作和运行要求设计，在联锁动作前应设置预报警信号。其安全保护应符合下列规定：输油泵站进、出泵应设置超压保护调节功能；出现水击工况，应设置与出站压力控制回路联锁调节功能及输油泵机组顺序停运联锁功能。

（5）消防控制系统设计应符合下列规定：

① 消防控制系统宜由控制单元、可燃（有毒）气体检测系统、火灾自动报警系统和消防泵及相关阀门组成；

② 在有储油罐的站场宜设置独立的消防控制系统，其他的站场宜设置可燃（有毒）气体检测系统和火灾自动报警系统，其报警信号应引入安全仪表系统；

③ 成品油管道在非密闭场所（收发球区、阀组区、装车区、泵区、计量和检定区、罐区等）应设置可燃气体探测器；

④ 原油管道在罐区应设置可燃气体探测器，输油管道在密闭的计量和检定区、发电机房、加热炉区应设置可燃气体探测器，输油管道在泵区、装车区应设置火焰探测器；

⑤ 在站场的控制室、配电间区域内，宜设置火灾自动报警系统；

⑥ 储罐区消防控制系统启动报警信号应传送至站控制系统。

2. 输气管道工程仪表控制系统

1）一般规定

（1）输气管道应设置测量、控制、监视仪表及控制系统。

（2）输气管道应根据规模、环境条件及管理需求确定自动控制水平，宜设置监控与数据采集（SCADA）系统。

（3）监控与数据采集（SCADA）系统宜包括调度控制中心的计算机系统、管道各站场的控制系统、远程终端装置（RTU）以及数据通信系统。系统应为开放型网络结构，具有通用性、兼容性和可扩展性。

（4）仪表控制系统的选型，应根据输气管道特点、规模、发展规划、安全生产要求，经方案对比论证确定，选型宜全线统一。

2）调度控制中心

（1）输气管道调度控制中心应设置在调度管理、通信联络、系统维修、交通方便的地方。

（2）调度控制中心计算机系统应配备操作系统软件、监控与数据采集（SCADA）系统软件。调度控制中心宜具备下列功能：

① 采集和监控输气管道各站场的主要工艺变量和设备运行状况；

② 工艺流程的动态显示、工艺变量和设备运行状态报警显示、管理及事件的查询；

③ 数据的采集、归档、管理以及趋势图显示，生产统计报表的生成和打印；

④ 数据通信信道监视及管理、主备信道的自动切换。

（3）调度控制中心的计算机系统应配置服务器、操作员工作站、工程师工作站、外部存储设备、网络设备和打印机。服务器、网络设备等宜冗余配置。

（4）调度控制中心的计算机系统应采取相应的措施确保数据安全。

3）站场控制系统及远程终端装置

（1）输气站宜设置站场控制系统。站场控制系统宜具备下列功能：

① 采集和监控主要工艺变量和设备运行状态；

② 站场安全联锁保护；

③ 工艺流程的动态显示、工艺变量和设备运行状态报警显示、管理及事件的查询；

④ 数据的采集、归档、管理以及趋势图显示，生产统计报表的生成和打印；

⑤ 向调度控制中心发送实时数据，执行调度控制中心发送的指令。

（2）输气站安全仪表系统的安全完整性等级宜根据站场安全仪表功能回路的辨识分析确定。

（3）输气站紧急联锁应具备下列功能：

① 紧急截断阀关闭；

② 紧急放空阀打开；

③ 压气站压缩机机组停机并放空；

④ 切断除消防系统和应急电源以外的供电电源。

（4）设置远程终端装置（RTU）的清管站、阀室宜具备下列功能：

① 采集温度、压力和线路截断阀状态参数；

② 向调度控制中心发送实时数据；

③ 执行调度控制中心发送的指令。

4）输气管道监控

（1）计量系统的设计应符合现行国家标准《天然气计量系统技术要求》（GB/T 18603）的有关规定。

（2）输气站压力控制系统的设计应保证输气管道安全、平稳、连续地向下游用户供气，维持管道下游压力在工艺所需的范围之内，确保管道下游不超过允许的压力。

（3）在供气量超限可能导致管输系统失调的部位，压力控制系统应具有限流功能。

（4）当压力控制系统出现故障会危及下游供气设施安全时，应设置可靠的压力安全装置。压力安全装置的设计应符合下列规定：

① 当上游最大操作压力大于下游最大操作压力时，气体调压系统应设置单个的（第一级）压力安全设备。

② 当上游最大操作压力大于下游最大操作压力 1.6MPa 以上，以及上游最大操作压力大于下游管道和设备强度试验压力时，单个的（第一级）压力安全设备还应同时加上第二个安全设备。此时可选择下列措施之一：

a. 每一回路串联安装 2 台安全截断设备，安全截断设备应具备快速关闭能力并提供可靠截断密封；

b. 每一回路安装 1 台安全截断设备和 1 台附加的压力调节控制设备；

c. 每一回路安装 1 台安全截断设备和 1 台最大流量安全泄放设备。

（5）压缩机组控制应符合下列规定：

① 压缩机组控制系统宜独立设置，应由以微处理机为基础的工业控制器、仪表系统及附属设备组成，应完成对所属压缩机组及其辅助系统的监视、控制和保护任务；

② 压缩机组控制系统应通过标准数据接口与站场控制系统进行数据通信。

（6）火灾及可燃气体报警系统设计应符合下列规定：

① 在易积聚可燃气体的封闭区域内应对可燃气体泄漏进行检测；

② 压缩机厂房宜设置火焰探测报警系统，压缩机厂房门口处应设置 ESD 按钮；

③ 输气站内的建筑物火灾自动报警系统的设计应符合现行国家标准《火灾自动报警系统设计规范》（GB 50116）的有关规定。

（7）紧急关断和放空应符合下列规定：

① 输气管道进、出站管线应设置紧急关断阀；

② 输气管道的放空管线应设置紧急放空阀；

③ 输气管道压力分界点应设置安全切断阀；

④ 输气管道燃料气自用气的入口管线应设置紧急关断阀。

3. 消防控制系统设计

（1）站场消防控制系统应具有以下功能：

① 控制消防设备的启停，并显示工作状态；

② 消防泵的启停，除自动控制外还能在控制室手动直接控制；

③ 接收火焰探测器、手报按钮及其他火灾探测设备的信号，显示火灾报警和故障报警的部位；

④ 在报警、喷淋各阶段，具有相应的声、光报警信号，并能手动消音；

⑤ 显示系统供电电源的状态。

（2）站场建筑物火灾报警系统的设计应符合现行国家标准《火灾自动报警系统设计规范》（GB 50116）和《建筑设计防火规范》（GB 50016）的有关规定。

（3）采用计算机控制的控制室应设置火灾报警系统。

（4）可燃气体报警系统应具有下列功能：

① 可燃气体报警系统应能明确显示检测值；采用无测量值显示功能的报警器时，应将信号引入计算机控制系统或其他仪表设备进行显示。

② 接收可燃气体检（探）测器及其他报警触发部件的报警信号，应发出声光报警。声光报警应能手动解除，再次有报警信号输入时应能发出报警。

③ 应具有报警开关量输出功能。

④ 应区分和识别报警位号和/或区域。

⑤ 应具有故障报警功能。故障报警的声、光信号应与可燃气体浓度报警有明显区分。

（5）可燃气体报警系统应设置在有人值守的控制室或现场操作室。

（6）可燃气体和有毒气体报警设定值应符合下列规定：

① 可燃气体的一级报警（高限）设定值不应大于25%爆炸下限，二级报警（高高限）设定值不应大于5%爆炸下限；

② 可燃气体检（探）测器的设置原则应按现行国家标准《石油化工可燃气体和有毒气体检测报警设计规范》（GB 50493）的规定执行。

（7）下列场合应设置火灾、可燃气体检测装置：

① 成品油管道在非密闭场所（收发球区、阀组区、装车区、泵区、计量和检定区、罐区等）应设置可燃气体探测器；

② 原油管道在罐区应设置可燃气体探测器；

③ 输油管道在密闭的计量和检定区、发电机房、加热炉区应设置可燃气体探测器；

④ 输油管道泵区、装车区应设置火焰探测器；

⑤ 输气管道站场内封闭且具有可燃气体泄漏可能的场所内应设置可燃气体探测器。

4. 设备选型及安装

1）一般规定

（1）仪表及控制系统的选型，应根据输油气管道特点、规模、发展规划、安全生产要求，经方案对比论证确定，选型宜全线统一。

（2）应选用安全、可靠、技术先进的标准系列产品。

（3）检测和控制仪表宜采用电动仪表。

（4）仪表输入、输出信号应采用标准信号。

（5）直接与介质接触的仪表，应满足管道及设备的设计压力、温度及介质的物性要求。

（6）现场应安装供运行人员巡回检查和就地操作的就地显示仪表。

2）防爆结构

爆炸危险区域内安装的电动仪表、设备，其防爆结构应按表6-28确定。

表6-28　电动仪表、设备防爆结构选择

分区	0区	1区	2区
防爆型式	本质安全型 ia	本质安全型 ia、ib 隔爆型 d	本质安全型 ia、ib 隔爆型 d、增安型 e

注：分区应符合现行行业标准《石油设施电气设备安装区域一级、0区、1区和2区区域划分推荐作法》（SY/T 6671）的相关规定。

3）安全仪表系统的设备

（1）安全仪表系统的设备选型应满足安全完整性等级的要求，并满足功能安全的要求。

（2）检测元件应能与安全仪表功能回路的安全完整性等级相适应。ESD按钮应具有防误触、保持和复位功能。

（3）执行元件应能与安全仪表功能回路的安全完整性等级相适应。

① 紧急截断阀（ESDV）宜采用气液、电液或气动执行机构；

② 安全仪表功能回路为 SIL2 及以上时，紧急放空阀（BDV）应采用气液、电液或气动执行机构；安全仪表功能回路不大于 SIL1 时，紧急放空阀（BDV）可采用气动执行机构；

③ 气液、电液或气动执行机构应为故障安全型；

④ 气液、电液应带蓄能功能和现场手动操作功能；

⑤ 气液、电液和气动阀应具有就地复位功能。

（4）逻辑控制单元：

① 应选用与安全完整性等级要求相适应的可编程序逻辑控制器（PLC）或其他逻辑器件；

② 硬件采用模块化结构；

③ 逻辑控制单元的最大工作符合不应超过 50%；

④ 应具有在线自诊断功能；

⑤ 输出模块应置于预先设置的安全输出值。

4）供电、接地

（1）仪表及站控制系统的交流电源应与动力、照明用电分开设置。

（2）站控制系统应采用不间断电源。

（3）仪表系统的接地电阻不应大于 1Ω。

（4）安全仪表系统为 SIL2 时，电源宜由 UPS 电源双回路供电；安全仪表系统为 SIL3 时，电源应由 UPS 电源双同路供电。

5）电涌保护

（1）安全仪表系统的所有电源、通信接口应安装电涌保护器。

（2）安全仪表系统来自室外的所有 I/O 通道宜安装电涌保护器。

（3）安全仪表系统的接地应遵循《油气田及管道仪表控制系统设计规范》（SY/T 0090）的规定。

（4）安全仪表系统的接地应与站控系统采用联合接地。

（5）安全仪表系统的现场设备应可靠接地。

6）仪表安装及配线

（1）仪表信号电缆宜选用屏蔽电缆，电缆直埋敷设时应选用铠装电缆。不同电压等级的电缆应分开敷设。

（2）安全仪表功能回路为 SIL2 及以上时，现场仪表的取源口应独立设置。

（3）安全仪表系统的接线端子排应独立设置。

（4）安全仪表功能回路不应公用同一公共线。

（5）安全仪表系统与基本过程控制系统的电缆宜分开设置。

（6）安全仪表系统所有信号电缆应采用阻燃型屏蔽电缆。电缆应连续敷设，中间不应有接头，直埋敷设的电缆应采用铠装铜芯电缆。

7）环境要求

（1）系统环境必须保证安全仪表系统的正常运行，应分析温度、湿度、污染物、接地、电磁干扰/射频干扰（EMI/RFI）、振动、静电释放、电气区域划分和溢流水淹的影响。

（2）逻辑控制单元应设置在机柜间或远程控制仪表间。其房间的环境温度应控制在 5~40℃，湿度应控制在 30%~90% 且不宜结露。

二、仪表控制系统施工及验收

1. 遵循的标准和基本规定

1）施工、验收遵循的标准

输油输气管道自动化仪表工程的施工应遵循《输油输气管道自动化仪表工程施工技术规范》（SY/T 4129）、《自动化仪表工程施工及质量验收规范》（GB 50093）、《油气输送管道工程竣工验收规范》（SY/T 4124）、《火灾自动报警系统施工及验收规范》（GB 50166）、《工业金属管道施工规范》（GB 50235）、《现场设备、工业管道焊接工程施工规范》（GB 50236）、《石油天然气建设工程施工质量验收规范　自动化仪表工程》（SY 4205）等的相关规定。

2）基本规定

（1）安装在爆炸危险环境的仪表、仪表线路、电气设备及材科，其规格型号必须符合设计文件规定。

（2）防爆设备应有铭牌和防爆标志，并在铭牌上标明国家授权的部门所发给的防爆合格证编号。

（3）参加自动化仪表工程施工的单位和人员应有相应的资质和技术等级证明。

（4）自动化仪表工程应按下列规定进行质量控制：

① 采用的原材料及成品应进行现场验收，并按有关规范规定进行复验；

② 凡检验数量为抽检时，若发现有不允许的缺陷，应加倍抽检；若仍有不允许的缺陷，应逐个检验；

③ 各工序应按施工技术标准进行质量控制，每道工序完成后，应进行检验；

④ 相关各专业之间或当后道工序开始后无法对前道工序进行检验或整改时，应进行交接接检验，然后才能进入下道工序施工。

（5）自动化仪表工程进行质量验收时，需要核查的技术文件包括：

① 设计图纸、文件和设计变更单；

② 随机技术文件和设备、材料的产品质量合格证明；

③ 图纸会审记录；

④ 施工技术措施和重要项目施工技术方案；

⑤ 工程联络单；

⑥ 设备、材料代用审批单；

⑦ 仪表校准和试验记录；

⑧ 仪表安装检查记录；

⑨ 隐蔽工程记录；

⑩ 设备、管件的无损检测记录（报告）；

⑪ 电缆（线）测试记录；

⑫ 接地电阻侧试记录；

⑬ 光缆测试记录；

⑭ 仪表管道脱脂和压力试验记录；

⑮ 回路试验和系统试验记录（报告）；

⑯ 其他需要的文件。

（6）检验批的质量验收记录由施工单位项目专业质量检查员填写，监理工程师（建设单位项目代表）组织施工单位项目专业质量检查员等进行验收，进行记录和作出验收结论。

2. 仪表盘(柜、台、箱)

(1) 设备、材料的规格型号应符合下列规定：

① 仪表盘、柜、台、箱的安装布置、铭牌、型号等应符合设计文件规定；

② 内部、外部、附属设备和材料的型号、规格、数量、安装位置应符合设计文件规定，无破损、松动、脱落；

③ 随机技术文件齐全。

④ 基础型钢的型号规格应符合设计文件规定。

(2) 仪表接管、接线质量应符合下列规定：

① 仪表接管的安装方式应正确牢固、齐全、合理；

② 仪表电(光)缆(含专用缆、线)的接线(含内部接线)应正确牢固、齐全、合理；

③ 电缆(线)的导通电阻应符合随机技术文件要求，绝缘电阻值大于 $5M\Omega$。

(3) 仪表供电系统应符合设计文件规定。

(4) 防爆、隔离、密封和接地措施应符合设计文件规定。

(5) 工作接地系统、保护接地系统、屏蔽接地系统应符合设计文件规定。

3. 温度仪表

(1) 仪表型号、规格、材质、测量范围、压力等级等应符合设计文件规定，随机技术文件齐全。

(2) 仪表安装位置和安装方式应符合下列规定：

① 仪表安装位置应符合设计文件规定，安装固定牢固；

② 接触式温度检测仪表的安装位置应位于介质温度变化灵敏和具有代表性的位置，热电偶应远离强电磁场干扰；

③ 测温元件深入管道或设备的角度和深度应符合设计文件规定，压力式温度计的安装应保证温包能够全部浸入被测对象中，表面温度计的感温面与被测对象表面应接触紧密；

④ 深入管道及设备内部仪表的安装方式应便于管道及设备在正常生产运行中进行的吹扫、通球等作业，并应在管道及设备试压、吹扫后安装。

(3) 仪表接管、接线质量应符合下列规定：

① 温度取源部件的制作应符合设计文件规定，耐压试验合格，安装后应随管道及设备进行严密性检查，没有渗漏；

② 接线正确牢固、导电良好、绝缘良好。

(4) 应满足仪表的特殊使用要求：

① 防爆、隔离、密封和接地措施应符合设计文件规定；

② 毛细管的敷设应有保护措施，弯曲半径应大于 50mm，周围温度过高或变化剧烈时应采取隔热措施；

③ 测量高温、高压的仪表安装在操作岗位附近时，仪表的安装位置、高度和防护措施应满足安全操作的要求；

④ 隐蔽安装的测温元件应符合设计文件规定。

4. 压力仪表

(1) 就地安装的仪表不应固定在有强烈振动的管道或设备上。

(2) 压力取源部件的端部不应超出管道或设备的内壁，不应影响管道或设备的使用功能。

（3）压力仪表应在管道或设备试压、吹扫后安装。

（4）仪表、压力取源部件、测量管路的型号、规格、材质、测量范围、压力等级等应符合设计文件规定。

（5）压力取源部件、仪表的安装应符合设计文件规定，应位于被测物料流束稳定的位置。

（6）仪表接管、接线质量应符合下列规定：

① 压力取源部件或引压管路的安装、耐压与严密性试验应符合设计文件规定；

② 压力取源部件的安装不应使仪表承受机械应力；

③ 接线正确牢固、导电良好、绝缘良好。

（7）应满足仪表的特殊使用要求：

① 防爆、隔离、吹洗、密封和接地措施应符合设计文件规定；

② 测量高压的压力仪表安装在操作岗位附近时，仪表的安装位置、高度和防护措施应满足安全操作的要求；

③ 当检测介质压力波动大、黏度大、腐蚀性强、易于汽化或带有粉尘、固体颗粒或沉淀物等混浊物料时，仪表附属设备应齐全有效。

5. 流量仪表

（1）就地安装的仪表应安装在没有强烈振动且便于维修的管道上。

（2）安装前应对检测元件、流量取源部件进行外观检查，并及时按照设计数据和制造标准规定测量、验证其制造尺寸。

（3）安装前进行清洗时，应防止损伤检测元件，在管道上安装的流量仪表和检测元件，应在管道试压、吹洗后安装。

（4）流量仪表、检测元件、测量管路的型号、规格、材质、测量范围、压力等级等应符合设计文件规定，随机技术文件齐全。流量仪表的安装应符合设计文件规定，应位于被测流体流速稳定的位置。

（5）节流装置的安装应符合设计文件规定和产品技术文件的要求；当设计文件无规定时，应符合《自动化仪表工程施工及质量验收规范》（GB 50093）的规定。

（6）仪表接管、接线质量应符合下列规定：

① 流量仪表正负压室与测量管道的连接正确，引压管道倾斜方向和坡度以及过滤器、消气器、隔离器、冷凝器、沉降器、集气器的安装也应符合设计文件的规定；

② 流量取源部件、引压管路的安装、耐压与严密性试验应符合设计文件规定；

③ 流量取源部件的安装不应使仪表承受机械应力；

④ 接线正确牢固、导电良好、绝缘良好。

（7）应满足仪表的特殊使用要求：防爆、隔离、吹洗、密封和接地措施应符合设计文件规定。

6. 物位仪表

（1）检测元件、物位取源部件安装前，应核实每一个连接管路的内部结构、导通情况，检查取源部件检测范围之内是否有阻挡物。

（2）设备内部安装的检测元件应在设备内部清扫后、设备封闭之前安装。

（3）核辐射式物位计安装中的安全防护措施，必须符合有关放射性同位素工作卫生防护的国家标准的规定；在安装现场应有明显的警戒标志。

（4）仪表、检测元件、物位取源部件、测量管路的型号、规格、材质、测量范围、加工尺寸、压力等级等应符合设计文件规定，随机技术文件齐全。

（5）仪表安装位置和安装方式应符合下列规定：

① 检测元件、物位取源部件和仪表的安装应符合设计文件规定或随机技术文件的要求，应位于被测物位变化灵敏且不使检测元件受到物料冲击的位置；

② 物位仪表的定位管、导向容器、导向装置的表面应清洁、无凹坑和凸出物，应与检测元件和物位取源部件安装轴线的要求一致；

③ 检测元件在全行程内不得与侧壁相碰，并能在全量程或动作范围内自由活动，无机械卡阻；

④ 音叉物位仪表水平安装时，音叉的两个叉股应水平放置。

（6）仪表接管、接线质量应符合下列规定：

① 差压式仪表正负压室与测量管道的连接正确，引压管道倾斜方向和坡度以及隔离器、冷凝器的安装应符合设计文件规定；

② 物位取源部件或引压管道的安装、耐压与严密性试验应符合设计文件规定；

③ 物位取源部件的安装不应使仪表承受机械应力；

④ 接线正确牢固、导电良好、绝缘良好。

（7）应满足仪表的特殊使用要求：

① 防爆、隔离、吹洗、密封和接地措施应符合设计文件规定；

② 核辐射式物位计的安装位置周围应有隔离装置，安全警示标记应齐全、有效。

7. 成分分析和物性检测仪表

（1）成分分析和物性检测仪表进行到货验收时，应详细核查到货设备的规格型号、材质、安装位置、管路连接和标准试样是否符合设计文件规定。

（2）成分分析和物性检测仪表的安装与防护应严格按照随机技术文件的要求进行，以避免对设备和材料造成不必要的污染和损坏。

（3）仪表、检测元件、取源部件、测量管路的型号、规格、材质、测量范围、压力等级等应符合设计文件规定，随机技术文件齐全。

（4）仪表安装位置和安装方式应符合下列规定：

① 检测元件、取源部件和仪表的安装应符合设计文件规定，应位于被测物料压力稳定、能够灵敏反映介质真实成分变化和取得具有代表性的分析样品的位置；

② 预处理装置应齐全有效，并宜靠近取样器；

③ 易燃、易爆、有毒以及其他危险性气体检测元件的安装应符合设计文件规定。

（5）仪表接管、接线质量应符合下列规定：

① 取样管路的连接方式、倾斜方向、坡度和弯曲半径应符合设计文件规定；

② 取样管路的安装、畅通性、耐压与严密性试验应符合设计文件规定；

③ 分析取源部件的安装不应使仪表承受机械应力；

④ 接线正确牢固、导电良好、绝缘良好。

（6）防爆、隔离、吹洗、脱脂、密封和接地措施应符合设计文件规定。

8. 机械量仪器和其他仪表

（1）位移、振动、速度等检测元件的安装应在机械安装完毕、被测机械部件处于工作位置时进行。

（2）安装中应注意保护检测元件和专用电缆不受损伤。

（3）负荷传感器的安装和承载应在称重体的其他所有部件和连接件安装完成后进行。

（4）仪表、检测元件、取源部件、测量管路的型号、规格、材质、测量范围、压力等级等应符合设计文件规定，随机技术文件齐全。

（5）仪表安装位置和安装方式应符合下列规定：

① 传感器、检测元件、指示仪、监视器以及报警灯、笛、喇叭、开关等的安装应符合设计文件规定，应位于被测变量变化灵敏、便于观察或便于操作的位置；

② 测力、称重仪表传感器的主轴线与加荷轴线应重合，使用多个传感器时，每个传感器的受力应均匀，偏差值应符合随机技术文件的要求；

③ 位移、振动、速度等检测元件的定位和固定方式应符合随机技术文件的要求；

④ 辐射式探测器的检测元件应对准被检测对象，检测元件与探测器的距离应符合随机技术文件的要求。

（6）仪表接管、接线质量应符合下列规定：

① 取源部件的安装、耐压与严密性试验应符合设计文件规定；

② 取源部件的安装不应使仪表承受机械应力；

③ 接线正确牢固、导电良好、绝缘良好。

（7）防爆、隔离、吹洗、密封和接地措施应符合设计文件规定。

9. 执行器

（1）安装在管道或设备上的执行器的法兰、垫片、螺栓等的技术条件不应低于相关专业设计文件的规定。

（2）管道或设备吹扫时，与之相连的执行器应拆除或隔离。

（3）执行器的型号、规格、材质、压力等级等应符合设计文件规定，随机技术文件齐全。

（4）执行器的安装位置和安装方式应符合下列规定：

① 执行器的安装位置、安装角度和介质流向应符合设计文件规定；

② 机械传动部件应动作灵活，无松动和卡涩现象。

（5）执行器的接管、接线质量应符合下列规定：

① 与执行器连接的部位，其安装应严密无泄漏；

② 仪表管道的安装应符合设计文件规定或随机技术文件要求，耐压与严密性试验应符合设计文件规定；

③ 接线正确牢固、导电良好、绝缘良好。

（6）应满足执行器的特殊使用要求：

① 防爆、隔离、密封和接地措施应符合设计文件规定；

② 控制阀阀体强度、阀芯泄漏性试验应符合设计文件规定，气缸缸体、薄膜调节阀的膜头应严密无泄漏；

③ 电磁阀线圈与阀体间的绝缘电阻应符合随机技术文件的要求。

10. 仪表线路

（1）仪表线路应沿汇线槽、桥架、保护管等敷设，宜选用带屏蔽的电缆，埋地敷设时应采用铠装电（光）缆或穿保护管。

（2）厂区（场站）外的线路，应根据沿线的地形、地质情况确定敷设方法、埋设深度，分段埋设的电(光)缆要随时监控线路的导通状态，以便及时发现和处理问题。

（3）仪表线路不应敷设在易受机械损伤、有腐蚀性物质排放、温度变化大、潮湿以及有强电磁场干扰的位置，当无法避免时，应采取可靠的防护或屏蔽措施。

（4）从外部进入仪表盘、柜、台、箱内的电(光)缆、电线，应在其性能测试合格后再进行配线，线路敷设应留有合适的裕度。

（5）测量电缆电线的绝缘电阻时，必须将已连接上的仪表设备及部件断开。

（6）汇线槽、桥架、保护管、接线箱、电缆和光缆的型号、规格、材质、涂漆等应符合设计文件规定，随机技术文件齐全。

（7）安装位置应符合下列规定：

① 汇线槽、桥架、保护管的安装位置应符合设计文件规定，且避开强电磁场、高温、易燃、可燃、腐蚀性介质的工艺管道或设备；

② 接线箱的安装位置应符合设计文件规定；

③ 在电缆槽内，交流电源线路和仪表信号线路之间采用金属隔板隔开；

④ 设备附带的专用电缆的敷设应符合随机技术文件的要求。

（8）安装方式应符合下列规定：

① 汇线槽的支架间距应合理，焊接应符合设计文件规定；

② 汇线槽、桥架应安装牢固，对口连接应采用平滑的半圆头螺栓，螺母应在汇线槽的外侧，并应预留适当的膨胀间隙，内部应清洁、无毛刺、槽口光滑、无锐边、有电缆护口；

③ 保护管应连接牢固，无严重变形，内部清洁、无毛刺、管口光滑、无锐边、有电缆护口，管外壁防腐或防护措施应符合设计文件规定；

④ 电(光)缆的敷设方式应符合设计文件的规定；

⑤ 隐蔽敷设的电(光)缆，其路径、埋设深度应符合设计文件规定，与任何地下管道平行或交叉敷设时，应采取能够避免电磁和热力影响的措施；

⑥ 电(光)缆在两端、拐弯、伸缩缝、热补偿区段、易震部位均应留有裕度，在桥架、垂直汇线槽、仪表盘、柜、台、箱内应固定且松紧适度；

⑦ 电伴热带的敷设和固定应符合随机技术文件的要求。

（9）接线质量应符合下列规定：

① 电(光)缆的导通、衰减等技术指标应符合设计文件规定，电缆的绝缘电阻大于 5MΩ；

② 仪表盘、柜、台、箱内的线路不应有接头，其绝缘保护层不应有损伤；

③ 电缆终端和中间接头的制作、接线和接地应符合设计文件规定和随机技术文件的要求；

④ 光缆终端和中间接头的连接方式和技术指标应符合设计文件规定；

⑤ 电伴热带终端和中间接头的连接方式应符合随机技术文件的要求。

（10）应满足仪表线路的特殊使用要求：

① 仪表外壳、支架、保护管、接线箱、汇线槽、桥架和仪表盘、柜、台、箱之间应有良好的电气连续性，接地应符合设计文件规定；

② 线路从室外进入室内或进入室外的盘、柜、台、箱时，防水和防爆隔离、密封措施应符合设计文件规定；

③ 当线路周围环境温度超过65℃时，应采取隔热措施；当线路附近有火源时，应采取

防火措施；

④ 在可能有粉尘、液体、蒸汽、腐蚀性或潮湿气体进入管内或连接不同防爆等级区域的位置敷设的保护管，其两端管口应采取密封、防爆隔离措施；

⑤ 在线路的终端处应有标志牌，地下埋设的线路应有明显标识。

11. 仪表管道

（1）仪表管道安装前，内部应清扫干净，外部应进行预防腐，需要脱脂或酸洗的管道和管件应经脱脂或酸洗检查合格后再安装。

（2）仪表管道连接部位的涂漆，应在仪表管道压力试验之后进行。

（3）仪表绝热工程的施工应在仪表管道压力试验合格及防腐工程完工后进行。

（4）仪表管道安装所用材料、阀门及管配件的型号、规格、材质、压力等级等应符合设计文件规定，随机技术文件齐全。

（5）仪表管道、管道附件、阀门的安装应符合设计文件规定，能够保证气（液压）源和信号的有效传输。

（6）安装方式应符合下列规定：

① 主分支仪表管道连接方式应符合设计文件规定；

② 仪表管道与高温设备、管道连接时，应采取防止热膨胀补偿的措施；

③ 差压测量管路的正负压管连接正确，应安装在环境温度相同的位置；

④ 高压钢管的弯曲半径宜大于管道外径的 4.5 倍，其他金属管的弯曲半径宜大于管道外径的 3.5 倍，塑料管的弯曲半径宜大于管道外径的 4.5 倍，弯制后的管道应没有裂纹和凹陷；

⑤ 仪表管道应采用机械方式固定，在振动场所和固定不锈钢、合金、塑料等管道时，管道和支架间应加软垫、绝缘垫隔离；

⑥ 仪表管道的安装不应使仪表承受机械应力；

⑦ 仪表管道、阀门的压力试验应符合设计文件规定，管道连接应严密无泄漏；

⑧ 仪表管道内部应冲洗或吹扫合格。

（7）仪表管道的焊接质量应符合设计文件规定。

（8）应满足仪表管道的特殊使用要求：

① 当仪表管道引入安装在有爆炸和火灾危险、有毒及有腐蚀性物质环境的仪表盘、柜、台、箱时，其引入孔处应密封。

② 仪表管道埋地敷设时，应经试压合格和防腐处理后方可埋入；直接埋地的管道连接时必须采用焊接，在穿过道路及进出地面处应加保护套管。

③ 需要脱脂或酸洗的仪表、仪表管道、阀门和管道附件的脱脂或酸洗质量，应符合设计文件规定。

12. 仪表试验

（1）仪表在安装和使用前，应进行检查、校准和试验，确认符合设计文件及随机技术文件所规定的技术性能。施工现场不具备校准条件的仪表，可对随机技术文件中检定合格证明的有效性进行验证。

（2）自动化仪表工程在系统投用前应进行回路试验。仪表回路试验前应确认该回路上的所有安装工作已经完成、仪表附属设备调试合格并运行正常。

（3）在系统试验之前，应对试验过程中涉及到的设备和装置采取必要的安全防护措施。

（4）系统试验应与相关的专业配合，共同确认程序运行、联锁保护条件和系统功能的正确性；需要完成重要或安全功能的回路应进行多次重复的系统试验，以便确认程序运行、联锁保护条件和系统功能的可靠性；试验结束后各参加方应共同填写有关试验记录。

（5）仪表单体调校应符合下列规定：

① 设计文件规定禁油和脱脂的仪表在校准和试验时，应不使其受到污染。

② 输出信号为模拟量的仪表的调校应符合下列规定：

a. 仪表输入-输出信号的范围、类型、零点值的设定、量程值的设定应符合设计文件规定。

b. 仪表的参数整定和工作状态应符合设计文件和随机技术文件规定。

c. 智能仪表的组态应符合设计文件规定，与编程器的通讯正确。

d. 仪表输入-输出准确度或特性、示值误差、回程误差、响应时间应符合随机技术文件规定。

e. 仪表示值应清晰、稳定；指针在全标度范围内应移动平稳、灵活，无机械卡阻；记录机构的划线或打印点应清晰、正确，打印纸应移动正常。

f. 输出信号为开关/数字量的仪表的调校应符合下列规定：仪表的参数整定和工作状态应符合设计文件和随机技术文件规定；仪表输入-输出特性、动作值、返回值应符合文件规定。

（6）仪表供电设备的试验应符合下列规定：

① 电源的电能转换、整流和稳压性能试验应符合设计文件和随机技术文件的规定；

② 不间断电源的自动切换性能、切换时间和切换电压值应符合随机技术文件的规定，并应满足控制系统的要求。

（7）综合控制系统的试验应符合下列规定：

① 通电前应确认全部设备、器件和线路的绝缘电阻、接地电阻符合设计文件规定，接地系统应工作正常。

② 通电检查全部设备和器件的工作状态应符合设计文件规定，运行正常；系统中单独的显示、记录、控制、报警等仪表设备应进行单台校准和试验合格；系统内的插卡、控制和通信设备、操作站、计算机及外部器件等的状态检查和离线测试应符合设计文件规定。

③ 系统显示、处理、操作、控制、报警、诊断、通信、冗余、打印、拷贝等基本功能应符合设计文件规定。

④ 控制方案、控制和联锁程序试验应符合设计文件规定。

（8）回路试验应符合下列规定：

① 检测回路显示仪表部分的指示值应与现场被测变量一致；

② 控制回路的控制器和执行器的全行程动作方向和位置应符合设计文件规定，自行器附带的定位器、回讯器、限位开关等仪表设备应动作灵活、指示正确；

③ 控制回路在"自动"调节状态下的调节功能应符合设计文件规定和生产过程控制的实际需要。

（9）火灾报警系统的试验应符合下列规定：

① 通电前应确认全部设备、器件和线路的绝缘电阻、接地电阻符合设计文件规定，接地系统工作正常；

② 通电检查全部探测器、区域报警控制器、集中报警控制器、火灾警报装置和消防控

制设备等的工作状态应符合设计文件规定，运行正常；

③ 系统的自检功能、消音、复位功能、故障报警功能、火灾优先功能、报警记忆功能应符合设计文件规定；

④ 系统的各项检测、控制和联动功能应符合设计文件规定。

（10）程序控制系统和联锁系统的试验应符合下列规定：

① 程序控制系统和联锁系统有关装置的硬件和软件功能试验、系统相关的回路试验应符合设计文件规定；

② 系统中所有的仪表和部件的动作设定值的整定应符合设计文件规定；

③ 联锁条件判定、逻辑关系、动作时间和输出状态等的试验应符合设计文件规定。

（11）现场监控与通讯系统的试验应符合下列规定：

① 仪表设备的整定值应符合设计文件规定；

② 报警灯光、音响和屏幕应显示正确，消音、复位和记录功能正确；

③ 各项通讯技术指标应符合设计文件规定。

三、仪表控制系统运行管理要求

应配备专业人员对仪表自动化系统进行日常维护，并定期进行检查、校验。各种仪表及自动化设施管理应符合《油气管道仪表及自动化系统运行技术规范》（SY/T 6069）的规定，确保现场检测仪表性能完好和正确设置。

1. 安全维护要求

（1）从事仪表自动化设备的维护工作应严格执行有关安全操作规程。

（2）在拆、装或调试现场运行仪表设备前，应了解工艺流程和设备运行状况，并征得控制中心人员同意后方可进行。

（3）在拆、装或调试具有调节和保护作用的仪表设备前，应填写工作票。

（4）防爆场所进行电动仪表维护应采取有效的防爆措施（如检测现场可燃气体的浓度）。

（5）不应拆除或短路本质安全仪表系统中的安全栅。

（6）不应拆除或短路仪表防雷系统中的电涌防护器。

（7）电子设备的电路板不应带电插拔（有带电插拔保护功能的除外），在进行插拔电路板前应佩带防静电肘，持续30s后方可进行操作。

（8）当生产现场有外来人员施工时，仪表人员应向施工方主动说明仪表的隐蔽工程和注意事项。

（9）不应擅自取消或更改安全联锁保护回路中的设施和设定值。如需要变更，应征得上级主管部门同意后方可进行。

（10）不应擅自更改 SCADA 系统操作员工作站的时间。

（11）不应将非专用移动存储设备连接到 SCADA 系统中使用。

（12）不应在 SCADA 系统网络上进行与运行无关的操作。

（13）不应将 SCADA 系统网络与办公信息网络联网。

（14）SCADA 系统应严格执行用户操作权限管理。系统管理宜设置专职系统管理员，专职系统管理员的用户名和密码应备份和定期更新，并应保密存放。

（15）SCADA 系统应有专项事故处理预案。

2. 巡检与维护

（1）检查人员应穿戴工作服装，携带工具、物品和有关维护技术资料。

（2）应按规定路线进行逐点巡检，作好巡检记录。

（3）对于异常情况应结合运行人员提供的信息，及时分析判断和处理。

（4）对未能及时处理的问题应作好汇报和记录。

（5）控制中心和有人值守站每天应进行一次巡检。主要涉及的内容有：

① 通过人机界面检查全线各站或本站管道工艺运行和设备状态；

② 操作员工作站运行状态；

③ 人机界面上重要参数与现场仪表指示的差异；

④ 人机界面上阀门与现场阀门状态的差异；

⑤ PLC/RTU/SIS 设备运行状态；

⑥ 通信和网络设备运行状态；

⑦ 站控室监控仪表装置运行状态；

⑧ UPS 电源运行状态；

⑨ 机柜内接线状态；

⑩ 机房温度、湿度范围及空调、加湿机及干燥机的运行状态；

⑪ 机房的防尘、防水和防动物设施状态；

⑫ 场区过程仪表控制设备运行状态；

⑬ 火灾检测仪表运行状态；

⑭ 仪表设备动力源、管路和管线技术状态；

⑮ 仪表控制设备的清洁。

（6）每天在远程终端上对无人值守站仪表自动化设备运行进行检查。每月宜对无人值守站现场进行一次巡检。

（7）对输油管道的仪表和 SCADA 系统设备每半年至少应进行一次巡回检查与维护。

（8）对输气管道的仪表和 SCADA 系统设备每一年至少应进行一次巡回检查与维护。

（9）在巡回检查与维护前应编制方案，方案中有影响生产运行的内容时，应报相关主管部门审批。

（10）每次定期巡检与维护应包含下列内容：

① 测量仪表检定或校准；

② 执行器和常用设备控制系统的检查和维护(罐区消防系统除外)；

③ 操作员工作站检查；

④ 人机界面上重要参数与现场仪表指示的差异检查；

⑤ 人机界面上阀门与现场阀门状态的差异检查；

⑥ PLC/RTU/SIS 设备检查；

⑦ 通信和网络设备检查；

⑧ 站控室监控仪表装置检查；

⑨ 机房内环境温度、湿度和接地电阻的阻值检查；

⑩ 对空调机、加湿机和干燥机进行维护保养；

⑪ UPS 断电后持续供电时间检查；

⑫ 紧固机柜内所有非弹簧接线端子螺丝，搞好设备的清洁。

（11）每年还应安排一次如下工作内容：

① 对操作员工作站进行一次磁盘整理；

② 进行热备冗余计算机设备和通信信道的切换实验，记录切换时间，检查系统运行的状态；

③ 对各站调节回路的"手动-自动"切换、手动输出和 PID 参数设置等进行检查。

（12）每三年还应安排一次如下工作内容：

① 对计算机和受控设备进行联动试验，不具备联动条件的应进行模拟测试；

② 对各站和全线的安全联锁保护程序进行模拟测试；

③ 对 PLC/RTU/SIS 系统模拟量输入模块每个通道的 0%、50%、100%三点进行准确度校准；

④ 对 PLC/RTU/SIS 系统模拟量输出模块每个通道的 0%、50%、100%三点进行准确度校准；

⑤ 通过测试程序检查 PLC/RTU/SIS 系统开关量输入模块的变位响应状态；

⑥ 通过测试程序检查 PLC/RTU/SIS 系统开关量输出模块的变位响应状态。

3. 测量仪表检定与校准

（1）无检定规程的仪表应编写校准规程。编写校准规程中应明确适用范围、技术条件、校准方法、校准周期和校准结果处理等规定。

（2）应保证重要参数测量仪表在检定或校准周期内不超差。

（3）需要现场进行仪表的校准时，应选择合适的标准器和环境条件。

（4）在允许误差满足工艺要求的前提下，高准确度仪表可降级使用，以满足检定和校准的量值传递要求。降级使用测量仪表应标明降级后的准确度等级。

（5）应编制仪表周期检定和校准工作计划表。检定和校准工作应注意以下几点：

① 属于强制检定范围内的仪表应由政府计量行政部门指定的计量检定机构实行检定；

② 非强制检定仪表在不具备检定与校准条件的情况下，应送地方计量检定机构进行检定；

③ 非强制检定仪表在具备检定与校准条件的情况下，可自行检定与校准。

（6）自行检定与校准仪表应具备以下必要条件：

① 环境条件应达到计量检定规程的要求；

② 标准器的准确度应符合量值传递要求，一般规定标准器的误差限应是被检仪表误差限的 1/3～1/10；

③ 检定与校准人员应持有在有效期内的检定员证。

（7）应结合计量检定规程并根据使用要求、仪表性能、使用频度和使用环境条件等合理地制定检定和校准周期。周期确定宜遵循下述原则：

① 强制检定和重要参数测量仪表的检定与校准周期应严格执行计量检定规程；

② 非强制检定且性能稳定可靠的仪表，其检定与校准周期可适当放宽；

③ 不可拆卸仪表(如电机定子测温热电阻等)的检定与校准周期宜定为一次性。

（8）常用测量仪表的检定和校准周期应符合表 6-29 的规定。

表 6-29　常用测量仪表的检定和校准周期

仪表名称	规程编号	规程适用范围或有关检定校准周期适用范围的说明	检定和校准(试验)周期
温度变送器	JJF 1183	也适用于直流模拟电信号输入的其他电动变送器	1 年
弹性元件式精密压力表	JJG 49	弹性元件式精密压力表和真空表	1 年

仪表名称	规程编号	规程适用范围或有关检定校准周期适用范围的说明	检定和校准（试验）周期
弹性元件式一般压力表	JJG 52	弹性元件式一般压力表、压力表真空表和真空表	半年
工业过程测量记录仪	JJG 74	自动电位差计、自动平衡电桥和机械式记录仪	1 年
工作用玻璃液体温度计	JJG 130	（工业和实验）普通温度计和精密温度计	1 年
双金属温度计	JJG 226		1 年
工业铂、铜热电阻	JJG 229	优于 0.5 级的	1 年
工作用廉金属热电偶	JJG 351	K、N、E 和 J 型热电偶	半年
在线振动管液体密度计	JJG 370		1 年
氧化锆氧分析器	JJG 535		1 年
压力控制器	JJG 544	压力控制器(开关)和真空控制器(开关)	1 年
数字温度指示调节仪	JJG 617	也适用于直流模拟电信号输入的数字指示调节仪	1 年
差压式流量计	JJG 640	用几何检测法检定标准节流件；用系数检测法检定差压装置	2 年
		用几何检测法检定 ISA1932 喷嘴、长径喷嘴、文丘里喷嘴、经典文丘里管；用系数检测法检定 ISA1932 喷嘴、长径喷嘴、文丘里喷嘴、经典文丘里管组成的差压装置	4 年
		差压式流量计	1 年
液体容积式流量计	JJG 667	不低于 0.5 级的流量计	半年
		其他流量计	半年
		其他流量计	1 年
工作测振仪	JJG 676		1 年
可燃气体检测报警器	JJG 693	催化燃烧式可燃气体传感器宜每季进行一次比对	1 年
压力变送器	JJG 882	正、负压力，差压和绝对压力变送器	1 年
液位计	JJG 971	浮力式、压力式、电容式、反射式和射线式液位计	1 年
涡街流量计	JJG 1029	低于 0.5 级的涡街电磁流量计	2 年
超声流量计	JJG 1030	低于 0.2 级的超声流量计	2 年
电磁流量计	JJG 1033	不低于 0.2 级的电磁流量计	1 年
		低于 0.2 级的电磁流量计	2 年
涡轮流量计	JJG 1037	不低于 0.5 级的涡轮流量计	1 年
		低于 0.5 级的涡轮流量计	2 年

4. 测试仪器与备品备件管理

（1）测试仪器和备品备件应放置在专用库房内，实行专人管理。专用库房内温度、湿度应符合要求，无腐蚀性气体，有防盗设施，物品归类定点存放。

（2）测试仪器的技术状态应完好，配套线缆应齐全。

（3）常用工具、备品备件与消耗材料的规格、数量及技术状态应满足生产要求。

（4）特殊仪表自动化设备的备品备件应定期维护。

（5）应设置库房物品流动记录本。重要物品设置挂卡，并做到本、卡、物相符。

5. 资料管理

（1）各种检修检定（测试）记录、定期维护检修计划表和巡回检查记录本应做到项目齐全、页数完整、数据准确，保存期为三年。

（2）各种图纸应做到齐全完整和内容准确。当图纸内容发生变化时，应在原图上注明。当图纸内容变化很多时，应及时重新绘制。

（3）各种仪表自动化设备说明书、技术文件、制度、标准和规程应齐全完整、定点存放和分类保管。

（4）借用资料一律登记，所有的借阅资料不得损坏或丢失。

（5）电子文档要留有备份，并存放在温度、磁场和湿度符合要求的地点。

（6）建立检查、整改、大修与大事记原始记录，保存期为五年。

四、通信

管道通信系统是输油气管道建设的重要项目，是完成长输管道建设、管理、投资、运行、抢修的手段。没有通信系统，长输管道就不能运行，输油气管道通信系统在长输管道建设、维护、管理中起着重要作用。

（1）输油气管道通信方式应根据输油气管道管理营运对通信的要求以及行业的通信网络规划确定，可选用光纤通信、卫星通信、租用公网等手段。无论采用哪种通信方案都要切合实际，充分考虑到当地环境通信设备技术、建设资金、维护管理等因素。

（2）光缆与输油气管道同沟敷设时，应符合现行行业标准《输油（气）管道同沟敷设光缆（硅芯管）设计及施工规范》（SY/T 4108）的有关规定。光纤容量应预留适当的富裕量以备今后业务发展的需要。

（3）通信站的位置应根据生产要求，宜设置在管道各级生产管理部门、沿线工艺站场及其他沿管道的站点。

（4）线路阀室应依据输油气工艺、监控和数据采集（SCADA）系统的控制要求选择适当的通信方式。

（5）管道通信系统的通信业务应根据输油气工艺、监控和数据采集（SCADA）系统数据传输和生产管理运行等需要设置。

（6）输油气管道通信宜在调度控中心设自动电话交换系统，电话交换系统应具有调度功能。站场电话业务宜接入当地公共电话网。

（7）输油站与调控中心之间的数据通信宜设置备用通信信道。

（8）监控和数据采集（SCADA）系统数据传输当设置备用传输通道时，宜采用与主用传输通道不同的通信路由。

（9）管道巡线、维修和事故抢修部门宜设置无线通信设施。

（10）输油站变电所应设置可与上级电力部门联系的电力调度电话，无专用变电所值班室时，应将该调度电话并接到站控制室。

（11）站场值班室应设火警电话，火警电话宜为公网直拨电话或消防部门专用火警系统电话。

第六节 公用工程和辅助生产设施

一、输油管道

1. 供配电

（1）输油站的电力负荷分级应根据输油管道工艺系统的运行要求来确定，并应符合下列规定：

① 加热输送原油管道的首站、设有反输功能的末站、压力或热力不可越站的中间站应为一级负荷；

② 常温输送管道的首站、压力不可越站的泵站宜为一级负荷；

③ 减压站宜为一级负荷；

④ 其他各类输油站场应为二级负荷；

⑤ 线路监控阀室、独立阴极保护站可为三级负荷。

（2）一级负荷输油站场应有双重电源供电；当条件受限制时，可由当地公共电网同一变电站电气联系相对较弱的两个不同母线段分别引出一个回路供电，供电电源变电站应具备至少两路电源进线和至少两台主变压器。输油站场每一个电源（回路）的容量应满足输油站的全部计算负荷，非受限制区域两路架空供电线路不应同杆架设。

（3）二级负荷输油站场宜有两回线路供电，两回线路可同杆架设；在负荷较小或地区供电条件困难时，可由一回线路供电，但应设应急电源。

（4）输油站场中站控制系统、通信系统、紧急截断阀应采用不间断电源（UPS）供电，蓄电池组的后备时间应满足站控制系统、通信系统及紧急截断阀的后备时间要求，且不宜少于2h。

（5）在无电或缺电地区，站内低压负荷可采用燃油发电机组供电，发电机组的选择应符合下列规定：

① 发电机组运行总容量应按全站低压计算负荷的1.25~1.3倍选择，并应满足低压电动机的启动条件；备用机组容量可按运行机组容量的50%~100%选择。

② 发电机组的台数应为2台及以上，同一输油站宜选择同型号、同容量的机组；应根据机组的检修周期、是否设值班人员及机组运行台数，合理确定备用机组台数。

③ 发电机组应满足并联运行要求，具有自动-手动并车功能。

（6）在无电或电源不可靠地区，输油管道线路监控阀室、通信站、阴极保护站宜选择太阳能发电、风能发电或小型燃油发电装置供电，应根据负荷容量、气象、地理环境、燃料供应条件合理选择。

（7）变（配）电所的供电电压应符合下列规定：

① 变（配）电所的供电电压应根据用电容量、供电距离、当地公共电网现状合理确定，宜为10（6）~110kV；

② 输油泵、消防泵电动机额定电压应与一级配电电压相匹配。低压配电电压应采用380V/220V。

（8）变（配）电所的主接线和变压器选择应符合下列规定：

① 具有一路电源进线和1台变压器的变电所，可采用线路变压器组接线；其主变压器

的容量宜按全站计算负荷的 1.25~1.33 倍选择，且应满足输油主泵电动机的启动条件。

② 当有两路电源进线时，主变压器应为 2 台。变电所主接线宜采用单母线分段或桥形接线，二次侧宜采用单母线分段接线。每台主变压器容量应满足全站计算负荷，并应满足输油主泵电动机的启动条件。

（9）6~110kV 变电所应采用变电站综合自动化系统，实现对变配电系统的保护、数据采集与监控，并应同时备有手动操作功能。

（10）变电所的电力调度通信应符合下列规定：

① 应设置输油管道内部通信电话；

② 应设置与地方供电部门电力调度中心的外部电力调度通信，主、备电力调度通信方式应符合当地电网的要求；

③ 无人值班变电所，除在变电所装设电力调度电话外，还应在站控制室装设并机电力调度电话。

（11）输油管道输油站场和阀室危险区域的划分应符合现行行业标准《石油设施电气设备安装区域一级、0 区、1 区和 2 区区域划分推荐作法》（SY/T 6671）的相关规定；危险区域内电气装置的选择应符合现行国家标准《爆炸危险环境电力装置设计规范》（GB 50058）的相关规定。

（12）消防泵房及其配电室应设应急照明，其连续供电时间不应小于 20min。

2. 防雷、防静电与接地

（1）输油站场内的建（构）筑物的防雷设计应符合现行国家标准《建筑物防雷设计规范》（GB 50057）的相关规定；信息系统设备所在建筑物，应按不低于第三类防雷建筑物进行防直击雷设计。

（2）阀室应按照第二类防雷建筑物进行防直击雷设计。

（3）输油管道的防雷、防静电设计应符合现行国家标准《石油天然气工程设计防火规范》（GB 50183）的相关规定。

（4）供配电系统和电子信息系统的防雷、防雷击电磁脉冲设计应符合国家现行标准《交流电气装置的过电压保护和绝缘配合》（GB/T 50064）、《建筑物防雷设计规范》（GB 50057）和《建筑物电子信息系统防雷技术规范》（GB 50343）的相关规定。

（5）站场内的建（构）筑物的接地系统设计应符合现行国家标准《建筑物防雷设计规范》（GB 50057）的相关规定。

（6）站场中的电气装置或设备，除另有规定外应使用一个总的接地网。

（7）同一建筑物或区域内，防雷接地、电气设备接地和信息系统设备接地宜采用共用接地系统，其接地电阻取最小值。

（8）输油站场内用电设备负荷等级的划分应符合表 6-30 的规定。

表 6-30　输油站场内用电设备的负荷等级

建（构）筑物、装置名称	用电设备	负荷等级
泵房（棚）	主泵、给油泵	一
	装车（装船）泵	二
加热炉区	直接加热炉或间接加热炉及其配套用电设施	一
消防泵房	冷却水泵、泡沫混合液泵或消防水泵	*

建(构)筑物、装置名称	用电设备	负荷等级
锅炉房	给水泵、补水泵、风机、火嘴、水处理设备	二
阀室	电动阀	三
管道控制中心	SCADA 系统、数据信号传输设备	一
站控制室	工业控制计算机系统、网络设备	一
设备间	通信设备	一
供水设施(深水井、加压泵房、净化设施)	整个设施	二
污水处理场	整个设施	三
计量间	整个设施	二
油罐区	整个设施	二
阴保间	恒电位仪	三
管道电伴热	整个设施	二
生产辅助设施(维修车库、材料和设备仓库、化验室等)	整个设施	三
生活辅助设施(值班宿舍、食堂等)	整个设施	三

注：① 可压力越站的中间泵站，主泵的用电负荷等级降为二级。

② 可热力越站的中间热站，加热炉区用电设备的负荷等级降为二级。

③ 计量间内流量计算机系统的负荷等级为一级。

* 消防泵房内用电设备的负荷等级应符合现行国家标准《石油天然气工程设计防火规范》(GB 50183)的相关规定。

3. 给排水及消防

（1）站场水源的选择应符合下列规定：

① 水源应根据站场规模、用水要求、水源条件和水文地质条件等因素综合分析确定，并宜就近选择。

② 生产、生活及消防用水宜采用同一水源。当油罐区、液化石油气罐区、生产区和生活区分散布置，或有其他特殊情况时，经技术经济比较后可分别设置水源。

③ 生活用水的水质应符合现行国家标准《生活饮用水卫生标准》(GB 5749)的相关规定；生产和消防用水的水质标准，应满足生产和消防工艺要求。

（2）站场及油码头的污水排放应符合下列规定：

① 含油污水应与生活污水和雨水分流排放；

② 生活污水应经处理达标后排放；

③ 含油污水应进行处理，宜采用小型装置化处理设备，处理深度应符合现行国家标准《污水综合排放标准》(GB 8978)的相关规定和当地环保部门的要求；

④ 雨水宜采用地面有组织排水的方式排放；油罐区的雨水排水管道穿越防火堤处，在堤内宜设置截油装置，在堤外应设置截流装置。

（3）站场及油码头的消防设计应符合下列规定：

① 原油、成品油储罐区的消防设计，应符合现行国家标准《石油天然气工程设计防火规范》(GB 50183)和《泡沫灭火系统设计规范》(GB 50151)的相关规定；

② 液化石油气储罐区的消防设计，应符合现行同家标准《石油天然气工程设计防火规范》(GB 50183)和《建筑设计防火规范》(GB 50016)的相关规定；

③ 装卸原油、成品油码头的消防设计，应符合国家现行标准《固定消防炮灭火系统设计规范》（GB 50338）和《装卸油品码头防火设计规范》（JTJ 237）的相关规定；

④ 站场及油码头的建筑消防设计，应符合现行国家标准《建筑设计防火规范》（GB 50016）和《建筑灭火器配置设计规范》（GB 50140）的相关规定。

4. 供热、通风及空气调节

（1）输油站内各建筑物的采暖通风和空气调节设计应符合国家现行标准《采暖通风与空气调节设计规范》（GB 50019）和《石油化工采暖通风与空气调节设计规范》（SH/T 3004）的相关规定。

（2）化验室的通风宜采用局部排风；当采用全面换气时，其通风换气次数不宜小于 5 次/h。排风设备应采用防爆型。

（3）驱动输油泵的电动机，其通风方式应按电动机安装使用要求决定。

（4）输油泵房、计量间、阀组间等散发可燃气体的工作场所，应设置事故通风装置，其通风换气次数不宜小于 12 次/h。

（5）积聚容重大于空气并具有爆炸危险气体的建（构）筑物，应设置机械排风设施。其排风口的位置应能有效排除室内地坪最低处积聚的可燃或有害气体，其排风量应根据各类建筑物要求的换气次数或根据产生气体的性质和数量经计算确定。

（6）采用热风采暖、空气调节和机械通风装置的场所，其进风口应设置在室外空气清洁区，对有防火防爆要求的通风系统，其进风口应设在不可能有火花溅落的安全地点，排风口应设在室外安全处。

（7）采用全面排风消除余热、余湿或其他有害物质时，应分别从建筑物内温度最高、含湿量或有害物质浓度最大的区域排风。

（8）输油站内的锅炉房及热力管网设计，应符合现行国家标准《锅炉房设计规范》（GB 50041）的相关规定。

二、输气管道

1. 供配电

（1）输气站及阀室的供电电源应从所在供电营业区的电力系统取得。当无法取得外部电源，或经技术经济分析后取得电源不合理时，宜设置自备电源。

（2）供电电压应根据输气站及阀室所在地区供电条件、用电负荷电压及负荷等级、送电距离等因素，经技术经济对比后确定。

（3）输气站及阀室应根据输气管道的重要性、运行需求和供电可靠性，确定主要设备的用电负荷等级，并应符合下列规定：

① 输气站的用电负荷等级不宜低于重要电力用户的二级负荷，当中断供电将影响输气管道运行或造成重大经济损失时，应为重要电力用户的一级负荷；

② 调度控制中心用电负荷等级宜为一级负荷，阀室用电负荷等级不宜低于三级负荷；

③ 输气站及阀室用电单元的负荷等级宜符合表 6-31 的规定。

表 6-31　输气站及阀室用电单元的负荷等级

单元名称	用电负荷名称	负荷等级
压缩机厂房	应急润滑油系统、电动阀（紧急截断及放空使用）、配套控制系统	重要负荷
	电动机驱动系统、机组配套设施、通风系统	二级

单元名称	用电负荷名称	负荷等级
消防系统	消防水泵、稳压设备、配套控制系统	重要负荷
锅炉房	燃烧器、给水泵、补水泵、风机、水处理设备	二级
控制室	计算机控制系统、变电所综合自动化系统、通信系统、应急照明	重要负荷
	工作照明、空调设备、安防及通风设施	二级
单元名称	用电负荷名称	负荷等级
给排水	供水设备（电驱机组）	二级
设施	污水处理设备、通风系统、供水设备（生活设施）	三级
工艺设备	进出站及放空用电动阀、计量设备、调压设备、事故照明、安防系统、压缩机区电动阀	重要负荷
	正常照明、电伴热、空气压缩系统	二级
阴极保护	恒电位仪、电位传送器	三级
变电所及发电房	控制保护系统、发电机启动设备、应急照明	重要负荷
	变配电及发电设施的正常照明、通风系统	二级
生产辅助设施	生产用房正常照明、通风、空调、防冻、安防系统	二级
	维修设备、库房、化验、车库等	三级
生活设施	值班宿舍、厨房、采暖及通风	三级
阀室	紧急截断阀、自动控制系统、通信系统	重要负荷
	变配电及发电设施的正常照明、通风系统	三级

注：① 表中各单元负荷等级定义应符合现行国家标准《供配电系统设计规范》（GB 50052）的有关规定，重要负荷是指输气站内直接与安全、输气作业及计量有关的用电负荷，中断供电时会对人身、设备和运行造成损害的用电设施需要保证一定时间的供电连续性。

② 当输气站定义为重要电力用户的一级负荷时，表中设备的负荷等级应提高一级，重要负荷即为特别重要负荷。

③ 输气站内其他没有明确规定用电负荷等级的设备，可根据实际情况确定。

（4）供电要求应符合下列规定：

① 重要电力用户的供电电源配置应按现行国家标准《重要电力用户供电电源及自备应急电源配置技术规范》（GB/Z 29328）的有关规定执行；

② 消防设备的供电应按现行国家标准《石油天然气工程设计防火规范》（GB 50183）的有关规定执行；

③ 输气站因突然停电会造成设备损坏或作业中断时，站内重要负荷应配置应急电源，其中控制、仪表、通信等重要负荷，应采用不间断电源供电，蓄电池后备时间不宜小于 1.5h。

（5）输气站内的变电站功率因数应符合下列规定：

① 1035kV 及以上电压等级的变电站，在变压器最大负荷时，其一次侧功率因数不宜小于 0.95；

② 变压器容量为 100kV·A 及以上的 10kV 变电站功率因数不宜小于 0.95；

③ 变电站配置的无功补偿设备应根据负荷变化自动控制功率因数，任何情况下不应向电网倒送无功。

（6）输气站及阀室照明应符合下列规定：

① 室内照明应符合现行国家标准《建筑照明设计标准》(GB 50034)的有关规定，室外照明应符合现行国家标准《室外作业场地照明设计标准》(GB 50582)的有关规定；

② 控制室、值班室、发电房及消防等重要场所应设置应急照明；

③ 人员活动场所应设置安全疏散照明，人员疏散的出口和通道应设置疏散照明。

（7）电气设计应符合现行国家标准《爆炸危险环境电力装置设计规范》(GB 50058)的有关规定，电气设备应符合现行国家标准《爆炸性环境》(GB 3836)系列标准的有关规定。

（8）输气站及阀室的雷电防护应符合下列规定：

① 雷电防护应符合国家现行标准《建筑物防雷设计规范》(GB 50057)和《油气田及管道工程雷电防护设计规范》(SY/T 6885)的有关规定；

② 金属结构的放空立管及放散管上不应安装接闪杆；

③ 雷电防护接地宜与站场的保护接地、工作接地共用接地系统，接地电阻应按照电气设备的工作接地要求确定，当共用接地系统的接地电阻无法满足要求时，应有完善的均压及隔离措施。

2. 给排水及消防

（1）输气站的给水水源应根据生产、生活、消防用水量和水质要求，结合当地水源条件及水文地质资料等因素综合比较确定。

（2）输气站总用水量应包括生产用水量、生活用水量、消防用水量（当设有安全水池或罐时，可不计入）、绿化和浇洒道路用水量以及未预见用水量。未预见用水量宜按最高日用水量的 15%～25% 计算。

（3）安全水池（罐）的设置宜根据输气站的用水量、供水系统的可靠程度确定。当需要设安全水池（罐）时，应符合下列规定：

① 宜利用地形设置安全水池（罐）；

② 安全水池（罐）的容积宜根据生产所需的储备水量和消防用水量确定，生产、生活储备水量宜按 8～24h 最高日平均时用水量计算；

③ 当安全水池（罐）兼有储存消防用水功能时，应有确保消防储水不作他用的技术措施；

④ 寒冷地区的安全水池（罐）宜采取防冻措施。

（4）输气站的给水水质应符合下列规定：

① 生产用水应符合输气生产工艺要求，生活用水应符合现行国家标准《生活饮用水卫生标准》(GB 5749)的有关规定；

② 循环冷却水系统的水质和处理应符合现行国家标准《工业循环冷却水处理设计规范》(GB 50050)和《工业循环水冷却设计规范》(GB/T 50102)的有关规定；

③ 当压缩机组等设备自带循环冷却水系统时，冷却水水质应符合设备规定的给水水质要求。

（5）循环冷却水系统根据具体情况可采用敞开式或密闭式循环系统；当采用密闭式循环系统时，闭式循环管路内宜充装软化水或除盐水。

（6）输气站污水处置方案宜按现行国家标准《污水综合排放标准》(GB 8978)和污水水质污染情况，结合工程实际情况、环境影响评价报告和当地污水处置条件综合确定，污水可采用回用、外运、接入城镇排水管道和外排等多种形式处理。

（7）输气站消防设施的设计应符合现行国家标准《石油天然气工程设计防火规范》(GB 50183)、《建筑设计防火规范》(GB 50016)和《建筑灭火器配置设计规范》(GB 50140)的有关规定。

3. 采暖通风和空气调节

（1）输气站的采暖通风和空气调节设计应符合现行国家标准《采暖通风与空气调节设计规范》（GB 50019）的有关规定。

（2）输气站内生产和辅助生产建筑物的通风设计应符合下列规定：

① 对散发有害物质或有爆炸危险气体的部位，宜采取局部通风措施，建筑物内的有害物质浓度应符合国家现行标准《工业企业设计卫生标准》（GBZ 1）的有关规定，并应使气体浓度不高于爆炸下限浓度的 20%。

② 对同时散发有害物质、有爆炸危险气体和热量的建筑物，全面通风量应按消除有害物质、气体或余热所需的最大空气量计算。当建筑物内散发的有害物质、气体和热量不能确定时，全面通风的换气次数应符合下列规定：

a. 厂房的换气次数宜为 8 次/h，当房间高度不大于 6m 时，通风量应按房间实际高度计算，房间高度大于 6m 时，通风量应按 6m 高度计算；

b. 分析化验室的换气次数宜为 6 次/h。

c. 散发有爆炸危险气体的压缩机厂房除应按以上设计正常换气外，还应另外设置保证每小时不小于房内容积 8 次换气量的事故排风设施。

d. 输气站内其他可能突然散发大量有害或有爆炸危险气体的建筑物也应设事故通风系统。事故通风量应根据工艺条件和可能发生的事故状态计算确定。事故通风宜由正常使用的通风系统和事故通风系统共同承担，当事故状态难以确定时，通风总量应按每小时不小于房内容积的 12 次换气量确定。

e. 阀室应采用自然通风。

（3）设有机械排风的房间应设置有效的补风措施。

（4）在可能有气体积聚的地下、半地下建（构）筑物内，应设置固定的或移动的机械排风设施。

（5）当采用常规采暖通风设施不能满足生产过程、工艺设备或仪表对室内温度、湿度的要求时，可按实际需要设置空气调节、加湿（除湿）装置。

（6）输气站场天然气的加热应满足热负荷及工艺要求。锅炉房设计应符合现行国家标准《锅炉房设计规范》（GB 50041）的有关规定。

第七节　工程施工及验收安全管理

一、工程建设施工

1. 施工安全组织

（1）管道施工应由具有相应资质的单位承担。施工企业应按《安全生产许可条例》规定，取得安全生产许可证书。

（2）管道开工前，建设单位应向主管部门办理开工审批手续，并报相关部门备案。

（3）管道施工应实行工程监理和第三方质量监督。

（4）工程开工前，应根据工程特点、施工方法、劳动组织和作业环境制订有针对性的安全技术措施并按规定进行审批。实施前应向施工人员进行安全技术措施交底。参加施工人员应认真执行安全技术措施。

（5）当施工方法、施工环境等因素变化导致安全技术措施不能适宜时，应对安全技术措施进行变更并重新履行审批程序。

（6）管道施工承包商应按设计图纸施工。若需对设计进行修改，应取得原设计单位的设计修改文件，并经建设单位、监理签认。

（7）管道使用的钢管和管道附件应有明显的标志和质量证明书，并按要求复验。

（8）管道焊接前应按规定进行焊接工艺评定。

（9）管道的施焊焊工，应持主管部门颁发的有效焊工证，在资格允许范围内承担相应焊接工作。

（10）管道焊接的无损检测应由具有相应资质的单位承担。

（11）管道强度试验和严密性试验执行《输气管道工程设计规范》（GB 50251）、《输油管道工程设计规范》（GB 50253）等标准的相关规定。

2. 施工人员

（1）施工人员应经培训，考核合格后上岗。特种作业人员应按《特种作业人员安全技术培训考核管理规定》及《建筑施工特种作业人员管理规定》的要求接受与本工种相适应的、专门的安全技术培训，经安全技术理论考核和实际操作技能考核合格，取得特种作业操作证后上岗。

（2）管道的施焊焊工，应持主管部门颁发的有效焊工证，在资格允许范围内承担相应焊接工作。

（3）施工人员应了解本岗位的工作内容与相关作业的关系、施工过程中可能存在或产生的危险和有害因素，并能根据危害性质和途径采取防范措施，掌握应急处理和紧急救护方法。

（4）应熟悉现场的各种安全标志，不应随意拆除或占用各种照明、信号、防雷等安全防护装置、安全标志和监测仪表等。

（5）施工人员应正确佩戴和使用个人防护用品。

3. 施工机具、设备和劳动防护

1）施工机具及设备

（1）施工企业应做好施工机具及设备的选购、安装、使用、维护、检修与管理，建立设备档案。

（2）设备使用前，应进行检查和性能评价。设备上的安全防护装置应完好、可靠。

（3）施工设备应有安全技术操作规程。

（4）固定式施工设备应按设备使用说明书的要求安装在牢固的基础上，移动式设备的电源线应使用橡胶护套软电缆，应有可靠的防雨、防潮设施。

（5）设备应设专人负责使用和管理。

（6）设备应定期检修、检查，保持良好的技术性能，不应带病运转或超负荷使用。

（7）特种设备的安装、使用、维修、保养和检验应执行《特种设备安全监察条例》的规定。

2）气瓶

（1）气瓶应定期检验，在气瓶的整个使用期内标签应保持完好无损、清晰可见，标签的样式及使用应符合《气瓶警示标签》（GB 16804）的规定。

（2）不应擅自更改气瓶的钢印和颜色标记，不应随意改装气体，气瓶的颜色和标记应符合《气瓶颜色标志》（GB 7144）的规定。

（3）运输时车辆应有明显的安全标志，应轻装轻卸。立放时车厢不应低于瓶高的2/3，卧放时头部应同向。

（4）氧气瓶和乙炔瓶或易燃气体气瓶不应同车运输和同库存放。

（5）储存气瓶的场所应通风良好，防止曝晒，应设置相应的消防器材。空瓶与实瓶应分开存放，气瓶应有瓶帽和防震胶圈。

（6）使用时应配置适用的减压器。

（7）乙炔气瓶储存和使用时应保持直立并有防止倾倒措施。

（8）气瓶内的气体不应用尽，永久性气体气瓶的剩余压力不小于0.05MPa；液化气体气瓶应留有不少于规定充装量0.5%~1.0%的剩余气体。

（9）气瓶发生泄漏时，应采取相应的处理措施，迅速撤离泄漏污染区，若气瓶移至空旷安全处放空，空气中浓度超标时，抢救及事故处理人员应戴空气呼吸器或氧气呼吸器。

3）放射性同位素与射线装置

（1）使用放射性同位素与射线检测设备的单位应按《放射性同位素与射线装置安全许可管理办法》的规定向政府主管部门办理相关手续。

（2）放射性同位素应建立台账，有专人保管；储存场所应设置警告标志，有防火、防盗、防泄漏措施；出、入库时应进行登记、检查。

（3）放射性同位素的订购、运输、使用及废弃放射性同位素的回收应按《放射性同位素与射线装置安全和防护条例》和《放射性物品运输安全管理条例》的规定执行。

（4）射线装置应符合放射防护要求。

4）焊接设备

（1）焊接安全要求应符合《弧焊设备　第1部分：焊接电源》（GB 15579.1）的规定。

（2）电焊机的配电系统开关、漏电保护装置应灵敏有效，每台电焊机应设单独的电源开关、自动断电装置。应有符合要求的接地和接零，重复接地电阻不应大于10Ω。电源开关、自动断电装置应放在防雨的闸箱内，装在便于操作之处，并留有安全通道。

（3）焊接电缆应使用合适截面的橡胶绝缘铜芯软电缆，绝缘电阻不应小于1MΩ，总长度不宜大于30m，且宜为整根。若需接长应使用耦舍器连接，接头不宜超过两个，连接应可靠、绝缘良好。

（4）焊接电缆和接地线不应搭在易燃易爆和带有热源的物品上，接地线不应接在管道、机械设备和构筑物金属构架或轨道上。

（5）焊钳、焊枪应符合有关标准的规定，应与电缆连接牢靠，接触良好。铜导线不应外露，水冷焊枪不应漏水。

（6）电焊机应安放在通风良好、干燥、无腐蚀介质、远离高温高湿和多粉尘的地方。露天使用的焊机应设防雨棚，应用绝缘物将焊机垫起，垫起高度不得小于20cm，按要求配备消防器材。

（7）不应超过电焊机额定焊接电流和暂载率使用。

（8）电焊设备的安装、修理和检查应由电工进行。焊机和线路发生故障时，应立即切断电源，并通知电工修理。

5）施工机动车辆

（1）施工机动车辆的安全应符合《工业车辆》（GB 10827.1）的规定。

（2）车辆不应超速、超负荷或超用途使用。

（3）加燃料时应关闭发动机且不应有明火。

（4）易燃易爆环境作业应有许可证并遵守相关规定。

（5）装载货物应平稳、牢靠。除设有专门乘载人员的设施外，不应载人。

（6）通过涵洞、管架、悬挂物下方，应有足够净空。

（7）驾驶员离开装卸机械，应将承载装置完全降下，关闭发动机，拉上制动器。

6）劳动防护用品

（1）施工企业劳动防护用品的采购、配发和使用应按《用人单位劳动防护用品管理规范》的规定执行。

（2）施工企业安全生产管理部门应对施工人员使用防护用品的情况进行检查监督。

4. 施工现场安全

1）施工现场平面布置

（1）施工企业在工程项目开工前进行施工平面布置图设计时，以下内容应满足安全要求：

① 已建及拟建的永久性或临时性房屋、构筑物、运输道路，明确作业区域、仓库、办公和生活临时设施等；

② 施工用的临时水管线、电力线和照明线、变压器及配电间、现场危险品及仓库的位置；

③ 施工平台、配电盘、水源点的平面位置；

④ 施工机械的平面摆放位置、行走路线及棚设，大型工装的现场摆放位置；

⑤ 消防器材或其他应急物资放置点、消防通道、紧急集合点等。

（2）施工现场入口处应设置工程概况牌、安全生产牌、组织机构牌、现场平面图、安全管理人员名单等。

（3）施工现场四周应有与外界隔离的设施。

（4）施工现场内影响安全施工的坑、沟等均应填平或铺设与地面平齐的盖板。

（5）施工现场的排水设施应做全面规划，合理布置。其设置不应妨碍交通和污染周围环境。上部需承受负荷的沟渠应设有盖板或修筑涵洞、敷设涵管。排水沟的截面和坡度以及涵洞、涵管的尺寸大小、埋设深度和承载能力应满足使用要求。排水沟应经常清理疏浚，保持畅通。

2）道路运输

（1）施工现场应按施工平面布置图设置行人、车辆通行道路，道路应坚实平坦，保持畅通，不应堆放施工器材和杂物。

（2）现场主要道路宜筑成环形，与主要的施工作业区域和临时设施相通，其宽度应满足施工需要。

（3）机动车辆在施工现场应低速行驶，遵守现场限速规定。在场地狭小、运输频繁地点，应设临时交通指挥人员。

（4）现场通道不应随意挖掘和截断。如因工程需要，应经现场负责人批准，办理相关手续及采取相应防护措施后方可开挖。

（5）通过施工机具、汽车的便桥应按图纸架设，其宽度不应小于 3.5m。

（6）通行栈桥或架空管道下面的道路，其通行空间高度不应小于 4.5m。

（7）施工现场道路应有防扬尘措施。

3）施工器材的存放

（1）施工器材应按施工总平面图规定的地点堆放，保持整齐稳固、安全可靠。

（2）施工器材堆放的安全高度及安全要求应符合表 6-32 的规定。

表 6-32　施工器材安全堆放高度及安全要求

器材名称	堆放高度	安全要求
管材、圆筒（$D<500$mm）	<1m	在两排管中加垫，圆筒两边应设立柱。三角形堆放时两边加楔垫，防止滚落
管材、圆筒（$D\geqslant500$mm）	不宜超过 2 层	
圆木	<2m	堆积或装卸时，应使用垛木器械
木材	<4m	每隔 0.5m 高度应加横垫木
砖	<2m	堆放整齐稳固
水泥	12 袋以下	堆放时，底部应以木板架空垫起 0.3m 以上
器材箱、筒	横卧 3 层、立放 2 层以下	每层箱下应加垫，筒状应设立柱，防止滚落
袋装材料	<1.5m	堆卸时应搭设可靠的踏板

注：D 为管材、圆筒的外径。

（3）存放的设备和施工材料应有防雨、防积水、防晒措施。

（4）油漆、稀释剂等防腐保温材料及其他危险化学品应存放在通风良好、严禁烟火的专用仓库。

（5）作业剩余器材、废料以及拆下的脚手架杆、模板等应及时分类，清理回收。

4）现场消防

（1）施工场所应按照施工组织设计的要求配备与施工作业性质相应的消防器具或消防设施。

（2）建筑物与可燃材料堆置场地的防火间距应符合《建筑设计防火规范》（GB 50016）的规定。

（3）施工现场的消防通道应保持畅通，消防器具应有防雨、防冻、防晒措施。

（4）消防管道、消防栓完好、畅通，灭火器具应定期更换药剂，保持经常有效。

（5）消防水带、砂箱、消防斧、消防锹、消防钩等消防器材应摆放在明显易取处，不应挪用或遮盖。

（6）施工现场用火应遵守下列规定：

① 用火点 10m 以内不应有易燃、易爆物品；

② 易燃、易爆危险场所内用火，应经气体取样分析合格；

③ 在有易燃、易爆介质的生产设备、管道上用火时，应有安全措施及应急预案，在置换、吹扫、清洗、分析合格后，方可用火；

④ 在高处用火（如电焊、气焊、喷灯等），下方周围应清除可燃物，不可移动可燃物应采取隔离措施，设专人监护；

⑤ 易燃易爆场所的施工用火还应按企业相关规定执行。

（7）强氧化剂不应与可燃物质混合放置。不应在施工现场倾倒易燃、可燃液体（如乙醚、汽油、酒精和液化石油气等）。

（8）进入易燃、易爆区域的机动车辆应加装灭火罩或阻火器。

5）临时设施

（1）施工所用的临时设施，应按照施工组织设计的要求布置、建设。投用前应进行工程验收，合格后方可使用。

（2）施工现场使用的装配式活动房屋应具有产品合格证。

（3）利用原有设施或重复使用的临时设施，使用前应进行安全检查、评估，确认符合安全要求后方可使用。

（4）临时设施内的水、电、气及消防等设施应符合相关规定要求。

（5）施工现场的供、用电线路及设施应按总平面图布置。

（6）施工用水、水蒸气、压缩空气、乙炔气、氧气、氮气等管网应布设适宜、固定牢靠，并按介质要求对管网进行冲洗、吹扫、除油、脱脂等处理，合格后方可使用。

6）施工现场安全设施

（1）施工现场的安全设施、防护和保险装置等应齐全有效，不应擅自拆除和移动。确需移动时，应办理相关手续，且应采取相应的临时安全措施，完工后应立即复原。

（2）危险区域应设置相应的安全标志。

（3）吊装作业、射线作业、电气耐压试验以及设备、容器、管道脱脂、试压和爆破作业等施工区域应设置明显的警示标志、警戒线或围栏。

（4）施工现场的噪声应控制在国家现行规定以内，必要时应装设消音设施或采取其他有效措施。

7）季节防护

（1）施工现场应根据作业区域的环境，编制季节性施工措施。

（2）在雨季前应备齐防汛器材，存放在指定地点，且处于完好备用状态。疏通排水管道、沟渠，整修道路和防洪堤，对施工现场和生活区的临时建筑物和构筑物进行全面检查，发现事故隐患及时处理。

（3）雨季施工时应经常检查地沟、地槽、山崖等边坡的排水设施，防止塌方和滑坡。

（4）施工通道、脚手板应采取防滑措施，雨后应及时检查脚手架工程、塔吊、外用电梯、物料提升机基础是否变形，一旦发现变形应立即停止施工，采取措施整改。

（5）用电设备等应搭设牢固可靠的防雨设施；临时用电线路和小型用电机具应采取防潮湿、防浸泡措施。

（6）施工现场建筑物、构筑物及正在施工的装置，其避雷及接地装置在雨季前应进行接地电阻测定，其测定值应符合要求。

（7）雷雨时不应在现场进行露天登高作业及吊装作业。

（8）暑期施工的施工现场应设防晒棚、遮阳伞等，在热加工和受限空间内作业时，应采取通风、降温等措施。

（9）冬季施工现场施工所需的各类容器和管道采取防冻保温措施，模板、脚手架等应有防冻土融化引起变形、倒塌事故的措施，脚手架和其他上通道应有防滑、防坠落等措施。

8）临时用电

（1）施工现场临时用电方案经批准后方可实施。

（2）施工现场临时用电设备、线路、电气设备应符合国家规范标准要求。

（3）防爆场所使用的临时电源、电气元件和线路应达到相应的防爆等级要求，采取相应的防爆安全措施。

（4）变压器应装设在离地不低于0.5m的台基上，设置高度不低于1.7m的围墙或栅栏，入口门加锁，在醒目位置悬挂"止步、高压危险"警示牌。

（5）两台及以上变压器，当电源来自电网的不同电源回路时，变压器以下的配电线路不应并列运行。

（6）电缆直埋时，低压电缆埋深不应小于0.3m；高压电缆和人员车辆通行区域的低压电缆，埋深不应小于0.7m。电缆上下应铺以软土和砂土，厚度不应小于100mm，并应加盖硬质保护层。

（7）架空输电线路应采用绝缘铜线或绝缘铝线，应架设在专用电杆上。架空线路边线与施工设施安全距离及与施工现场机动车道垂直距离应满足施工安全要求。

（8）临时用电设施应经使用单位、监理单位、批准单位共同验收，合格后方可使用。

（9）临时用电设施应由持证电工负责管理，定期进行检查和维修。

5. 施工作业安全

1）作业许可

开挖作业、用火作业、受限空间作业、临时用电作业、高处作业及企业规定的其他危险作业应执行作业许可制度。

2）开挖作业

（1）开挖前应熟知开挖区域已存在的地下设施（电缆、光缆及油、气、水管线等）情况。

（2）人工挖基坑，操作人员之间要保持安全距离，一般大于2.5m，多台机械开挖，挖土机间距应大于10m，挖土要自上而下，逐层进行，不应进行先挖坡脚的危险作业。

（3）开挖深度超过1.5m的作业，应用放坡或支柱支护。

（4）挖方深度应根据土质确定，不宜超过表6-33的规定。如超过规定，应按规定放坡或直立壁加支撑。

表6-33 基坑（槽）做成直立壁不加支撑的深度规定

土的类别	挖方深度/m
密实、中密的砂土和碎石类土（填充物为砂土）	1
硬塑、可塑的轻亚黏土及亚黏土	1.25
硬塑、可塑的黏土和碎石类土（填充物为黏性土）	1.50
坚硬的黏土	2

（5）采用直立壁挖方的基坑（槽）或管沟挖好后，应及时进行地下结构和安装工程施工。在施工中，应经常检查坑壁的稳定情况。

（6）不应在基坑、基槽边沿1m范围以内堆土、堆料。

（7）挖掘过程中，发现地下设施的标牌和指示胶带，应立即停止作业，与有关部门联系进行确认。

（8）基坑施工深度超过1m，坑边应设临边防护，作业区上方应设专人监护。作业人员上下应有专用梯道；管沟开挖时，每25m设置一个人员上下专用爬梯。

（9）开挖作业场所在人行道或车行路附近时，夜间应设置警告灯。

（10）道路开挖作业无特殊情况应从一侧开始。

（11）车辆、设备不应靠近挖掘完成的坑、沟边缘。

（12）雨季开挖基坑，坑边应挖截水沟或筑挡水堤，边坡应做防水处理。基坑内积水应及时排走。

（13）采用机械回填，卸土应有专人指挥，坑（沟）边沿应设车轮挡块，无关人员不应靠近作业现场。

（14）土方爆破时应遵守《爆破安全规程》（GB 6722）的有关规定。

3）金属安装作业

（1）不应使用锤头淬火的大锤，不应戴手套进行打锤作业。多人同时进行打锤作业时，不应面对面站立。打锤时，甩转方向不得有人，并应采取听力保护措施。

（2）与电焊工联合作业时，应戴防护眼镜。

（3）托辊两侧滚轮应保持水平，工件中心垂线和滚轮与工件中心连线的夹角不应小于35°，工件转动线速度不宜超过 3m/min。

（4）高、窄构件立放时应采取可防止倾倒措施。

（5）配合起重吊运组装构件时，应注意吊钩和重物运动方向，不应在吊臂和重物下方作业。

（6）多人操作机械，工作人员应统一指挥，互相配合，防止误伤。

（7）使用滚板机时，操作者应站在滚板机的两侧，钢板滚到尾端应留足够余量，以免脱落伤人。

（8）使用冲（剪）床、剪板机、刨边机、台钻时，应遵守下列要求：

① 更换冲头、钻头、剪刀、刨刀时应停车操作，在断电状态下进行。更换后应进行检查，确认无误后方可开车。

② 加工件应放置平稳，固定可靠。

③ 冲、钻、剪、刨削作业时，操作者手与刀具的距离应在 200mm 以上。钻孔作业时，应戴防护眼镜，不应戴手套，不应手持工件。

④ 边角废料应及时清理，清理时应停车。

（9）套丝作业时，工件应支平夹牢，工作台应平稳。两人以上操作动作应协调，用力应均匀。

（10）不应站在探头管子或构件上作业。

（11）翻动工件时，防止滑动及倾倒伤人。

（12）用机械切割管子时应垫平卡牢，用力不得过猛，临近切断时应用手或支架托住工件。砂轮切割机砂轮片应完好。操作者应戴防护面罩，并应站在侧面。

（13）在平台上进行煨弯作业时，地锚、靠桩应牢固，附近不应站人。

（14）往沟槽内下管所用索具、地桩应牢固，沟槽内不应有人。

（15）酸洗、钝化、脱脂作业时，酸碱液槽应加盖板，场地应通风良好，清除易燃物，设置相应的警告标志。清洗液不应随地排放。

（16）管道系统吹扫时，应设置警戒线，吹扫口应固定牢固，吹扫口、试压排放口不应朝向电线、基坑、道路和有人操作的场地。

4）焊接作业

（1）焊接作业场所应通风良好。

（2）使用电焊机前，应检查绝缘及接线情况，接线部分不应腐蚀、受潮及松动。

（3）焊工身体的任何部位不应与焊把未绝缘的部位以及任何裸露的带电导体相接触；不应手持把线爬梯登高；不应将把线缠绕在身上行走或焊接；不应用水冷却焊把。

（4）潮湿地带作业时，操作人员应站在铺有绝缘物品的地方，应穿绝缘鞋。

（5）清除焊缝焊渣，应戴防护眼镜，头部应避开焊渣飞溅方向。

（6）焊接电缆线不应与气体胶管相互缠绕。

（7）下列操作，应在切断电源后进行：

① 改变电焊机接头；

② 更换焊件需要改变二次回路；

③ 转移工作地点移动电焊机；

④ 工作完毕或临时离开工作现场。

（8）焊接作业还应符合《石油工业电焊焊接作业安全规程》（SY 6516）的规定。

5）气焊（割）作业

（1）焊前应检查所用工具、氧气瓶、乙炔气瓶、减压阀、回火阻止器是否安全可靠，并消除一切漏气隐患。氧气瓶、氧气表、割具等不应有油污。

（2）作业时应配置专用的减压器；开启气瓶阀门时，应采用专用工具，不应面对减压器，压力表指针应灵敏正常。

（3）氧气软管和乙炔软管不应混用。漏气、老化的软管要及时更换切除，不应使用胶布或带油脂的东西进行包扎。

（4）不应将软管放在高温管道和电线上，或将重物及热的物件压在软管上。不应将软管与电焊用的导线敷设在一起，软管经过行车道时应加护套或盖板。

（5）气瓶放置地点不应在烈日下曝晒和受高温热源辐射，距明火不小于 10m，作业场所的氧气瓶与易燃气瓶间距不应小于 5m。

（6）搬运气瓶应轻抬轻抬轻放。乙炔气瓶上的易熔塞应朝向无人处。

（7）气割时工件应垫离地面，下部不应有可燃、易燃物品。

（8）冻结的燃气胶管不应用氧气吹扫或火烤。

（9）当气焊（割）产生有毒、有害气体时，应通风良好，按规定穿戴防护用品。等离子切割作业时，应站在绝缘板上进行作业。

（10）在封闭空间内实施焊割作业时，气瓶应放置在封闭空间的外面。

（11）在容器内进行气刨作业时，应对作业人员采取听力保护措施。

6）高处作业

（1）进行高处作业前，应对安全护设施进行检查和验收，验收合格后方可进行高处作业。施工工期内应定期进行抽查。

（2）15m 及以上高处作业应办理高处作业许可证。

（3）安装施工无外架防护时，应设置符合要求的安全网。

（4）高处作业人员应正确佩戴安全带。

（5）垂直移动的高处作业，宜使用防坠器；水平移动的高处作业，应设置生命绳。

（6）不应在雷电、暴雨、大雾或风力 6 级以上（含 6 级）的气候条件下进行露天高处作业。

（7）楼板、平台的孔洞应设坚固的盖板或围栏。高处铺设钢格板时，应边铺设边固定。

（8）高处作业人员应使用工具袋，小型金属材料应事先放在工具袋内。高处存放物料时，应采取防滑落措施。

（9）高处作业下方的通道应搭设防护棚，分层作业时，中间应使用隔离设施。

（10）高处焊接或气割作业时，作业人员应放稳工具，使用标准的阻燃安全带。

（11）使用吊篮进行高空作业时，吊篮结构稳固合理，状态完好，不应超载使用。吊篮使用前，应进行起重机械的制动器、控制器、限位器、离合器、钢丝绳、滑轮组以及配电等项检查，并应对吊篮进行1.5倍负荷的升降和定位试验，确认安全可靠后方可使用。

（12）高处作业安全技术要求应符合《建筑施工高处作业安全技术规范》（JGJ 80）的规定。

7）受限空间作业

（1）进入受限空间作业，应办理受限空间作业许可证，并应有受限空间气体检测证明，氧气含量应在19.5%以上、23.5%以下，有毒有害气体、可燃气体、粉尘容许浓度应符合国家标准的安全要求。

（2）受限空间入口应在醒目处设置警示标志；作业时有专人监护，并与作业者保持联系。

（3）作业过程中，应通风换气，在烟气浓度、有害气体、可燃性气体、粉尘的浓度可能发生变化的的危险作业中应保持必要的测定次数或连续检测。

（4）作业时所用的电气设备、电缆线应保持完好。使用超过安全电压的手持电动工具，应按规定配备漏电保护器。

（5）进入带有转动部件的设备作业，应切断电源并有专人监护。

（6）进入设备作业应消除压力，开启人孔，与输送管道连接的密闭设备应关闭阀门，装好盲板，并在醒目处设置禁止启动的标志。

（7）进入密闭设备内作业，应保持入口和通风口畅通。

（8）在容器内焊割作业时，应有良好的通风和排烟措施。

（9）在容器内进行多层作业时，应在两层作业区间增加隔离设施。

8）起重作业

（1）吊装作业前，应编制吊装方案和安全技术措施，经审批后实施，实施前应向施工人员进行技术交底；如方案变更，应按原程序审批并重新交底。

（2）起重机械应有出厂合格证和有效的监检证明；作业前进行检查，作业中不应超载。

（3）吊装用的索具应有质量证明书，并定期检查。

（4）制作吊装受力部件的材料，应有质量证明文件，且不得有裂纹、重皮、夹层等缺陷。制作完成后，应按设计文件要求检查验收。

（5）吊车站位及行走地基的地耐力值应满足吊装作业要求。

（6）起重机在沟边或坑边作业时，应与其保持安全距离，一般不小于坑深的1.2倍。

（7）应防止吊装过程中工件摆动、旋转或碰撞其他建筑物或构筑物，必要时在工件上系溜绳。

（8）吊装绳索与吊装工件接触部位应无棱角，如遇棱角刃面，应采取防护措施。

（9）吊装作业应划定警戒区域，并设警示标志，必要时应设专人监护，无关人员不应通过或停留。

（10）吊装作业应有专人指挥，明确分工。参加吊装的施工人员应坚守岗位，根据指挥命令工作。

（11）信号指挥应对参与吊装作业人员进行信号传递训练。信号指挥发出的信号应清晰、准确，传递及时。

（12）夜间不宜进行吊装作业，如果不能避免，照明应满足吊装要求。

（13）吊起的工件不应长时间在空中停留。如需停留时，应采取可靠措施，确保工件稳定。工件就位后，应采取固定措施并确认符合要求后方可松绳摘钩。

（14）大型设备或构件的吊装还应符合《大型设备吊装安全规程》(SY 6279)的规定。

（15）倒链、千斤顶应按铭牌规定选用，不应超载使用。使用前应检查各部件是否转动灵活、完好；电动倒链还应检查电气部件是否控制有效；液压泵控制的千斤顶还应检查液压系统是否完好、控制有效。

9）电工作业

（1）电工用的安全防护用品应妥善保管，不应他用。绝缘手套、绝缘靴、验电器每半年应耐压试验一次，操作棒每年应耐压试验一次。绝缘手套使用前，应进行充气试验，漏气、有裂纹、潮湿的绝缘手套不应使用；绝缘靴不得赤脚穿用。

（2）任何电气作业，在未确定无电以前，一律视为有电。电气作业时，操作人员不应少于2人。

（3）无关人员不应挪动电气设备上的警示牌。

（4）电缆敷设应有专人统一指挥，敷设至拐弯处应站在外侧操作，穿过保护管时应缓慢进行，高处敷设电缆时，应有防止作业人员和电缆滑落的措施。

（5）制做电缆头时，对有毒、有害的材料应采取防护措施，作业者须戴好个人防护用品，作业现场应通风良好。

（6）进行耐压试验时，被试设备或电缆两端如不在同一地点，另一端应有人看守。

（7）做非冲击性试验时，升压或降压均应缓慢进行；因故暂停或试压结束应先切断电源，然后进行安全放电。

（8）用兆欧表测定绝缘电阻应防止人与被测试件接触；测定后应安全放电。

（9）阴雨雾天，潮湿场所不应进行高压试验。

（10）安全放电的作业人员应穿戴绝缘防护用品，用放电棒放电。

（11）电力传动系统及高低压各种开关调试时，应将有关的开关手柄取下或锁上，悬挂警告牌，防止误操作；调试人员应熟知试验设备的性能及使用方法，试验设备应经检测合格有效。

（12）带电作业应由有经验的两名电工进行，一人临护，一人操作；不应在6~10kV及以上电压等级的设备上带电工作；阴雨雾天，易燃、易爆、潮湿场所禁止带电作业。

（13）电气检修时应先切断电源，在开关上悬挂"禁止合闸，有人工作"的警示牌，开关箱应加锁或有专人监护。室外变电所检修时，其四周应设置警戒绳和警示牌。检修作业前，对检修设备停电状态确认后，将设备线路进行短路，并装设接地线。禁止任意人员移动或拆除遮栏、绝缘夹钳接地线、警示牌和标示牌。

10）无损检测作业

（1）射线作业应执行以下规定：

① 工作前应认真检查个人防护用品和个人剂量仪，放射型同位素操作人员应严格检查个人防护用的铅衣、铅手套及现场防护用的铅板或混凝土设施，无防护措施禁止操作；无损检测作业的防护要求应符合《工业 X 射线探伤放射防护要求》(GBZ 117)的规定。

② 检测人员每年允许接受的射线照射剂量应按《电离辐射防护与辐射源安全基本标准》

（GB 18871）的规定执行。

③ 放射性同位素作业前应办理作业许可，并严格按照规定的时间和地点进行作业。

④ 放射性同位素作业前应通知作业区域内的相关方。

⑤ 设备使用前应认真检查设备及电源等连接设施的完好性。

⑥ 射线作业应按要求使用检测仪确定安全区域，并设置警戒线和警示标志；夜间应设置红灯，设专人警戒，设警报器；放射性同位素工作前，应组织人力对安全区域内进行清场，工作时应设专人在安全界线上进行巡逻警戒。

⑦ 检测时宜利用建筑物、设备、地形作为屏蔽，尽量减少射线对人员的影响。

⑧ 使用γ射线机前应认真检查机件、控制部件和输源管是否完好，确保连接可靠、传动灵活。

（2）超声波作业应执行以下规定：

① 充电时检查电源、连线、插头等是否正常，防止触电。

② 在搬运和安装变压器、电机和各类高低压开关柜、盘、箱及其他电气设备时，应有专人指挥，防止倾倒、震动、撞击。

③ 安装、调整开关及母线时，不得攀登套管及瓷绝缘子；调隔离开关时，在刀刃、动触头和梁附近不应有人，以免开关动作伤人。

④ 安装高压油开关、自动空气开关等有返回弹簧开关设备时，应将开关置于断开位置。

⑤ 用人力弯管器弯管时，操作者面部应避开弯管器。

⑥ 管子穿线时作业人员头部应避开管口。

⑦ 电缆敷设支架应稳固，转动灵活。

⑧ 电缆盘上的电缆头应绑扎牢固，线盘应架在平稳牢固的放线架上，电缆盘上应无钉子和其他凸出物，转动时，操作人员应站在外侧，转动不应过快。

⑨ 用水浸法检测时，应防止水槽内的水溅入仪器造成漏电。

（3）磁粉作业应执行以下规定：

① 在进行磁粉检测前应注意检查设备的绝缘性能，检查电源线是否存在破损，防止触电伤人。

② 在有易燃、易爆物质的场所进行作业时，应采取隔离性的防火措施。

③ 采用磁悬液用水作为分散媒介且受检区为仰位时，不应使用支杆法等直接通电方法磁化工件，应采用磁轭法检测，且应保证磁轭开关、插头以及连接电缆密封、绝缘。

④ 采用磁悬液用煤油作为分散媒介时，工作区域附近应避免明火。

⑤ 采用干磁粉作为显示介质时，操作人员应戴防尘罩，以防磁粉吸入。

⑥ 进行荧光磁粉检测时，所使用的黑光灯的滤光片应完好，不应有裂纹；人眼不应直接注视紫外光源，避免造成眼球损伤。

（4）渗透作业应执行以下规定：

① 渗透检测剂应储存在密封容器内，置于阴暗凉爽的地方；应避免烟火、热风烘烤和阳光照射；喷罐式检测剂的储存温度不应超过50℃。

② 渗透作业场所及周围应通风良好，不应有明火；作业时应站在上风，避免雾气吹到身上。

③ 在容器内进行渗透检测作业时应防止中毒；容器外应设专人监护；渗透检测作业不应与易产生火花的作业工序同时进行。

④ 暗室应通风，通道应畅通。连续工作时间不宜大于 2h。

⑤ 作业完成后应做好现场清理工作，剩余磁悬浮液、废纸、布头、废罐应回收并做专业处理。

⑥ 洗片残液应集中存放，防止造成环境污染。

11）脚手架搭设与拆除作业

（1）登高架设人员应熟悉安全操作规程，经过相应的专业培训并具有相应作业资格证；患有高血压、心脏病、癫痫病、晕高或视力不够以及其他不适宜登高作业的，不应从事登高架设作业。

（2）登高架设应根据工程施工的总体要求，合理确定脚手架的形式、大小和高度。架设或拆除高度 50m 以上或承载量大于 3.0kN/m² 或特殊形式的脚手架搭设，应编制专项施工方案，并有安全验算结果，按照相关报批程序报批，并向登高作业人员进行施工技术方案交底和安全技术措施交底。

（3）作业前应检查防护用品和工具是否安全可靠。脚手架地基与基础应坚固，满足荷载要求；清除搭设场地杂物，平整搭设场地，应使排水畅通。

（4）架设或拆除作业现场应有可靠的安全围护及警示标志，并设专人看管，应有防止坠物伤人的防护措施。

（5）在架设过程中，如跳板或杆件尚未固定牢固，不应停止作业。

（6）作业层上的施工荷载应符合设计要求，不应超载。

（7）作业层禁止悬挂起重设备、振动设备。

（8）脚手架的检查与验收应符合《建筑施工门式钢管脚手架安全技术规范》（JGJ 128）或《建筑施工扣件式钢管脚手架安全技术规范》（JGJ 130）的规定；检查验收合格的应悬挂"验收合格，准予使用"标志。

（9）脚手架及其地基基础应在下列阶段进行检查与验收：

① 基础完工后及脚手架搭设前；

② 作业层上施加荷载前；

③ 每搭设完 10~13m 高度后；

④ 达到设计高度后；

⑤ 遇有六级大风与大雨后，寒冷地区开冻后；

⑥ 停用超过一个月。

（10）脚手架使用中，应定期检查下列项目：

① 杆件的设置和连接，连墙件、支撑门洞桁架等是否变形，其构造是否符合要求；

② 地基表面是否坚实平整不积水，底座是否松动，立杆是否悬空；

③ 扣件螺栓是否松动；

④ 风、雨、雪过后是否倾斜下沉、松扣、崩扣；

⑤ 高度在 20m 以上的脚手架，其立杆的沉降与垂直度的偏差是否符合相关脚手架安全技术规范的要求；

⑥ 安全防护措施是否符合要求；

⑦ 是否超载。

（11）使用过程中，不应对脚手架进行切割或施焊；未经批准，不应拆改脚手架。

（12）拆除脚手架前应对脚手架的状况进行检查确认，拆除脚手架应由上而下逐层进行，不应上下同时进行，连接杆应随脚手架逐层拆除，一步一清，不应先将连接杆整层拆除或数层拆除后再拆除脚手架。

（13）拆下的脚手杆、脚手板、扣件等材料应向下传递或用绳索送下，不应向下抛掷。

（14）门式脚手架的搭设与拆除安全技术要求应符合《建筑施工门式钢管脚手架安全技术规范》（JGJ 128）的规定。

（15）扣件式脚手架的搭设与拆除安全技术要求应符合《建筑施工扣件式钢管脚手架安全技术规范》（JGJ 130）的规定。

12）容器及管道试压作业

（1）进行气压试验及中压（含中压）以上管道试压时应制定安全技术措施；试压时应注意外界温度对介质压力引起的变化。

（2）压力试验前应对容器和管道各连接部位的紧固螺栓进行检查，应装配齐全、紧固适当。

（3）水压试验时设备和管道的最高点应设置放空阀，排净空气；最低点应装设排水阀；试压后应先将放空阀打开，然后将水放净。

（4）气压试验时气压应稳定，并应注意环境温度变化对压力的影响，输入端的管道上应装安全阀；试压过程中容器和管道应避免撞击；升压和降压时应按规定进行。

（5）试压时临时采用的法兰盖、盲板厚度应满足强度的要求；盲板的加入处应做出明显标记，试压后应及时拆除。

（6）试压时盲板的对面不应站人。

（7）试压过程中检查密封面是否渗漏，脸部不宜正对法兰侧面。

（8）气压试验时，试压区域应设警戒线和警示牌，并设专人监督。

（9）设备、管道在水压试验时，应采取防寒措施；试压后，应将积水放尽并用压缩空气吹净。

（10）用脆性材料制造的容器、管道不应使用气体进行压力试验。

（11）试压过程中发现泄漏，不应带压紧固螺栓、补焊或修理。

13）绝热防腐作业

（1）绝热作业应执行以下规定：

① 绝热工程的作业人员均应穿戴工作服、工作鞋、手套、口罩、毛巾等常用防护用品。接触矿渣棉、玻璃棉、珍珠岩时，衣袖、裤脚、领口应扎紧、围住。

② 在设备、容器、管道上进行绝热作业拧紧绑扎铁丝时，不应用力过猛，铁丝头应嵌入绝热层内。不应站在保护层上走动或进行作业。

③ 在生产运行中的设备、容器、管道上进行绝热层铺设时，应向有关部门办理许可证后，方可进行作业。

④ 在对地下管道、设备进行绝热作业时，应先进行检查确认无瓦斯、毒气、易燃易爆物及酸类等危险品后，方可操作。

⑤ 使用含有纤维、粉尘绝热材料或制品时：高空输送散装材质时，应用袋、筐或箱装运，不应采用绳索绑吊；在脚手架和网格板上加工绝热制品时，应采取避免粉尘飞扬的措施；在各种棉毡的缝合过程中，应防止钢针或铁丝伤人。

⑥ 对易燃、易挥发、有毒及腐蚀性绝热材料施工时：易燃、易挥发物品应避免阳光曝晒，存放处严禁烟火；有毒和腐蚀性剂液桶应封闭严密；发现封闭不严、损坏和破漏时，应

立即采取措施，防止剂液溢出；制剂在配制加热过程中应仔细搅拌；加热温度不应超过规定，防止液体崩沸；接触刺激性物质的场所，应设有随时冲洗的设施。

⑦ 作业人员应戴防护眼镜、口罩和橡胶手套。皮肤过敏人员不应参与作业。

⑧ 进行喷涂作业时，不应将喷头对准人。施工中发现喷头堵塞，应先停物料，后停风，再检修喷头。

（2）防腐作业应执行以下规定：

① 防腐作业人员应穿戴防护用品，必要时佩戴防毒面具或面罩。

② 防腐使用的各类仪器、安全阀等均应定期校验，喷砂罐、硫化锅应定期进行液压试验。

③ 防腐作业使用的易燃、易爆、有毒材料应分别存放，不应与其他材料混淆。挥发性的物料应装入密封的容器存放。

④ 作业场所应保持整洁，作业完后应将残存的易燃、易爆、有毒物质及其他杂物按规定处理。

⑤ 防腐人员接触有毒、有害气体，有恶心、呕吐、头昏等情况时，应立即送到空气新鲜处休息，严重者送医院治疗。

⑥ 在受限空间进行防腐衬里作业时应遵守下列规定：

a. 受限空间内不应作为外来制件的防腐作业场所；

b. 作业人员不应穿带钉鞋、易产生火花的衣服和携带火柴、打火机等引火物，应采用防爆行灯照明，设备应接地良好；

c. 受限空间内应通（排）风良好，必要时设防爆通风装置，不应向密闭空间内通氧气；

d. 设备内衬里进行多层作业时应采取隔离措施，运料、运送模板应在没人的地方靠器壁运送；

e. 不应一边进行防腐衬里，一边用火花检测仪或针孔探测器进行检查；

f. 作业人员进入受限空间作业，应有施救措施，并有专人监护。

⑦ 沥青防腐作业时，熬制沥青应缓慢升温，当温度升到 180～200℃ 时，应不断搅拌，防止局部过热与起火。沥青温度最高不应超过 230℃。

⑧ 沥青锅应有防护栏杆。装运热沥青不应使用锡焊的金属容器，装入量不应超过容器深度的 3/4。

14）装置试运转作业

（1）机动设备试运转前应编制试运转方案，方案中应包括安全技术措施和规定，并报工程项目主管部门审批。

（2）施工单位应成立试运转小组，组织有关工种和试运转人员认真学习试运转方案、安全措施和有关规章制度。

（3）参加试运转的人员应熟悉设备的构造、性能和工艺流程，掌握安全操作规程及试运转操作程序。

（4）设备试运转前应具备以下条件：

① 设备及其附属装置、管路等应全部施工完毕，施工技术资料齐全；

② 施工现场存放的可燃物和边角余料应彻底清除，消除隐患；

③ 润滑、液压、冷却、水、气、汽、电气、自动控制系统等附属装置均应按系统检验，并符合试运转的要求；

④ 试运转区域应设置警戒绳和警示牌。

（5）采用手动盘车时应防止挤手。

（6）系统的安装调试工作全部结束后，在送电、启动前应达到下列要求：

① 人员组织完善，操作保护用具齐备；

② 工作接地及保护接地应符合设计要求；

③ 通讯联络设施齐全、可靠；

④ 配电室、仪表箱已上锁，警示牌已设置；

⑤ 所有开关设备均处于断开位置；

⑥ 所有人员均已离开即将带电的设备及其系统。

（7）不应对运转中机器的旋转部分或往复移动部分进行清扫、擦抹和加注润滑油；擦抹运转中机器的固定部分，不应将棉纱、抹布缠在手或手指上；不应用触摸的方法去检查轴封、填料函的温度。

（8）不应在可能受到伤害的危险地点停留。

（9）高温或低温设备和管道的螺栓热紧或冷紧时应按有关规定进行。

（10）试运转过程中对管道系统进行吹扫时，检查人员应站在被吹扫管道、设备的两侧，用靶板进行检查吹扫情况。

二、试运投产

1. 试运投产准备工作

（1）编制投产试运方案，经相关单位和主管部门批准后实施。

（2）应制定试运投产事故应急预案和事故防范措施，并进行演练。

（3）落实抢修队伍和应急救援人员，配备各种抢修设备及安全防护设施。

（4）投产试运方案必须进行现场交底，操作人员应经现场安全技术培训合格。

（5）建立上下游联系并保证通信畅通。

（6）管道单体试运、联合试运合格。

2. 试运投产安全措施

（1）对员工及相关方进行安全宣传和教育，在清管、置换期间无关人员不得进入管道两侧50m以内。

（2）天然气管道内空气置换应采用氮气或其他无腐蚀、无毒害性的惰性气体作为隔离介质，不同气体界面间宜采用隔离球或清管器隔离。

（3）天然气管道置换末端必须配备气体含量检测设备，当置换管道末端放空管口气体含氧量不大于2%时即可认为置换合格。

（4）加强管道穿（跨）越点、地质敏感点、人口聚居点巡检。

（5）试生产运行正常后、管道竣工验收之前，应进行安全验收评价，并应进行安全设施验收。

三、竣工验收

《建设项目安全设施"三同时"监督管理办法》要求：建设项目竣工投入生产或者使用前，生产经营单位应当组织对安全设施进行竣工验收，并形成书面报告备查。安全设施竣工验收合格后，方可投入生产和使用。

试生产运行正常后、管道竣工验收之前，应进行安全验收评价，并进行安全设施验收。

1. 竣工验收时间

应在建设项目试运投产中存在的问题整改并检查合格后进行验收。建设项目应在试运投产结束后一年内完成竣工验收相关手续的办理工作；具备竣工验收条件后，在三个月内进行竣工验收，若三个月内办理竣工验收确有困难可适当延长期限，但延期不得超过三个月。

2. 竣工验收条件

（1）生产性工程和辅助性公用、生活设施应按批准的设计文件建成，生产性工程经试运投产达到设计能力，辅助性公用、生活设施能正常使用。

（2）主要工艺设备应经连续 72h 试运考核，主要经济技术指标和生产能力应达到设计要求。

（3）对国外引进技术和设备的项目，应按合同要求和有关规定完成验收。

（4）生产操作人员配备、抢修队伍及装备、生产性辅助设施、备品备件和规章制度等应能适应生产的需要。

（5）工程质量应符合国家相关法律法规以及相关标准的要求。

（6）环境保护、安全、水土保持、消防、职业卫生相关设施按设计文件与主体工程同时建成使用，并通过相关部门的验收。节能降耗设施已按设计要求与主体工程同时建成使用，各项指标符合相关规范或设计要求。

（7）土地利用相关手续应办理完毕，包括建设项目规划选址意见书、工程建设规划许可、工程用地规划许可、土地使用证书等。

（8）项目档案和竣工验收文件应按规定汇编完成，项目档案应通过档案验收。

（9）竣工决算审计应完成。

（10）竣工验收特殊条件：

① 建设项目基本符合竣工验收条件，只有零星土建和少数非主要设备未按设计要求全部建成，但不影响正常生产的，应办理竣工验收手续。对剩余工程应按设计要求留足投资，限期完成。

② 建设项目生产运行和操作正常，但因资源、市场等原因造成短期内无法达到设计能力的，可办理竣工验收手续。

③ 建设项目已形成部分生产能力或已在实际生产中使用，近期又不能按原设计规模续建的，应从实际情况出发缩小规模，报上级主管部门批准后，对已完工项目办理竣工验收手续。

④ 对于具备分期建设、分期受益条件的建设项目，部分建成后，相应的辅助设施满足需要，能够正常生产，应分期组织验收。

（11）建设项目的安全设施有下列情形之一的，建设单位不得通过竣工验收，并不得投入生产或者使用：

① 未选择具有相应资质的施工单位施工的；

② 未按照建设项目安全设施设计文件施工或者施工质量未达到建设项目安全设施设计文件要求的；

③ 建设项目安全设施的施工不符合国家有关施工技术标准的；

④ 未选择具有相应资质的安全评价机构进行安全验收评价或者安全验收评价不合格的；

⑤ 安全设施和安全生产条件不符合有关安全生产法律、法规、规章和国家标准或者行业标准、技术规范规定的；

⑥ 发现建设项目试运行期间存在事故隐患未整改的；

⑦ 未依法设置安全生产管理机构或者配备安全生产管理人员的；

⑧ 从业人员未经过安全生产教育和培训或者不具备相应资格的；

⑨ 不符合法律、行政法规规定的其他条件的。

3. 竣工验收依据

（1）国家有关的法律法规及适用的工程建设标准规范。

（2）核准或批准的项目建议书。

（3）可行性研究报告及批复文件。

（4）批准的工程设计文件。

（5）项目主管部门有关审批、修改和调整等方面的相关文件。

（6）招标、投标文件。

（7）设计、采购、施工等合同文件。

（8）引进国外的新技术、成套设备合同以及相关资料。

（9）主要设备装置技术说明书。

（10）国家及主管部门对建设项目的设计、消防、环境保护、安全、职业病防护、竣工决算审计、水土保持、土地利用等方面的批复报告和规定。

（11）国家或行业有关档案的相关规定。

（12）新技术、新工艺、新材料的技术鉴定书或有关质量证明材料。

（13）与项目有关的其他文件。

第八节　管道运营安全管理

石油天然气管道运输面临着复杂的因素，各种因素都可能威胁管道的正常、安全工作，必须加强管道的运行管理，明确影响管道安全的隐患性因素，从内外两方面入手，既要注重客观的法律法规制度建设，又要提高油气企业自身的技术水平与管理水平，积极排除隐患性因素，维护管道运输安全。

一、管道运营安全管理基本要求

（1）建立健全安全生产管理组织机构，按规定配备安全技术管理人员。

（2）建立并实施管道质量、健康、安全与环境管理体系。

（3）至少制定执行以下安全管理制度：

① 安全教育制度；

② 人员、机动车辆入站安全管理制度；

③ 外来施工人员安全管理制度；

④ 岗位责任制；

⑤ HSE 作业指导书和应急预案。

（4）管道运营单位应加强管道安全技术管理工作，主要包括：

① 贯彻执行国家有关法律法规和技术标准；

② 制定管道安全管理规章制度；

③ 开展管道安全风险评价；

④ 进行管道检验、维修改造等技术工作；

⑤ 开展安全技术培训；

⑥ 组织安全检查，落实隐患治理；

⑦ 按标准配备安全防护设施与劳动防护用品；

⑧ 组织或配合有关部门进行事故调查；

⑨ 应用管道泄漏检测技术；

⑩ 开展管道保护工作，清理违章占压；

⑪ 编制管道事故应急预案并组织演练。

（5）管道运营单位，应建立管道技术管理档案，主要包括：

① 管道使用登记表；

② 管道设计技术文件；

③ 管道竣工资料；

④ 管道检验报告；

⑤ 阴极保护运行记录；

⑥ 管道维修改造竣工资料；

⑦ 管道安全装置定期校验、修理、更换记录；

⑧ 有关事故的记录资料和处理报告；

⑨ 安全防护用用品管理、使用记录；

⑩ 管道完整性评价技术档案。

（6）管道运营单位制定并遵守的安全技术操作规程和巡检制度，其内容至少包括：

① 管道工艺流程图及操作工艺指标；

② 启停操作程序；

③ 异常情况处理措施及汇报程序；

④ 防冻、防堵、防凝操作处理程序；

⑤ 清管操作程序；

⑥ 巡检流程图和紧急疏散路线。

（7）特种作业人员应持证上岗。

（8）管道保护应执行《中华人民共和国石油天然气管道保护法》。穿跨越及经过人口稠密区的管道，应设立明显的标识，并加大保护力度和巡查频次。

（9）管道运营单位在管道投产前应将管道竣工走向图报送地方政府主管部门备案。

（10）管道运营单位应参照国家及行业有关规定分级建立管道事故应急救援预案，并报送地方政府相关部门备案。

二、工艺运行

（1）输油工艺流程的运行和操作应执行《原油及轻烃站（库）运行管理规范》（SY/T 5920）的规定。

（2）输气管道的运行和操作应执行《天然气管道运行规范》（SY/T 5922）的规定。

（3）输送工艺的运行参数应控制在规定的范围之内。

（4）应建立各种原始记录、台账、报表，要求格式统一，数据准确，并有专人负责。

（5）管道运营单位对管道的动火、吹扫、试压、干燥、置换、投产、清管、管道干线内（外）壁检测等生产活动应编制作业方案。

（6）根据管道内检测、外防腐层调查、管输介质、管材特性、沿线自然和社会状况等，应定期对管道的安全可靠性进行分析与评价，建立有效的完整性体系。

（7）输油气管道的高、低压泄压阀、减压阀和泄压用的安全阀等各类安全保护设施应保持使用完好，并按规定检测。

（8）发生着火、爆炸、跑油等紧急情况，应按应急预案采取措施。

（9）站内停运的管道和阀门，应防止憋压、冻凝。

（10）流程切换应执行操作票制度。

（11）应制定科学合理的清管周期。清管前应制定方案，并报上级主管部门批准后实施。

（12）清管放空与排污应符合安全、环保要求。

（13）管道阴极保护率应为100%，开机率应大于98%。

（14）输气管道阴极保护极化电位应控制在-0.85～-1.25V。

（15）站场绝缘、阴极电位、沿线保护电位应每月检测一次；管道防腐涂层每三年检测一次；沿线自然电位应每年检测一次。

（16）管道防凝。输油管道的输油量和进站温度不应低于规定的最小值。输油管道需要停输时，停输的时间不应超过当时输油允许的停输时间。如发现运行中管道出现初凝预兆，应立即调整运行参数，采取有效措施，防止凝管事故的发生。

（17）采用加热处理、化学降凝剂处理等输送的热油管道，需要变换输油工艺时，应按有关工艺规定执行

三、管道线路及站场设备运行管理

（1）管道线路（包括地下管道、河流、铁道、公路的穿跨越段及线路阀室）管理应按《中华人民共和国石油天然气管道保护法》的要求执行。

（2）输油站应设置明显的安全标志。

（3）站场操作应避免产生静电和火花，在防爆区不应使用非防爆器具和非防爆通信工具。

（4）输油泵、压缩机组等重要设备的操作、维护、修理应制定相应的操作规程，建立设备档案。

（5）应针对单体设备制定维护保养及检修规程。

（6）设备运行应按有关规定，不得超温、超压、超速、超负荷运行，重要设备应有安全保护装置。

（7）站场管网和钢质设备应采取防腐保护措施。

（8）应根据气温对管线、站场设备采取防冻措施。

（9）站场地面管网及设备涂色按《油气田地面管线和设备涂色规范》（SY/T 0043）的规定执行。

（10）管道通用阀门的操作、维护和检修应符合《油气管道通用阀门操作维护检修规程》（SY/T 6470）的规定。

（11）站场管线、阀件应严密无泄漏。

（12）在油气生产区内的可燃气体检测报警仪应完好有效。

（13）应按规定配备消防器材，适量储备备品备件。

（14）管道安全、消防设施应按规定使用、维护、检测、检验。

（15）定期测试压力调节器、限压安全切断阀、安全泄放阀参数设置。

（16）站场设备、仪表应按规定进行接地，接地电阻应每年至少检测1次。

（17）生产区的动土和进入受限空间作业应制定方案，并办理动土和受限空间作业许可证。

（18）应针对管道大型穿、跨越段，管道经过的水源地及环境敏感区段，地震活动频繁段及老矿井塌陷段，易发生滑坡、泥石流段等重点部位、重点管段制定应急预案。

（19）根据站场具体情况应制定输油站场主要设施损坏、跑油、着火等可能出现的事故预案和抢修措施。

四、消防及管道维(抢)修

1. 消防管理

（1）消防器材实行定人、定型号、定地点及定数量管理，并按规定进行维修检查。

（2）消防器具的配备标准按《建筑灭火器配置设计规范》（GB 50140）的规定执行。

（3）低倍数泡沫灭火系统的配备应按《泡沫灭火系统设计规范》（GB 50151）的规定执行。

（4）管道安全、消防设施应按规定使用、维护、检测、检验。

2. 管道维(抢)修

（1）管道运营公司应根据所输介质的物理和化学组成、管道沿线自然和社会情况及事故类型，编制管道初凝、泄漏、破裂、清管器卡阻、管道变形和位移等事故的预案和抢修措施。

（2）根据站场具体情况应制定输油站场主要设施损坏、跑油、着火等可能出现的事故预案和抢修措施。

（3）管道企业应有专业抢修队，并定期进行技术培训和演练。

（4）管道抢修机具、设备、器材应齐全，处于随时可启用的完好状态。

（5）管道维修改造方案应包括相应的安全防范措施与事故应急预案，并报主管部门批准。

（6）进行动火作业时，应按有关规定办理相关手续。

（7）管道维(抢)修工程完毕后，应按规定组织现场验收，并将维(抢)修和验收资料存档。

第九节　治安风险防范

企业应依据《石油天然气管道系统治安风险等级和安全防范要求》（GA 1166），确定所属管道系统的治安风险等级、安全防范级别，进行安全防范系统的建设与管理。

一、治安风险等级

管道系统部位的治安风险等级由高到低划分为一级、二级和三级。

1. 一级风险部位

一级风险部位是指一旦遭受侵害，将造成管道系统大范围停产、停供，且易发生闪燃、闪爆、严重环境污染等次生灾害，导致特大人员伤亡或财产损失，并引起公众恐慌的部位。一级风险部位主要包括：

（1）国家级油气调控中心(含备用调控中心)；

（2）国家战略石油储备库、大型商业油气储备库；

（3）国家骨干管道系统首（末）站、枢纽站；

（4）国家骨干管道系统跨越或隧道穿越长江、黄河的管段；

（5）国家骨干管道系统地处治安复杂和人口密集地区的部位；

（6）输油管道系统地处水源地区的部位；

（7）其他可列为一级风险的部位。

2. 二级风险部位

二级风险部位是指一旦遭受侵害，将造成管道较大范围停产、停供，可能引发闪燃、闪爆、严重环境污染等次生灾害，导致重大人员伤亡或财产损失的部位。二级风险部位主要包括：

（1）除国家级油气调控中心以外的油气调控中心；

（2）除国家战略石油储备库、大型商业油气储备库以外的储油库、储气库；

（3）国家骨干管道系统的加压站、输油站、输气站及其他管道系统的首（末）站；

（4）国家骨干管道系统跨越或隧道穿越除长江、黄河以外的大型河流的管段；

（5）除国家骨干管道系统以外的管道系统地处治安复杂和人口密集地区的部位；

（6）其他可列为二级风险的部位。

3. 三级风险部位

三级风险部位是指除一、二级风险部位以外的管道系统部位，包括一般站场、阀室和管道等。

二、安全防范级别

安全防范级别由高到低划分为一级、二级和三级。管道系统部位的安全防范级别应与该部位治安风险等级相适应，即一级风险部位应满足一级安全防范要求，二级风险部位应不低于二级安全防范要求，三级风险部位应不低于三级安全防范要求。

三、安全防范要求

1. 安全防范基本要求

1）人力防范

（1）企业应配备专、兼职治安保卫人员，并为其配备必要的防护器具、交通工具、通讯器材等装备。

（2）企业应制定值班、监控和巡查、巡护等安全防范工作制度。在岗值班、值机、巡查、巡护人员应详细记录有关情况，及时处理发现的隐患和问题。

（3）企业应在公安机关指导下制定完善治安突发事件处置预案，并组织开展培训和定期演练。

（4）企业应积极宣传石油、天然气管道安全与保护知识。

（5）有关部门应依法加强对企业治安保卫工作的指导、监督、检查，督促落实治安保卫措施。

2）实体防范

（1）应在油气调控中心、各类储油（气）库及管道站场、阀室等的周界建立实体防范设施（金属栅栏或砖、石、混凝土围墙等），并在其上方设置防攀爬、防翻越障碍物。

（2）应根据《中华人民共和国石油天然气管道保护法》和有关标准规范的规定，在管道沿线设置里程桩、标志桩、警示牌。

3）技术防范

（1）新建、改建、扩建的石油、天然气管道系统的安全防范工程程序应符合《安全防范工程程序与要求》（GA/T 75）的规定。

（2）视频监控系统设计应符合《视频安防监控系统工程设计规范》（GB 50395）的规定。视频监控系统应能有效地采集、显示、记录与回放现场图像。图像存储时间大于等于30天。

（3）入侵报警系统设计应符合《入侵报警系统工程设计规范》（GB 50394）的规定。入侵报警系统应能有效地探测各种入侵行为，报警响应时间小于等于2s。入侵报警系统应与视频监控系统联动，联动时间小于等于4s，非法入侵时的联动图像应长期保存。

（4）出入口控制系统的设计应符合《出入口控制系统工程设计规范》（GB 50396）的规定。出入口控制系统应有效地将人员的出入事件、操作事件、报警事件等记录于存储系统的相关载体，存储时间大于等于180天。

（5）电子巡查系统设计应符合《电子巡查系统技术要求》（GA/T 644）的规定。电子巡查日志应完整，不可删改，存储时间应大于等于180天。

（6）安全防范工程中使用的设备、设施应符合法律、法规、规章的要求和现行标准的规定，并经检验或认证合格。

（7）技术防范设备应安装在易燃、易爆危险区以外，必须安装在危险区内时，应选用与危险介质相适应的防爆产品。

（8）技术防范系统的安全性、电磁兼容性、可靠性、环境适应性应符合《安全防范工程技术规范》（GB 50348）的规定。

（9）技术防范系统的防雷应符合《安全防范工程技术规范》（GB 50348）及《建筑物电子信息系统防雷技术规范》（GB 50343）的规定。应根据环境、当地雷暴日数等因素，按《安全防范系统雷电浪涌防护技术要求》（GA/T 670）的规定采取相应的防范措施。

（10）技术防范系统的传输与布线应符合《安全防范工程技术规范》（GB 503481）的规定。不适宜采用有线传输的区域和部位，可采用无线传输方式，并应保证传输信息的有效性、安全性及抗干扰性能。

（11）技术防范系统的供电应符合《安全防范系统供电技术要求》（GB/T 15408）的规定。

（12）技术防范系统需要联网的，应对网络结构、组网模式等进行统筹规划，并符合《安全防范视频监控联网系统信息传输、交换、控制技术要求》（GB/T 28181）的规定。

（13）企业应建立安防监控中心，安防监控中心应符合《安全防范工程技术规范》（GB 50348）的规定。

（14）企业安防监控中心应设置紧急报警装置。

（15）企业安防监控中心紧急报警信息宜就近接入当地公安机关。

2. 一级安全防范

1）国家级油气调控中心（含备用调控中心），国家战略石油储备库、大型商业油气储备库，国家骨干管道系统首（末）站、枢纽站

（1）人力防范除符合安全防范基本要求的规定外，还应符合以下规定：

①在周界主出入口设置门卫值班室，并配备专职门卫值班人员24h值守。

②配备专职或兼职治安保卫人员，对油气调控中心、库（站）区及其周边进行日常巡查、巡护，24h内巡查、巡护不少于4次。

③ 安防监控中心配备 24h 值机人员，值机人员应接受专门培训。

④ 特殊时期，增加巡查、巡护次数，增加巡查、巡护人员配备数量。

（2）实体防范除符合安全防范基本要求的规定外，还应符合以下规定：

① 库（站）周界实体防范设施外侧高度不低于 2.5m，在其上方应加装滚丝网或铁丝网。周界实体防范设施采用金属栅栏时，其材质、组件规格等应满足安全防范的要求，竖杆间距小于等于 150mm，1m 以下部分不应有横撑。

② 门卫值班室位于周界外侧（整体或部分）时，采取实体防范措施。

③ 在周界主出入口外设缓冲区，缓冲区设置自动、半自动防冲撞装置，也可采用其他实体阻挡设施。特殊时期，防冲撞装置、实体阻挡设施均设置为阻截状态。

（3）技术防范除符合安全防范基本要求的规定外，还应符合以下规定：

① 安装摄像机，对周界、周界出入口和所有重要部位实施 24h 监控。

② 人员出入口的监视和回放图像能够清晰辨认人员的体貌特征；机动车辆出入口的监视和回放图像能够清晰辨别进出机动车的外观和号牌；较大区域范围的监视和回放图像能够辨别监控范围内人员活动状况。

③ 视频监控系统显示和回放图像质量主观评价项目符合《民用闭路监视电视系统工程技术规范》（GB 50198）的规定，评价结果不低于该标准条款规定的 4 分，图像的水平清晰度不低于 400 TVL。

④ 在周界、周界出入口及油气调控中心、库（站）内重要部位安装入侵报警装置。

⑤ 在周界出入口安装出入口控制设备，出入口控制系统与该区域的摄像机联动。

⑥ 设置覆盖油气调控中心、库（站）所有区域的电子巡查系统。

⑦ 特殊时期，采用安全检查设备，对进入油气调控中心、库（站）的车辆、人员、物品进行安全检查。

2）国家骨干管道系统跨越或隧道穿越长江、黄河的管段

（1）人力防范除符合安全防范基本要求的规定外，还应符合以下规定：

① 跨越或隧道穿越管段设置值班室的，至少配备 2 名专职或兼职治安保卫人员 24h 值守；未设置值班室的，至少配备 2 名专职或兼职治安保卫人员，并对隧道口两端进行日常巡查、巡护，24h 内巡查、巡护不少于 2 次。

② 特殊时期，增加巡查、巡护次数，增加值守或巡查、巡护人员配备数量。

（2）实体防范除符合安全防范基本要求的规定外，还应符合以下规定：

① 在跨越或隧道穿越管段两端所建的任何建筑物或构筑物均应符合《输气管道工程设计规范》（GB 50251）、《输油管道工程设计规范》（GB 50253）的规定。

② 在跨越或隧道穿越管段两端建立周界实体防范设施，并设置警示标志牌。周界实体防范设施的外侧高度不低于 2.5m，在其上方加装铁丝网或其他防翻越障碍物。

③ 不具备建立周界实体防范设施条件的隧道，对隧道口两端进行封堵。

（3）技术防范除符合安全防范基本要求的规定外，还应符合以下规定：

① 输油管道安装具备定位功能的泄漏监测系统，隧道穿越的输气管道加装可燃气体报警系统。

② 在跨越或隧道穿越管段两端安装固定式摄像机，实施 24h 监控。视频监控系统显示和回放图像质量主观评价项目符合《民用闭路监视电视系统工程技术规范》（GB 50198）的规定，评价结果不低于该标准条款规定的 4 分，图像的水平清晰度不低于 400 TVL。

③ 设置电子巡查系统。

④ 在值班室显示、记录和处理技术防范系统信息，并与企业安防监控中心联网；未设值班室的，将技术防范系统信息上传至企业安防监控中心。

3）国家骨干管道系统地处治安复杂和人口密集地区的部位，输油管道系统地处水源地区的部位

（1）人力防范除符合安全防范基本要求外，还应符合以下规定：

① 配备巡查、巡护人员进行日常巡查、巡护，24h 内巡查、巡护不少于 1 次。

② 特殊时期，增加巡查、巡护次数，增加巡查、巡护人员配备数量。

（2）实体防范除符合安全防范基本要求外，还应在裸露管道易攀爬部位设置具有防攀爬功能的实体防范设施，并设置警示牌。

（3）技术防范除符合安全防范基本要求外，还应符合以下规定：

① 输油管道安装具备定位功能的泄漏监测系统，隧道穿越的输气管道加装可燃气体报警系统。

② 在管道沿线设置卫星定位巡检系统或电子巡查系统。

③ 在阀室安装摄像机或入侵探测器，视频图像或报警信息上传至企业安防监控中心。

④ 地方结合当地社会治安防控体系建设，宜在打孔盗油等案件多发管道沿线的主要路口安装摄像机，对通过路口的人员和车辆实施 24h 监控。

4）其他可列为一级风险的部位

除符合安全防范基本要求外，还应符合相应部位一级安全防范的规定。

3. 二级安全防范

1）区域油气调控中心，除国家战略石油储备库、大型商业油气储备库以外的储油库、储气库，国家骨干管道系统的加压站、输油站、输气站及其他管道系统的首(末)站

（1）人力防范除符合安全防范基本要求外，还应符合以下规定：

① 在周界主出入口设置门卫值班室。

② 配备专职或兼职治安保卫人员或巡查、巡护人员，对油气调控中心、库(站)区及其周边进行日常巡查、巡护，24h 内巡查、巡护不少于 3 次。

③ 特殊时期，增加巡查、巡护次数，增加巡查、巡护人员配备数量。

④ 安防监控中心接收一级风险部位技术防范系统信息的，安防监控中心配备 24h 值机人员，值机人员应接受专门培训。

（2）人力防范除符合以上要求外，宜符合以下规定：

① 周界主出入口宜配备专职或兼职治安保卫人员 24h 值守；

② 安防监控中心不接收一级风险部位技术防范系统信息的，宜配备兼职治安保卫人员，确保 24h 有人值机。

（3）实体防范除符合安全防范基本要求外，还应符合以下规定：

① 库(站)周界实体防范设施外侧高度不低于 2m，在其上方加装铁丝网。周界实体防范设施采用金属栅栏时，其材质、组件规格等应满足安全防范的要求，竖杆间距小于等于150mm，1m 以下部分不应有横撑。

② 门卫值班室位于周界外侧(整体或部分)时，采取实体防范措施。

③ 在周界主出入口外设缓冲区，缓冲区内设置实体阻挡设施。特殊时期，实体阻挡设施设置为阻截状态。

（4）技术防范应符合以下规定：

① 安装摄像机，对周界、周界出入口和所有重要部位实施 24h 监控。

② 人员出入口的监视和回放图像能够清晰辨认人员的体貌特征；机动车辆出入口的监视和回放图像能够清晰辨别进出机动车的外观和号牌；较大区域范围的监视和回放图像能够辨别监控范围内人员活动状况。

③ 视频监控系统显示和回放图像质量主观评价项目符合《民用闭路监视电视系统工程技术规范》（GB 50198）的规定，评价结果不低于该标准条款规定的 4 分，图像的水平清晰度不低于 400 TVL。

④ 在周界、周界出入口及油气调控中心、库（站）内重要部位安装入侵报警装置。

⑤ 在周界出入口安装出入口控制设备，出入口控制系统与该区域的摄像机联动。

⑥ 设置覆盖油气调控中心、库（站）所有区域的电子巡查系统。

⑦ 特殊时期，采用安全检查设备，对进入油气调控中心、库（站）的车辆、人员、物品进行安全检查。

⑧ 应在油气调控中心、库（站）设置安防监控中心，安防监控中心设置紧急报警装置。

（5）技术防范除符合以上规定外，宜符合以下规定：

① 油气调控中心、库（站）安防监控中心设置的紧急报警装置宜就近接入当地公安机关。

② 宜在周界主出入口设置出入口控制装置，出入口控制系统与该区域的摄像机联动。

2）国家骨干管道系统跨越或隧道穿越除长江、黄河以外的大型河流的管段

（1）人力防范除符合安全防范基本要求外，还应符合以下规定：

① 跨越或隧道穿越管段未设值班室的，至少配备 2 名兼职治安保卫人员或巡查、巡护人员进行日常巡查、巡护，24h 内巡查、巡护不少于 1 次。

② 特殊时期，增加巡查、巡护次数，增加巡查、巡护人员配备数量。

（2）人力防范除符合以上规定外，宜在跨越或隧道穿越管段设置值班室，配备兼职治安保卫人员或巡查、巡护人员 24h 值守。

（3）实体防范除符合安全防范基本要求的规定外，还应符合以下规定：

① 在跨越或隧道穿越管段两端所建的任何建筑物或构筑物均应符合《输气管道工程设计规范》（GB 50251）、《输油管道工程设计规范》（GB 50253）的规定。

② 在隧道穿越管段两端设置警示标志，并对隧道口两端进行封堵，在管道易攀爬部位设置具有防攀爬功能的实体防范设施。

③ 在跨越管段两端建立周界实体防范设施，周界实体防范设施的外侧高度不低于 2.5m，在其上方加装铁丝网或其他防翻越障碍物。

（4）实体防范除符合以上规定外，宜在跨越或隧道穿越管段一端设值班室。值班室设在周界实体防范设施内部区域，不适宜设在周界实体防范设施内部区域的，采取其他实体防范措施。

（5）技术防范除符合安全防范基本要求的规定外，还应设置卫星定位巡检系统或电子巡查系统，并宜符合以下规定：

① 输油管道宜安装具备定位功能的泄漏监测系统，隧道穿越的输气管道还宜加装可燃气体报警系统。

② 宜在跨越或隧道穿越管段两端安装摄像机，实施 24h 监控。

3）除国家骨干管道系统以外的管道系统地处治安复杂和人口密集地区的部位

（1）人力防范除符合安全防范基本要求的规定外，还应配备巡查、巡护人员进行日常巡查、巡护，24h 内巡查、巡护不少于 1 次。特殊时期，增加巡查、巡护次数，增加巡查、巡护人员配备数量。

（2）实体防范除符合安全防范基本要求外，还应在裸露管道易攀爬部位设置具有防攀爬功能的实体防范设施，并设置警示牌。

（3）技术防范除符合安全防范基本要求外，还应符合以下规定：

① 输油管道安装具备定位功能的泄漏监测系统，隧道穿越的输气管道加装可燃气体报警系统。

② 在跨越或隧道穿越管段两端安装固定式摄像机，实施 24h 监控。视频监控系统显示和回放图像质量主观评价项目符合《民用闭路监视电视系统工程技术规范》（GB 50198）的规定，评价结果不低于该标准条款规定的 4 分，图像的水平清晰度不低于 400 TVL。

③ 设置电子巡查系统。

④ 在值班室显示、记录和处理技术防范系统信息，并与企业安防监控中心联网；未设值班室的，将技术防范系统信息上传至企业安防监控中心。

⑤ 建立卫星定位巡检系统或电子巡查系统。

（4）技术防范除符合以上规定外，宜符合以下规定：

① 宜在阀室安装入侵探测器或摄像机。

② 技术防范系统信息宜就近传至管道系统所属企业的安防监控中心。

（5）地方结合当地社会治安防控体系建设，可在打孔盗油等案件多发管道沿线的主要路口安装摄像机，对通过路口的人员和车辆实施 24h 监控。

4）其他可列为二级风险的部位

除符合安全防范基本要求外，还应符合相应部位二级安全防范的规定。

4. 三级安全防范

1）一般站场

应符合安全防范基本要求的规定。

2）阀室和管道

（1）除符合安全防范基本要求的规定外，还应配备巡查、巡护人员，进行日常巡查、巡护。管道沿线应设置卫星定位巡检系统或电子巡查系统，对巡查、巡护工作进行监控。

（2）阀室宜安装入侵探测器，报警信息上传至所属企业的安防监控中心。

5. 保障措施

（1）企业应将管道系统的安全防范系统建设纳入管道建设总体规划，应综合设计、同步实施、独立验收。

（2）企业应组织落实各项安全防范措施，建立内部安全防范责任制，加强内部安全防范管理，做到人力防范、实体防范、技术防范相结合。

（3）公安机关和行业主管部门应对企业实施情况进行指导、监督、检查。

（4）企业和地方应加强联防联动机制建设，共同维护管道安全运行。

（5）应保证管道安全防范系统高效、可靠运行，技术防范系统出现故障时应及时修复，系统修复期间应采取应急安全防范措施。

（6）根据反恐形势的需要，可在安全防范等级的基础上，加强安全防范措施，提升安全防范水平。企业可按照有关规定申请派驻武警负责某些风险部位的安全守护。

参 考 文 献

1 王显政．安全评价(第三版)．北京：煤炭工业出版社，2005

2 杨继峰．我国石油天然气输送管道现状与输送钢管的发展．焊管，1998，21(6)：5-11

3 杨筱蘅．输油管道设计与管理．东营：中国石油大学出版社，2006

4 张志胜．安全评价技术在西气东输工程项目建设与运行管理中的应用研究：[学位论文]．东营：中国石油大学，2010

5 邓茂盛，周根树，赵新伟．现役油气管道安全性评价研究现状．石油工程建设，2004，30(1)：1-6

6 王秀丽，黄继艳，曲杰．油气管道安全评价的研究和应用．石油天然气管道安全国际会议暨天然气管道技术研讨会，廊坊，2012

7 姚光镇．输气管道设计与管理．东营：中国石油大学出版社，2006

8 国家安全监督总局监管三司．解读《危险化学品重大危险源监督管理暂行规定》．现代职业安全，2011，124(12)：72-74

9 刘铁民，张兴凯，刘功智．安全评价方法应用指南．北京：化学工业出版社，2005

10 潘家华．油气管道的风险评价．油气储运，1995，14(3~5)

11 廖柯熹，姚安林，张淮鑫．长输管道失效故障树分析．油气储运，2001，20(1)：27-30

12 阎凤霞，董玉华，高惠临．故障树分析方法在油气管线方面的应用．西安石油学院学报，2003，18(1)：47-50

13 董玉华，高惠临，周敬恩，等．长输管线失效状况模糊故障树分析方法．石油学报，2002，23(4)：85-89

14 陈利琼，张鹏，马剑林．油气管道风险的模糊综合评价方法探讨．天然气工业，2003，23(2)：117-119

15 罗金恒，赵新伟，张华，等．油气管道风险评估与完整性评价技术研究及应用．中国安全生产，2014，(1)：54-57

16 戴树和．工程风险分析技术．北京：化学工业出版社，2007

17 严大凡，翁永基，董绍华．油气长输管道风险评价与完整性管理．北京：化学工业出版社，2005